四季养生的方法包括起居养生、休闲养生、运动养生、药膳养生、情志养生等，而在众多养生方法当中，药膳养生最受人们欢迎。

四季养生药膳
大全

尤优 主编

北京联合出版公司
Beijing United Publishing Co.,Ltd.

北京科学技术出版社

图书在版编目（CIP）数据

四季养生药膳大全 / 尤优主编 . — 北京：北京联合出版公司，
2014.1（2023.10 重印）
ISBN 978-7-5502-2415-5

Ⅰ . ① 四… Ⅱ . ① 尤… Ⅲ . ① 食物养生 – 食谱 Ⅳ . ① R247.1
② TS972.161

中国版本图书馆 CIP 数据核字（2013）第 293157 号

四季养生药膳大全

主　编：尤　优
责任编辑：李　伟
封面设计：韩　立
内文排版：盛小云

北京联合出版公司
北京科学技术出版社 出版
（北京市西城区德外大街 83 号楼 9 层　100088）
三河市万龙印装有限公司印刷　新华书店经销
字数 400 千字　　720 毫米 ×1020 毫米　1/16　20 印张
2014 年 1 月第 1 版　2023 年 10 月第 3 次印刷
ISBN 978-7-5502-2415-5
定价：68.00 元

前言

四季养生是中华民族传统养生文化的重要内容，养生名著《黄帝内经》指出："四时阴阳者，万物之根本也，所以圣人春夏养阳，秋冬养阴，以从其根。"《素问·金匮真言论篇》也提道："五脏应四时，各有收受。"由此可见，顺应四时的养生观念早在几千年前就为善养生者所推崇。我国很早就提出了"天人合一"的养生观念，主张养生保健必须顺应四时，与自然生态形成和谐统一的状态。

四季养生的方法包括起居养生、休闲养生、运动养生、药膳养生、情志养生等，而在众多养生方法当中，药膳养生最受人们欢迎。药膳最大的特点是"寓医于食"，兼具药物的治疗保健作用和食物的美味、营养价值，人们可以在享受美食的同时，达到保健强身的目的。

药膳配方必须是在中医学理论的指导下，经过正确辨证后形成的，并且需要因人施膳。在制作过程中也需要掌握正确的加工、烹调方法，否则不仅发挥不了药膳的功效，还有可能产生毒副反应。为了让广大普通家庭能够正确运用药膳，适应四时养生，保持身体安康，远离四时疾病，我们特编写了此书。

本书以《黄帝内经》中提出的春季养"生"、夏季养"长"、秋季养"收"、冬季养"藏"为基础，阐释了四季养生对人体健康的影响、四季养生的原则及其核心、四季药膳养生的重点及注意事项、常用药膳，以及各季常见病症的对症药

膳。全书图文并茂，共分为五章，第一章介绍了药膳基础知识以及四季养生基础知识，第二章至第五章介绍了春、夏、秋、冬四个季节的养生知识、药膳养生重点、常用食材、常用药材，以及各季药膳养生注意事项。每一类养生药膳包括常见的汤类、粥类、甜品点心类、药茶类，每一例药膳详解其药材、食材、做法、药膳功效、养生小贴士。常见病食疗药膳中，每一病症都介绍了症状剖析、对症药材、对症食材、本草药典、预防措施、饮食宜忌、小提示，针对每一病症制定食疗药膳，包括常见的汤类、粥类、甜品点心类、药茶类等，每一例药膳详解其药材、食材、做法、药膳功效、保健小贴士。本书内容丰富、全面，养生方法权威、实用，同时便于读者查找和制作，方便读者使用。

　　本书在编写过程中，难免出现纰漏和错误，敬请谅解，并恳请广大读者予以批评与指正。

目录

第三章 | 夏季药膳养生

第四章 | 秋季药膳养生

第五章 | 冬季药膳养生

第一章
春夏秋冬，顺时养生

　　春夏秋冬是地球围绕太阳运行产生的结果。春天始于二十四节气中的"立春"，夏天始于"立夏"，秋天始于"立秋"，冬天则始于"立冬"。春季，谓之发陈，是推陈出新、生命萌发的时令；夏季，谓之蕃秀，是自然界万物繁茂秀美的时候；秋季，谓之容平，自然景象因万物成熟而平定收敛；冬季，谓之闭藏，是生机潜伏、万物蛰藏的时候。春夏秋冬，各有其独特之处。而春夏秋冬的变化，又与人体的健康息息相关。四季气候的不同，其养生的重点也不一样，我们又该如何去调养自己的身心呢？

四季变化影响人体健康

《黄帝内经》中说道："人以天地之气生，四时之发成。"可见人体与季节联系紧密。季节气候环境作用于人体的主要因素有气温、气压、湿度、风速、日照等。那么，春夏秋冬的季节变化是如何影响人体生理变化的呢？以下一一为您解答。

春季的气候怎样影响人体的生理变化

春季是一个多风的季节，风对人体所起的作用就是促进散热，而且风速越大，散热的作用也就越大，这样一来人体就会觉得寒冷。这个季节人最容易得病。《黄帝内经》曾明确指出："虚邪贼风，避之有时。"意思是，对于能使人致病的风邪要能够及时地躲避它，这一点在春季尤其重要。因为春天是风气主令，虽然风邪一年四季皆有，但主要以春季为主。

风邪既可单独作为致病因子，也常与其他邪气兼夹为病。因此，风病的病种较多，而且病变复杂，说明了在众多引起疾病的外感因素中，风邪是主要致病因素。医疗气象学告诉我们，在大风呼啸时，空气的冲撞摩擦噪声使人心里感到烦躁不适，特别是有时大风音频过低，甚至达到"次声波"的标准。科学家们已经发现次声波是杀人的声波，它能直接影响人体的神经中枢系统，使人头痛、恶心、烦躁，甚至置人于死地。此外，猛烈的大风常使"空气中的维生素"——负氧离子严重减少，导致那些对天气变化敏感的人体内化学过程发生变化，在血液中开始分泌大量的血清素，让人感到神经紧张、压抑和疲劳，并会引起一些人的甲状腺负担过重。

还有，大风使地表蒸发强烈，驱走大量的水汽，空气湿度极大降低，这会使人口干唇裂、鼻腔黏膜变得干燥、弹性减少，容易出现微小的裂口，防病功能随之降低，使许多病菌乘虚而入，导致各种呼吸道疾病，如支气管炎、流感、肺结核等。这也往往是"风助病威"的结果。故《黄帝内经》里说"风者，百病之始也"，意思是许多疾病的发生，常常与风邪相关联。

夏季的气候怎样影响人体的生理变化

暑、湿为夏季主令，常伴有火热，在正常情况下夏季不同的气候变化，并不伤人致病，只有当气候急骤变化或人体的抵抗力下降时，它们才会成为致病因素。

暑为夏季六节气的主气，为火热之气所化，独发于夏季六节气。暑邪侵入人体，汗出过多导致体液减少，此为伤津的关键，津伤后，即见口渴好饮、唇干口燥、大便干结、尿黄、心烦闷乱等症状。如果不及时治疗，开泄太过，则伤津可能进一步发展，超过一定限度就必将耗伤元气，此时便会出现身倦乏力、短气懒言等一系列阳气外越的症状，甚至猝然昏倒、不省人事而导致死亡。

湿为长夏之主气，在我国很多地区，尤其是南方，既炎热又多雨。人们所说的湿病多见于这个季节。湿邪之病多缠绵难愈，且好伤脾阳。一旦脾阳为湿邪所遏则可能导致脾气不能正常运化而气机不畅，临床可见脘腹胀满、食欲不振、大便稀溏、四肢不温。

🐢 秋季的气候怎样影响人体的生理变化

秋季的气候特点主要是干燥，人们常以"秋高气爽""风高物燥"来形容它。但由于其天气不断收敛，空气中缺乏水分的濡润而成肃杀的气候，这时候人们常常会觉得口鼻干燥、渴饮不止、皮肤干燥，甚至大便干结等。所以人们常把初秋的燥气比喻为"秋老虎"，其意思是指燥气易伤人。

初秋清新的空气有利于呼吸系统的正常运作，但到秋分以后燥气过盛，与风相合形成风燥之邪，首先会侵袭肺所主的皮毛和鼻窍，如果肺的宣发正常，就能很快做出应答，将卫气宣发输至皮肤、鼻窍，使皮肤、毛发滋润，腠理致密，鼻窍通利，则无论何种燥邪均不能进入体内，使人们可以顺利地度过秋季。假如秋燥之气太盛，超过了人体的防御能力，或虽燥邪不盛，而肺本身的主气、宣发功能薄弱，无力适应秋季的气候变化，无力抵御外邪，则肺所主的皮毛、鼻窍和肺自身就首当其冲，会受到燥邪的危害而产生一系列的病变，常会诱发慢性支气管炎、支气管哮喘等呼吸道疾病。特别是在秋冬之交，受西北风和冷空气的影响，气管炎和支气管哮喘患者病情会有所加重。

🐢 冬季的气候怎样影响人体的生理变化

冬季气温低，寒气当令，人体阳气收藏，气血趋向于里，皮肤致密，水湿不能从体表外泄，经肾、膀胱的气化，少部分变为津液而散布周身，大部分化为水，下注膀胱成为尿液，无形中就加重了肾脏的负担。所以，到了冬季，肾炎、肾盂肾炎、遗尿、尿失禁、水肿等病就容易复发或加重。冬季以寒气为主，若人们不能应时增添衣被，就可使人抵抗力下降，心、胃、肺等脏器的功能紊乱，甚至引起气管炎、胃痛、冠心病复发，使感冒、关节痛、咳嗽、风湿性关节炎等病发生或加重。

顺时养生，四季各不同

《黄帝内经》第二篇《四气调神大论》专门介绍了一年四个季节的养生方法。"四气调神"就是指要按照春夏秋冬的规律来调养。这与中国人"天人合一"的思想是分不开的，春天是温，夏天是热，秋天是凉，冬天是寒，所以也要顺应天时变化来养生。

春季养生——养护阳气

从立春开始，就进入了春季。春季是阳气的升发时节，因此，春季养生要重视养护阳气。怎样才能养护阳气呢？那要从生活的方方面面出发，对身体进行调养。

立春时节，顺应阳气生发的特点，在起居方面也要相应改变，做到适当地早睡早起。在运动调养方面，春天也是要顺应"升发"的特点，多做伸展运动，可选择散步、慢跑、快步走等，也可多做一些如广播体操等的伸展运动或练习八段锦、太极拳等，既可舒展形体，又可调理气血。同时，在环境优美的环境中锻炼还可达到心胸开阔、心情愉快的效果。

由于冬天怕冷，穿戴衣帽较多，人们对外界天气变化的适应能力下降，尤其是老人、婴幼儿及体弱多病者更难以适应，因此在早春时节要保暖，衣服不可顿减，注意防风御寒、养阳敛阴。老人、婴幼儿及体弱多病者尤其应注意脚部、背部保暖。

立春时节，大地回春，万物更新，人们的精神调摄也要顺应春季自然界蓬勃向上的生机，做到心胸开阔，情绪乐观，热爱生活，保持精神愉悦，顺应春季肝气升发的特性，使气血和畅。

夏季养生——把酷暑高温拒之门外

夏季气温逐渐升高，并且达到一年中的最高峰，而且夏季雨量丰沛，大多数植物都"疯狂生长"，人体的阳气在此时也较为旺盛，因此夏季养生要注意顺应阳气的生长。

因天气炎热，人往往比较烦躁，要避免天气给自己带来的负面影响，就要把酷暑高温拒之门外。中暑是夏季的常见病，人们可以用多吃防暑食物、保证睡眠等方法来避暑。

另外，还要注意预防支气管哮喘、腹泻、肺气肿、慢性支气管炎等疾病。运动要避过高温时间，清晨和黄昏是最好的锻炼时间。运动时间不宜过长，强度不宜过大，散步、太极拳是夏季的理想运动。运动后，不要饮用大量的凉开水，也不要用冷水冲澡。

此外，在夏季要抓住治冬病的好时机。许多冬季常发生的疾病或因体质阳虚而发生的病症，可通过在夏天增强人体抵抗力，减少发病概率。冬病夏治是抓住了夏季阳气最盛、冬季阴盛阳衰的特点。久咳、哮喘、痹症、泄泻等疾病用冬病夏治的方法治疗效果较好，常用的方法有针灸和进补。

秋季养生——"白露身不露，寒露脚不露"

秋季是从夏季向冬季的过渡季节，气温逐渐下降，不要经常赤膊露身，以防凉气侵入体内。"白露身不露，寒露脚不露"，这是一条很好的养身之道。要随着天气转凉逐渐增添衣服，但添衣不能太多太快。

俗话说"春捂秋冻"。秋天适度经受寒冷，有利于提高皮肤和鼻黏膜的耐寒力，对安度冬季有益。秋天的早晚凉意甚浓，要多穿些衣服。秋季是腹泻多发季节，应特别注意腹部保暖。秋季神经兴奋，食欲骤增，要防止过食，要少吃辣味和生冷食物，多吃酸性和热软食物，以利于消化。不吃霉变和不洁食物，避免感染肠道传染病。中秋之后天气干燥，易出现口渴、咽干、唇燥、皮肤干涩等"秋燥病"，应多吃水果，常喝开水、绿豆汤、豆浆、牛奶等，以满足机体的需要，提高抗燥病能力。深秋体内精气开始封藏，年老体弱之人可对症选择补品。

在秋季宜早睡早起，保证睡眠充足，注意劳逸结合，防止房劳伤肾。初秋白天气温高，电扇不宜久吹；深秋寒气袭人，既要防止受寒感冒，又要经常打开门窗，保持室内空气新鲜。在条件许可情况下，居室及其周围可种植一些绿叶花卉，让环境充满生机，又可净化空气，促进身体健康。

冬季养生——匿藏精气

按照祖国传统医学的理论，冬季是匿藏精气的时节。由于气候寒冷，人体对能量与营养的要求较高，而且消化吸收功能相对较强，为了适应机体的需要，必须多吃富含糖、脂肪、蛋白质和维生素的食物。适当进补不但能提高机体的抗病能力，还可把滋补品中的有效成分储存在体内，为第二年开春乃至全年的健康打下基础。

传统养生学强调，人体要"顺应自然"，即人生于天地之间，其生命活动要与大自然的变化相一致，并根据四季气候变化改变日常的生活规律。从自然界万物生长规律来看，冬季是一年中闭藏的季节，人体新陈代谢相对缓慢，阴精阳气均处于藏伏之中，机体表现为"内动外静"的状态，此时应注意保存阳气，养精蓄锐。尤其是老年人一般气血虚衰，冬季的起居更应早睡晚起，避寒就暖。此外，可根据自己的体质、爱好，安排一些安静闲逸的活动，如养鸟、养鱼、养花，或练习书法、绘画、棋艺等。如果进行室外锻炼，运动量应由小到大逐渐增加，以感到身体热量外泄微汗为宜。恰当的运动会让人感到全身轻松舒畅，精力旺盛，体力和脑力功能增强，食欲、睡眠良好。

药膳——寓医于食，吃出健康

药膳是以药物和食物为原料，在中医学、烹饪学和营养学理论指导下，严格按药膳配方，采用我国独特的饮食烹调技术和现代科学方法制作而成，具有一定色、香、味、形的保健食品。它寓医于食，既具有较高的营养价值，又可防病治病、保健强身、延年益寿。

不可不知的药膳特点

药膳是药物与食物巧妙结合而配制的食品，它兼具药品与食品的作用，但又区别于单独的食品和药品，有其独有的特点。药膳在药物和食物的配伍组方、药膳烹饪等方面，均以中医药学和烹饪学的基本理论为指导。重视性味与五脏特定关系的不同药膳，具有寒、热、温、凉四种不同的性质，药膳同时具有五味的特点，即酸、苦、甘、辛、咸。食用药膳与服药治病不同，对于无病之人，根据自己的体质合理选择药膳进食，可达到保健、强身的作用。对于身患疾病之人，可针对疾病分析其特点，选择合适的中药材，通过与食材的搭配，运用传统的烹饪方法烹调，患者通过适当进食药膳，对身体加以调养，增强体质，辅助药物发挥其药效，从而起到辅助治病的作用。

药膳的四大优点

药膳之所以这么受人们追捧，还因其具有安全性高、疗效显著、方便易做、美味可口的优点，是人们居家养生的不二之选。

（1）安全性高。在运用药膳时，要先根据所处的地理环境、季节时令以及使用者的体质状况来判断其基本证型，然后确定相应的食疗原则，最后再进行适当的药膳治疗或滋补。而且将药材与食物进行合理配伍后，再经过细致的烹饪加工，成品不但营养丰富，而且药性平和，不良反应少，所以安全性高。

（2）疗效显著。药膳方主要来源于历代中医、中药文献记载，经过千锤百炼，因此在治病方面具有显著的疗效。药膳不良反应也相对少，所以其防病强身、延年益寿的功能也是最持久的。

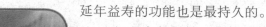

（3）方便易做。药膳原料大多数来自人们生活中常用的主、副食品，以及常见的一些中草药，很容易就能买到。

（4）美味可口。而药膳以食物为主，即使加入了部分药材，由于注意了药物性味的选择和烹制的方法，因此成品仍然保留着食物的色、香、味等特性。

第二章
春季药膳养生

　　"春三月"是指立春、雨水、惊蛰、春分、清明、谷雨六个节气。冬天属阴,春天属阳,也可以说,春天是从阴到阳的过渡阶段,是阳气开始发动的时候。到了春天,万物复苏,百花齐放,这就是"发陈"。"天地俱生",天地之气都一起发生了,因此春天一个最大特征就是"生"。

春季饮食养生宜与忌

　　春季天气逐渐转暖，万物复苏，整个自然界生机勃勃、欣欣向荣。此时，人体生理功能逐渐开始活跃，为了让身体像大自然一样展示出生机，春季的饮食要顺应阳气升发向上、万物始生的特点，所以选择药膳宜清轻升发、温养阳气，着眼于一个"升"字。

🌸 春季养生饮食之宜

　　中医学认为，春季的进补宜选用清淡且有疏散作用的食物。以下列举一些适宜春天食用的食材，让大家在选择食物时，更有针对性。

（1）春季养生宜坚持"三优"原则

　　春季饮食要讲究"三优"。一优为热量较高的主食，平时可选食谷类、芝麻、花生、核桃和黄豆等，以补充冬季的热量消耗并提供春季活动所需的热量。二优为蛋白质丰富的食物，如鱼肉、畜肉、鸡肉、奶类和豆制品，这些食物有利于在气候多变的春季增强人体抗病能力。三优为维生素和无机盐含量较多的食物，维生素含量多的食物有西红柿、韭菜、芹菜、苋菜等，而海带等海产品，黄、红色水果中含无机盐比较多。

（2）春季饮食宜适当吃些甜食

　　古代养生著作《摄生消息论》认为："当春之时，食味宜减酸益甘，以养脾气。"春季饮食应以养肝为先，多吃甜食有利于加强肝、脾、胃的功能。春季应当进食的甜味食物主要有红糖、蜂蜜、菜花、胡萝卜等。

（3）春季宜多吃韭菜、荠菜、樱桃、枇杷、春笋

　　预防疾病最关键的是提高身体的免疫力，而维生素是提高免疫力的首选。春天天气冷暖不一，需要保养阳气，而韭菜又是性温之物，最宜养人体阳气。荠菜是野菜中的上品，其气味清香、味道鲜美，对高血压、尿血、鼻出血等病症有较好的防治作用，还能健脾、利水、止血、清热及明目，但孕妇忌吃。樱桃可发汗、益气、祛风及透疹，但身体阴虚火旺、鼻出血等症及患热病者应忌食或少食。枇杷清香鲜甜，果味甘酸，性平，具有润燥、清肺、止咳、和胃、降逆之功效。春笋味甘性寒，具有"利九窍，通血脉，化痰涎，消食胀"等功效，我国历代中医常用春笋治病保健。

（4）春季养生进补应科学

　　春季进补应讲究科学。一般来说，体虚的人才需要进补，而虚证

又分为气虚、血虚、阳虚、阴虚等类型。概括起来说，气虚者补气，血虚者补血，阴虚者补阴，阳虚者补阳，气血两虚者气血双补，阴阳两虚者阴阳双补。只有对症给药，进补恰当，才能发挥补品最佳的效果。

气虚证是常见虚证之一，主要表现为少气乏力、语言低微、呼吸微弱、食欲不振、食后腹胀、腹泻或便溏、脱肛、易出汗、怕风寒、感冒、脉虚或无力等症状。春季常用的补气药材和食材有：人参、党参、太子参、黄芪、山药、刺五加、白术、莲子、白扁豆、红枣、甘草、牛肉、鸡肉、鸽肉、鹌鹑、海参等。

血虚证主要表现为面色苍白或微黄，唇色淡白，头晕眼花，心悸失眠，手足发麻，妇女行经量少、延期甚至经闭等。春季常用的补血药材和食材有：当归、熟地、阿胶、何首乌、鸡血藤、白芍、桂圆、动物血、动物肝脏、黑芝麻、黑木耳、红糖等。

阳虚证是常见虚证之一，除有气虚的表现外，还有畏寒肢冷、尿清便溏、白带清稀、阳痿早泄等症状。春季常用的补阳药材和食材有：附子、鹿茸、海马、巴戟天、肉桂、冬虫夏草、杜仲、补骨脂、骨碎补、肉苁蓉、锁阳、淫羊藿、菟丝子、枸杞、动物肾脏等。

阴虚亦是常见的虚证之一，除有血虚的症状外，尚有午后潮热、手足心热、自汗盗汗、男子遗精、女子月经量少等症状。春季常用的补阴药材和食材有：西洋参、天门冬、麦门冬、北沙参、玉竹、石斛、女贞子、百合、生地、龟甲、鳖甲、猪肺、银耳等。

🌀 春季养生饮食之忌

在春天这个万物复苏的季节，有许多适宜人们食用的药材、食材，但也有一部分药材、食材是不适宜在春天食用的。

（1）春季慎用大寒或苦寒药材、食材

大寒之物可导致脾阳不振、脾气虚弱，可致食欲不振、恶心、呕吐、四肢清冷等病症。此类中药主要有玄参、龙胆、地骨皮等，食物主要有香蕉、柿子、空心菜等。而苦寒之物虽然能够清热泻火，但同时也有伤阴之弊。此类药材主要有黄连、黄檗、黄芩、栀子等。

（2）春季忌多食温热、辛辣食物

春季阳气升发，而辛辣发散为阳气，会加重体内的阳气上升、肝功能偏亢，人容易上火伤肝，而此时的胃部也处于虚弱状态。如果食用温热、辛辣的食物，必定有损胃气。所以春天宜多

吃甜味食物。

（3）春季食用菠菜忌去根

菠菜根除含有纤维素、维生素和矿物质外，大量的糖分都集中在菠菜的根部。如果菠菜根配以洋生姜食用，可以控制或预防糖尿病。把菠菜根在水中略烫之后，用芝麻油拌食，有利于肠胃，可辅助治疗高血压和便秘等病症。不过儿童不宜多食。

（4）春季忌直接食用采集的花粉

直接食用采集的花粉，不但达不到保健的目的，还会导致某些疾病。如常见的虫媒花，其外层坚固，未经处理不易被人体吸收。同时，虫媒花上还常沾有可以使人致病的微生物。

（5）春季中风患者忌吃鲹鱼

中风多因肝经火热或痰火所致，中医强调忌食温热味厚制品。鲹鱼温热且味甘，易生痰湿，多食能引动痰火，中风患者食用鲹鱼，必会加重病情。

（6）春季忌无节制食香椿

香椿性平而偏凉，苦降行散，且为大发之物，患有痢疾、慢性皮肤病、淋巴结核、恶性肿瘤者食用后会加重病情。

（7）春季忌多喝饮料

在果汁、汽水以及其他饮料中，一般均含有糖、糖精、电解质和合成色素等物质。饮用这些饮料后，在胃里停留时间较久，很容易刺激胃黏膜，影响食欲和消化功能，而且通过血液循环，增加肾脏过滤负担，影响肾功能。同时，过多地摄入糖类会增加脂肪，导致人肥胖。

（8）春季忌把人参蜂王浆等营养药物当补品

许多人会盲目地将营养药当补品服用，以求身体健康。但滥用营养药品，往往会产生不良反应。盲目进行氨基酸输液，会造成氨基酸过敏，产生输液反应等症状，一些肝肾功能受损的人，还可导致肝昏迷、尿毒症的发生。

在日常生活中，若将营养药当补品服用，其危害极大。如婴幼儿过多服用人参蜂王浆，会影响正常的生长发育，造成早熟。长期服用大量的鱼肝油、维生素A、维生素D，可发生骨骼痛、头痛、呕吐、皮肤瘙痒、毛发干枯、厌食等。还有些中老年人喜欢用维生素E来抗衰老，这种药物会影响人体免疫功能，过量服用后，对内分泌、心血管、血糖等都会带来不良的影响。因此，想拥有健康的身体，应忌把营养药当补品服用。

春季药膳养生首选原料

　　春天万物复苏，气候由寒变暖。古人云，天人相应，因此养生也要顺应季节的变化，饮食应以辛温、甘甜、清淡为主，可使人体抗拒风寒、风湿之邪的侵袭，健脾益气，增强体质，减少患病。

红枣

● **别名**
干枣、美枣、良枣、大枣

● **性味**
性温，味甘

● **归经**
归脾、胃经

　　红枣为鼠李科植物枣的成熟果实，是很好的补血食物，具有补脾和胃、养肝补血、益气生津、调营卫、解药毒、抗过敏、宁心安神、益智健脑的功效，对胃虚食少、脾弱便溏、气血津液不足、营卫不和、心悸怔忡等病症有较好的食疗作用。红枣中富含钙和铁，对防治骨质疏松和贫血有重要作用。对中老年人经常会有的骨质疏松、生长发育高峰期的青少年和女性贫血，都有十分理想的食疗作用。此外，红枣还具有除腥臭怪味、增强食欲、养肝、镇静降压、抗菌等作用。春季宜补血，而红枣滋补气血，非常适合春季食用。

应用指南

		用法	功效
红枣 +乌鸡 +龙眼		▶ 炖食	可治贫血头晕
红枣 +枸杞 +菊花		▶ 泡茶频频饮用	可治高血压
红枣 +百合 +莲子		▶ 煮汤食用	可治心律失常
红枣 +当归 +鸡蛋		▶ 煮汤食用	可益气养血
红枣 +阿胶 +黄精 +乌鸡		▶ 煮汤食用	可养肝、益气、补血、滋阴
红枣 +大麦		▶ 水煎服	可治过敏症
红枣 +当归 +粳米		▶ 煮粥食用	可治月经不调、痛经

食用建议 红枣与动物肝脏、黄瓜同食，会破坏维生素C；与螃蟹同食，会导致寒热病；与虾米同食，会引起身体不适；与葱、蒜、海蜇、鱼同食，会引起消化不良。此外，有湿热内盛、小儿疳积和寄生虫病、齿病疼痛、痰湿偏盛者及腹部胀满者、舌苔厚腻者、糖尿病患者均不宜食用红枣。

枸杞

别名
枸杞子、杞子、枸杞果、枸杞豆

性味
性平，味甘

归经
归肝、肾经

　　枸杞为茄科植物枸杞或宁夏枸杞的成熟果实，是滋肾润肺的高级补品，具有滋肾、润肺、补肝、明目的功效。能防治动脉硬化，抗衰老，对肝肾阴亏、腰膝酸软、头晕目眩、目昏多泪、虚劳咳嗽、消渴、遗精以及高血压、高血脂等有很好的改善作用。春季以养肝为先，枸杞补肝明目，是非常适合春季滋阴补气的药材。

◎ 应用指南

枸杞 ＋菊花 ＋栀子	▶ 泡茶频频饮用	可治目赤肿痛
枸杞 ＋苦瓜 ＋大蒜	▶ 清炒食用	可治高血压
枸杞 ＋红花 ＋丹参	▶ 煎汁当茶饮	可治动脉硬化
枸杞 ＋鸽子肉 ＋百合	▶ 煲汤食用	可治更年期综合征

食用建议 枸杞是一味功效显著的传统中药材，与其他药物和食物搭配没有什么大的禁忌，但外邪实热者、脾虚有湿及泄泻者、感冒发热患者不宜食用枸杞。

决明子

别名
狗屎豆、假绿豆、芹决、羊角豆

性味
性凉，味甘、苦

归经
归肝、肾、大肠经

　　决明子为豆科植物决明的成熟种子，是清肝明目的好帮手，具有泻火除烦、清肝明目、利水通便的功效。主治风热赤眼、青盲、雀目、肝炎、肝硬化、腹水、习惯性便秘等病症，还能抑制葡萄球菌生长及降压、降血脂、降胆固醇、收缩子宫，对防治血管硬化与高血压也有明显的效果。决明子泻火除烦、清肝明目，尤其适合以养肝为主的春季。

◎ 应用指南

决明子 ＋菊花 ＋桑叶	▶ 煎汁当茶饮	可治目赤肿痛
决明子 ＋玉米须 ＋枸杞	▶ 煎汁当茶饮	可治疗高血压
决明子 ＋火麻仁 ＋蜂蜜	▶ 泡茶频频饮用	可治疗老年性便秘
决明子 ＋鲫鱼 ＋茯苓	▶ 煮汤食用	可治肾炎水肿

食用建议 决明子性微寒，脾胃虚寒、气血不足者，体质虚弱、大便溏泄者，低血压者以及孕妇，均不宜服用决明子。同时，决明子是一味主"泻"的药材，不宜长期服用。

党参

● **别名**
黄参、狮头参、中灵草、东党参

● **性味**
性平，味甘、微酸

● **归经**
归脾、肺经

　　党参为桔梗科植物党参的干燥根，是传统的补气药，具有补中益气、健脾益肺的功效，还能抗疲劳，调节胃肠道，促进凝血，升高血糖，促进细胞免疫作用。对脾肺虚弱、气短心悸、食少便溏、虚喘咳嗽、内热消渴等病症有较好的食疗作用。春季养生以肝、脾、肺为宜，党参健脾益肺，适合春季作为补气健脾的良药食用。

◎应用指南

党参 +杏仁 +猪肺 ▶ 煮汤食用		可治老年人慢性支气管炎
党参 +猪肚 +升麻 ▶ 炖汤		可治内脏下垂
党参 +蛏肉 ▶ 烩食		可健脾益气、补虚催乳
党参 +玉竹 +生地 ▶ 煎汁代茶饮		可治糖尿病

食用建议 党参不宜与藜芦同用，此外，有实证、热证者，气滞者，火盛者均不宜服用党参。

龙眼肉

● **别名**
蜜脾、龙眼干、福肉、桂圆、桂圆肉

● **性味**
性温，味甘

● **归经**
归心、脾经

　　龙眼肉为无患子科植物龙眼的假种皮，是健脾益智、安神、补血、抗衰老的佳品，具有补益心脾、养血宁神、健脾止泻、利尿消肿等功效。对虚劳羸弱、失眠、心悸、神经衰弱、记忆力减退、惊悸、怔忡、贫血有较好的疗效，其营养丰富，具有增进红细胞及血红蛋白活性、升高血小板、改善毛细血管脆性、降低血脂等作用。春季燥性初起，龙眼补心养肝，适合春季作为养血宁神的良药服用。

◎应用指南

龙眼肉 +小米 +百合 ▶ 煮粥食用		可治神经衰弱
龙眼肉 +乌鸡 +熟地 ▶ 煲汤食用		可治贫血
龙眼肉 +五味子 +百合 ▶ 煮汁服用		可治心律失常
龙眼肉 +核桃仁 +益智仁 ▶ 煮汤食用		可治老年痴呆症

食用建议 痰多火盛、阴虚火旺、湿滞停饮、腹胀、舌苔厚腻、风寒感冒、月经过多者，以及慢性胃炎、糖尿病、痤疮、外科痈疽疔疮、女性盆腔炎、尿道炎患者不宜食用。

茯苓

●**别名**
茯菟、茯灵、伏菟、松薯、松苓

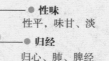

●**性味**
性平，味甘、淡

●**归经**
归心、肺、脾经

茯苓为多孔菌科植物茯苓的干燥菌核，是利水渗湿的滋补药材，具有渗湿利水、益脾和胃、宁心安神的功效。对小便不利、水肿胀满、痰饮咳逆、呕哕、泄泻、遗精、淋浊、惊悸、健忘等病症有较好的食疗作用。尤其适宜水肿、尿少、脾虚食少及便溏泄泻者服用。春季易生飧泄，而茯苓健脾化湿，非常适合春季服用。

◎应用指南

茯苓 +赤小豆 +鲫鱼	▶ 煲汤食用	可治慢性肾炎
茯苓 +绿豆 +薏米	▶ 煮成甜汤食用	可治尿路感染
茯苓 +泽泻 +荷叶	▶ 煮汁当茶饮用	可治疗肥胖症
茯苓 +小米 +莲子	▶ 煮粥食用	可治失眠

食用建议 食醋中的有机酸可削弱茯苓的药效，故用茯苓时应忌食醋。此外，阴虚而无湿热者，虚寒滑精，早泄者，遗精者，夜尿频多者，遗尿患者均不宜食用茯苓。

砂仁

●**别名**
缩砂仁、缩砂蜜、缩砂

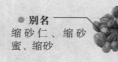

●**性味**
性温，微辛

●**归经**
归脾、胃、肾经

砂仁为姜科植物阳春砂或缩砂的成熟果实或种子，是化湿健脾的芳香药材，具有行气调中、和胃醒脾、理气安胎的功效。砂仁所含的挥发油具有促进消化液分泌、增强胃肠蠕动的作用，并可排除消化管内的积气。另外，它还有一定的抑菌作用。对湿浊中阻、腹痛痞胀、胃呆食滞、噎膈呕吐、寒泻冷痢、妊娠胎动等病症有较好的食疗作用。春季雨水多，湿气较重，砂仁化湿健脾，非常适合春季服用。

◎应用指南

砂仁 +厚朴 +陈皮	▶ 水煎服	可治疗胸脘胀满、腹胀食少
砂仁 +鲫鱼	▶ 煮汤食用	可治脾胃虚弱、虚寒气胀、腹水及水肿
砂仁 +鸡	▶ 炖服	可补中益气，润肾安胎
砂仁 +猪腰	▶ 蒸服	可益气和中，和肾醒脾

食用建议 阴虚有热者、气虚肺满者、肺有伏火者，以及肺结核、支气管扩张等症患者均不宜食用砂仁。

柴胡

● **别名**
银胡、山菜根、
牛肚根

● **性味**
性凉，味苦、辛

● **归经**
归肝、胆经

　　柴胡为石竹科植物银柴胡的根，是退虚热的良药，具有清热凉血、疏肝利胆、疏肝解郁、升举阳气、透表泄热的功效。主治感冒发热、虚劳骨蒸、寒热往来、阴虚久疟、肝郁气滞、胸肋胀痛、小儿疳热、羸瘦、脱肛、子宫脱落、月经不调等症。春季养生以生发阳气为主，柴胡作为升举阳气、疏肝利胆的良药，非常适合该季服用。

◎ **应用指南**

柴胡 +板蓝根 +金银花	▶ 煎汁，日饮2次	可治流行性感冒
柴胡 +猪肚 +白术	▶ 炖汤食用	可治老年人久泻脱肛
柴胡 +郁金 +川芎	▶ 煎汁，日服2次	可治经前乳房胀痛
柴胡 +香附 +酸枣仁	▶ 煎汁，日服2次	可治抑郁症

食用建议 柴胡与皂荚、女菀、藜芦相克。此外，外感风寒者、血虚无热者、肝阳上亢者、肝风内动者、阴虚火旺及气机上逆者均不宜服用柴胡。

当归

● **别名**
干归、西归、
干白、云当
归、秦归

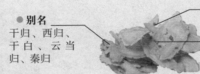

● **性味**
性温，味甘、辛

● **归经**
归肝、心、脾经

　　当归为伞形科植物当归的根，是调经止痛的理血圣药，具有补血和血、调经止痛、润燥滑肠的功效。对月经不调、经闭腹痛、症瘕积聚崩漏、血虚头痛、眩晕、痿痹、赤痢后重、肠燥便秘、风湿痹痛、跌打损伤等病症有较好的食疗作用。春季养肝以养血为主，当归生血活血，适合春季作为补血益气的良药服用。

◎ **应用指南**

当归 +益母草 +川芎	▶ 煎汁服用，一日2次	可治月经不调
当归 +乌鸡 +黄芪	▶ 煲汤食用	可治贫血
当归 +核桃仁 +银耳	▶ 煮成甜汤食用，一日3碗	可治体虚便秘
当归 +红花 +三七	▶ 煎取药汁服用，每日一剂	可治动脉硬化

食用建议 月经过多者，风寒未消者，恶寒发热者，脾湿中满、脘腹胀闷、大便溏泄者，慢性腹泻、热盛出血者，孕妇产后胎前，均不宜服用当归。

白果

● 别名
银杏、白果肉、
银杏肉

● 性味
性平，味甘、苦、涩

● 归经
归肺、肾经

白果为银杏科植物银杏的种子，是止咳类的中药材，具有敛肺气、定喘嗽、止带浊、缩小便的功效。白果还具有通畅血管、保护肝脏、改善大脑功能、润皮肤、抗衰老和脑供血不足等功效。对哮喘、痰嗽、白带、白浊、遗精、淋证、小便频数等病症有较好的食疗作用。春季气候变化快，且干燥，易发咳嗽，白果止咳定喘，适合春季作为补脾益肺的良药服用。

◎ 应用指南

白果 +粳米 +冰糖 ▶ 煮粥食用		可益元气、补五脏、抗衰老
白果 +猪肚 +山药 ▶ 炖服		可健脾益胃
白果 +莲子 +鸡 ▶ 炖服		可大补气血，收涩止滞
白果 +干姜 ▶ 研末煎汁，日服2次		早晚饭后服，可治梅尼埃病

食用建议 白果忌与鳗鱼、草鱼同食，同食会引起身体不适，且白果有小毒不宜生食和多食。此外，有实邪者、呕吐者及儿童，均不宜食用白果。

山药

● 别名
怀山药、淮山药、山芋、山薯、山蓣

● 性味
性平，味甘

● 归经
归肺、脾、肾经

山药为薯蓣科植物薯蓣的干燥根茎，具有补脾养胃、生津益肺、补肾涩精等功效。可用于脾虚食少、久泻不止、肺虚喘咳、肾虚遗精、带下、尿频、虚热消渴等常见病症的治疗。研究证明，山药有降血糖的作用，对糖尿病有一定疗效，此外还有抗氧化、抗衰老作用。春季宜食甜味，山药味甘，补脾健胃，非常适合春季食用。

◎ 应用指南

新鲜山药 +莴笋 +南瓜 ▶ 清炒食用		可治糖尿病
干山药 +干莲子 +芡实 ▶ 打成粉，做成糊食用		可治久泻不止
干山药 +薏米 +白术 ▶ 煮汤食用		可治带下清稀量多
干山药 +白果 +五味子 ▶ 煮汤食用		可治肾虚遗精

食用建议 山药与鳗鱼同食，不利于营养物质的吸收；山药与黄瓜、菠菜同食，会降低食物的营养价值。此外，腹泻者、感冒者、发热者均不宜食用山药。

枇杷

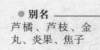

● **别名**
芦橘、芦枝、金丸、炎果、焦子

● **性味**
性凉，味苦

● **归经**
归肺、胃经

枇杷为蔷薇科植物枇杷的果实，具有清肺和胃、降气化痰的功效，为清解肺热和胃热的常用药。主治肺热咳痰、咯血、衄血、胃热呕哕。枇杷叶可晾干制成茶叶，有泄热下气、和胃降逆之功效，为止呕之良品，可辅助治疗各种呕吐呃逆。枇杷适合偏热型体质的患者食用，也适合春季冷暖交替时节食用，对因风热引起的肺炎、支气管炎、咽炎、鼻出血有很好的疗效。

◎应用指南

枇杷 +川贝 +梨	炖蒸服用		可治肺热咳嗽
枇杷 +生地 +玉竹	煎水服用		可治咯血
枇杷 +罗汉果 +薄荷	泡茶频频饮用		可治咽炎
枇杷 +玄参 +黄连	煎水饮用，每日两次		可治胃热呕吐

食用建议 枇杷与黄瓜、萝卜同食，会破坏维生素C；与海味同食，会影响蛋白质的吸收。此外，胃寒呕吐者、肺感风寒咳嗽者均不宜食用枇杷。

紫米

● **别名**
紫糯米、接骨糯、紫珍珠

● **性味**
性温，味甘

● **归经**
归脾、胃、肺经

紫米是水稻的一个品种，与普通大米的区别是它的种皮有一薄层紫色物质，它具有补血益气、滋阴补肾、暖脾养肝、解郁安神的功效，对气血亏虚、脾胃虚弱、失眠心悸、潮热盗汗的患者均有一定的食疗作用，尤其适合贫血者、眼睛干涩、失眠、骨质疏松、前列腺炎以及更年期综合征的患者食用。春季药膳宜补气养血，紫米补血益气，适合春季食用。

◎应用指南

紫米 +红枣 +阿胶粉	煮粥食用		可疗贫血
紫米 +莲子 +龙眼肉	煮粥食用		可改善睡眠，缓解失眠症状
紫米 +干贝 +马蹄	煮粥食用		可治男性前列腺肥大
紫米 +小麦 +大枣	煮粥食用		可缓解更年期综合征

食用建议 大便干燥者不宜食用紫米。

小米

- **别名**
  粟米、谷子、黏米
- **性味**
  性凉，味甘、咸，
  陈者性寒、味苦
- **归经**
  归脾、肾经

　　小米是最养胃的食物，也是北方人喜爱的主要粮食之一，具有健脾、和胃、安眠等功效。小米含蛋白质、脂肪、铁和维生素等，消化吸收率高，是幼儿的营养食品。小米含有大量的碳水化合物，对缓解精神压力、紧张、乏力等有很大的作用。小米中富含人体必需的氨基酸，是体弱多病者的滋补保健佳品。春季湿气较重，易伤脾胃，小米调脾养胃，适合春季食用。

◎应用指南

小米	+龙眼肉	+柏子仁	▶ 煮粥食用	可养心安神，改善失眠多梦症状
小米	+鸽肉	+芡实	▶ 煮粥食用	适用于产后体虚、老年人肾虚等虚弱性疾病
小米	+山楂	+薏米	▶ 煮粥食用	可健胃消食
小米	+猪肾	+何首乌	▶ 煮粥食用	可滋补肾气、养心安神

食用建议 小米与杏仁同食，会使人呕吐、泄泻。此外，气滞者、素体虚寒者、小便清长者均不宜食用小米。

猪肝

- **别名**
  血肝
- **性味**
  性温，味甘、苦
- **归经**
  归肝经

　　猪肝营养十分丰富，含蛋白质、脂肪、维生素A、维生素B_1、维生素B_2、维生素B_{12}、维生素C、烟酸以及微量元素等。常食猪肝可预防眼睛干涩、疲劳，可调节和改善贫血患者造血系统的生理功能，还能帮助排除机体中的一些有毒成分。猪肝中含有一般肉类食品中缺乏的维生素C和微量元素硒，能增强人体免疫力、抗氧化、防衰老，并能抑制肿瘤细胞的产生。猪肝补血养血，非常适合春季食用。

◎应用指南

猪肝	+山药	+当归	▶ 炖汤食用	可治贫血
猪肝	+黄芪	+党参	▶ 煲汤食用	可治低血压
猪肝	+苍术	+枸杞	▶ 煲汤食用	可治白内障
猪肝	+核桃仁		▶ 煮汤食用	可治耳鸣、耳聋

食用建议 猪肝与菜花同食，会降低铜、铁的吸收；猪肝与山楂、辣椒同食，会破坏维生素C。此外，高血压患者、肥胖症患者、冠心病及高血脂患者均不宜食用猪肝。

猪肚

- **别名**
  猪胃
- **性味**
  性微温、味甘
- **归经**
  归脾、胃经

　　猪肚不仅可供食用，而且有很好的药用价值，具有补虚损、健脾胃的功效，多用于治疗脾虚腹泻、虚劳瘦弱、产后体虚、内脏下垂、消渴、小儿疳积、尿频或遗尿，尤其适宜虚劳羸弱、脾胃虚弱、中气不足、气虚下陷、小儿疳积、腹泻、胃痛者以及糖尿病患者食用。猪肚健脾胃，非常适合春季食用。

○应用指南

组合	食用方法	功效
猪肚 +白果 +金樱子	▶煲汤食用	可治夜尿频多
猪肚 +山楂 +白术	▶煲汤食用	可治消化不良
猪肚 +玉竹 +黑木耳	▶炒食	可治糖尿病
猪肚 +苏梗 +黑豆	▶煲汤食用	可治妊娠胎动不安

食用建议 猪肚与白糖同食，易引起心肌细胞氧化及代谢紊乱；猪肚与樱桃同食，易引起消化不良。此外，痰滞内蕴者、感冒者均不宜食用猪肚。

鳝鱼

- **别名**
  黄鳝、长鱼
- **性味**
  性温、味甘
- **归经**
  归肝、脾、肾经

　　鳝鱼富含蛋白质、钙、磷、铁、烟酸、维生素B_1、维生素B_2及少量脂肪，具有补气养血、去风湿、强筋骨、壮阳等功效，对降低血液中胆固醇的浓度、预防因动脉硬化而引起的心血管疾病有显著的食疗作用，还可用于辅助治疗面部神经麻痹、中耳炎、乳房肿痛等病症。春季养生宜养血，鳝鱼补气养血，非常适合春季食用。

○应用指南

组合	食用方法	功效
鳝鱼 +五加皮 +桑寄生	▶煮汤食用	可治风湿性关节炎
鳝鱼 +肉桂 +干姜	▶炒食	可治肩周炎
鳝鱼 +芹菜	▶清炒食用	可治高血压
鳝鱼 +当归 +枸杞	▶煲汤食用	可治贫血

食用建议 瘙痒性皮肤病、痼疾宿病、支气管哮喘、淋巴结核、癌症、红斑狼疮等患者均不宜食用鳝鱼。

带鱼

别名
裙带鱼、海刀鱼、牙带鱼、刀鱼

性味
性温、味甘

归经
归肝、脾经

带鱼具有养肝补肾、暖胃泽肤、补气养血、舒筋活血、消炎化痰、提神抗乏的功效。带鱼的脂肪含量高于一般鱼类，且多为不饱和脂肪酸，同时含丰富的镁元素，对心血管系统有很好的保护作用，可预防高血压、心肌梗死等心血管疾病。常吃带鱼还有养肝补血、泽肤养发健美的功效。带鱼养肝护肝，适合春季食用。

◎应用指南

带鱼 +山药 +胡萝卜	▶ 红烧食用		可治营养不良	
带鱼 +芹菜 +大蒜	▶ 清炒食用		可治高血压	
带鱼 +木耳 +鲜百合	▶ 清炒食用		可治皮肤干燥	
带鱼 +冬瓜 +白芍	▶ 焖烧食用		可治胃癌	

食用建议 带鱼与南瓜同食，会引起中毒。此外，疥疮、湿疹等皮肤病患者、肥胖者、皮肤过敏者、红斑狼疮患者均不宜食用带鱼。

鳙鱼

别名
花鲢、大头鱼、胖头鱼、包头鱼

性味
性温、味甘

归经
归胃经

鳙鱼是一种高蛋白、低脂肪、低胆固醇的鱼类食物，不仅能疏肝解郁，对心血管系统也有保护作用，还具有补虚弱、暖脾胃、补头眩、益脑髓、健脾利肺、祛风寒、益筋骨之功效。鳙鱼富含磷脂，可改善记忆力，特别是鳙鱼的头部脑髓含量很高，经常食用能治眩晕、益智商、助记忆、延缓衰老。春季吃鳙鱼，能疏肝解郁，对某些疾病能起到辅助治疗的作用。

◎应用指南

鳙鱼 +益智仁 +核桃仁	▶ 炖汤食用		可改善老年痴呆症	
鳙鱼 +莲子 +龙眼肉	▶ 炖汤食用		可对神经衰弱有一定的疗效	
鳙鱼 +玉米须 +山楂	▶ 煮汤食用		可改善高血压	
鳙鱼头 +豆腐	▶ 炖汤食用		可疏肝解郁、养心安神、益智补脑	

食用建议 鳙鱼与西红柿同食，不利营养吸收。疮疖、肥胖、肾衰竭、肝性脑病、中风、通风、肺结核、出血性疾病患者及大病初愈者均不宜食用鳙鱼。

生菜

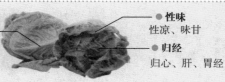

- **别名**
  叶用莴笋、鹅仔菜、莴仔菜
- **性味**
  性凉、味甘
- **归经**
  归心、肝、胃经

生菜含维生素A、维生素C、钙、磷等营养成分，具有清热安神、清肝利胆、养胃生津、降压降脂的功效，对内火旺盛所致的心烦失眠、口舌生疮、目赤肿痛、小便黄赤等症以及高血压、高血脂均有一定食疗效果。春季常食用生菜，能保护肝脏，同时还可减肥，有利于女性保持苗条的身材。

◎应用指南

生菜 +大蒜	▶炒熟食用	可治高血压
生菜 +黄瓜 +黑木耳	▶炒熟食用	可治高血脂
生菜 +苦瓜 +丝瓜	▶炒熟食用	可治内火旺盛
生菜 +马蹄 +甘蔗	▶榨汁饮用	可治小便涩痛

食用建议 生菜与醋同食，会破坏营养物质。此外，尿频者、胃寒者也不宜食用生菜。

芹菜

- **别名**
  蒲芹、香芹
- **性味**
  性凉，味甘、辛
- **归经**
  归肺、胃经

芹菜具有清热除烦、平肝降压、利水消肿、凉血止血的作用，对高血压引起的头痛头晕、暴热烦渴以及黄疸、水肿、便秘、小便热涩不利、妇女月经不调、赤白带下、疮腮、血热出血等病症有食疗作用。适宜高血压患者、动脉硬化患者、缺铁性贫血者及经期妇女食用。春季雨水较多，"邪湿"较重，芹菜利水化湿，非常适合春季食用。

◎应用指南

芹菜 + 苦瓜	▶烹炒食用	可治高血压
芹菜 +黑木耳	▶烹炒食用	可治高血脂
芹菜 +猪肝	▶烹炒食用	可治缺铁性贫血
芹菜 +香蕉 +芝麻	▶榨汁饮用	可治老年人习惯性便秘

食用建议 芹菜与黄瓜同食，会破坏维生素C；芹菜与南瓜同食，会引起腹胀、腹泻。此外，脾胃虚寒者、肠滑腹泻不固者均不宜食用芹菜。

扁豆

● 别名
菜豆、季豆

● 性味
性平、味甘

● 归经
归脾、胃经

扁豆是甘淡温和的健脾化湿药，能健脾和中、消暑清热、解毒消肿，适用于脾胃虚弱、便溏腹泻、体倦乏力、水肿、白带异常以及夏季暑湿引起的呕吐、腹泻、胸闷等病症。扁豆高钾低钠，经常食有利于保护心脑血管，调节血压。春季湿邪较盛，扁豆健脾化湿，适合春季食用。

◎应用指南

扁豆 +赤小豆 +薏米	▶煮汤食用	可治水肿
干扁豆 +鱼腥草 +马齿苋	▶煎取药汁食用	可治痢疾
干扁豆 +干山药 +芡实	▶煮汤食用	可治白带色白黏稠量多
白扁豆 +山药 +粳米	▶煮粥食用	可治脾胃虚弱

【食用建议】 扁豆与橘子同食，可导致高钾血症；扁豆与蛤蜊同食，可导致腹痛腹泻。此外，患寒热病者、患疟者、腹胀者均不宜食用扁豆。

豆腐

● 别名
水豆腐、老豆腐

● 性味
性凉、味甘

● 归经
归脾、胃、大肠经

豆腐富含蛋白质、8种必需氨基酸、不饱和脂肪酸、卵磷脂。能益气宽中、生津润燥、清热解毒、和脾胃、抗癌，还可以降低血铅浓度、保护肝脏、促进人体代谢。豆腐中丰富的大豆卵磷脂有益于神经、血管、大脑的发育生长，豆腐在健脑的同时，所含的豆固醇能抑制胆固醇的摄入。春季干燥，豆腐能生津润燥，又兼具清热功效，非常适合春季食用。

◎应用指南

豆腐 +生姜	▶炖服	可润肺止咳
豆腐 +草菇	▶炖服	可健脾补虚，增进食欲
豆腐 +羊肉	▶炖服	可清热泻火、除烦止渴
豆腐 +鸡蛋 +虾皮	▶打散蒸服	可治小儿多汗、盗汗、久咳

【食用建议】 豆腐与葱同食，影响钙吸收；豆腐与蜂蜜同食，会导致腹泻。此外，脾胃虚寒者，痛风、肾病、缺铁性贫血、腹泻等病症的患者均不宜食用豆腐。

竹笋

- **别名**
  名笋、闽笋
- **性味**
  性微寒、味甘
- **归经**
  归胃、大肠经

竹笋是竹的幼芽，具有化痰下气、清热除烦、益气和胃、治消渴、利水道、利膈爽胃、帮助消化、去食积、防便秘等功效。竹笋还具有低脂肪、低糖、多纤维的特点，食用竹笋不仅能促进肠道蠕动，帮助消化，去积食，防便秘，并有预防大肠癌的功效。竹笋含脂肪、淀粉很少，属天然低脂、低热量食品，是肥胖者减肥的佳品。春季气候干燥，容易引起痰多咳嗽的症状，宜多食用竹笋，清热化痰。

◎应用指南

竹笋+猪腰	▶炒食	可补肾利尿
竹笋+鸡肉	▶炒食	适用于肥胖者
竹笋+猪肉	▶炖服	可降低血糖
竹笋+牡蛎	▶煮汤食用	可促进伤口愈合，预防感冒

食用建议 竹笋与红糖同食，对身体不利；竹笋与羊肉同食，会导致腹痛。此外，慢性肾炎、泌尿系结石、尿路结石患者，寒性疾病患者均不宜食用竹笋。

马蹄

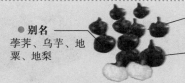

- **别名**
  荸荠、乌芋、地栗、地梨
- **性味**
  性微凉、味甘
- **归经**
  归肺、胃、大肠经

马蹄有"地下板栗"之称，具有清热解毒、凉血生津、利尿通便、化湿祛痰、消食除胀的功效，对黄疸、痢疾、小儿麻痹、便秘等疾病有食疗作用。另外，其含有一种抗菌成分，对降低血压有一定的效果，这种物质还对癌症有预防作用。春季气候干燥，人容易阴虚火旺，马蹄清热泻火，非常适合春季食用。

◎应用指南

马蹄+鲫鱼+薏米	▶炖汤食用	可治尿路感染
马蹄+车前子+核桃仁	▶煮汤食用	可治尿路结石
马蹄+石榴皮+赤小豆	▶煮汤食用	可治痢疾
马蹄+银耳+玉竹	▶煮甜汤食用	可治咽喉干燥

食用建议 脾胃虚寒者、血虚者、血瘀者、经期女子均不宜食用马蹄。

苋菜

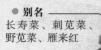

- **别名**
长寿菜、刺苋菜、野苋菜、雁来红
- **性味**
性凉、味微甘
- **归经**
归肺、大肠经

　　苋菜含有蛋白质、脂肪、碳水化合物、粗纤维、胡萝卜素、烟酸、维生素C、钙、磷、铁、钾、钠、镁、氯，具有清热利湿、凉血止血、止痢的功效。主治赤白痢疾、二便不通、目赤咽痛、鼻出血等病症。尤其适宜老人、儿童、女性、减肥者、急慢性肠炎患者、痢疾患者、大便秘结者、临产孕妇食用。苋菜能润肠清热，非常适合春天食用。

○应用指南

苋菜 +鲜马齿苋 +猪肠	▶ 煮汤食用	辅助治疗痢疾、急性肠炎	
苋菜 +新鲜枸杞叶	▶ 清炒食用	有效缓解目赤肿痛、结膜炎等症	
苋菜 +火龙果 +香蕉	▶ 榨汁饮用	可治疗上火引起的便秘	
苋菜 +黄瓜 +芹菜	▶ 榨汁饮用	可治疗单纯性肥胖症	

食用建议 苋菜与菠菜同食，会降低营养价值；苋菜与牛奶同食，会影响钙的吸收。此外，消化不良者、腹满、肠鸣、大便稀薄等脾胃虚寒者均不宜食用苋菜。

西红柿

- **别名**
番茄、番李子、洋柿子、毛腊果
- **性味**
性凉，味甘、酸
- **归经**
归肺、肝、胃经

　　西红柿为茄科植物番茄的果实，能清热止渴、养阴凉血，具有生津止渴、健胃消食、清热解毒、凉血平肝、补血养血、增进食欲的功效。对发热烦渴、口干舌燥、牙龈出血、胃热口苦、虚火上升有较好治疗效果，所含维生素C、芦丁、番茄红素及果酸，可降低血胆固醇，预防动脉粥样硬化及冠心病。西红柿补血养血，符合春季养生养血的原则，适合春季食用。

○应用指南

西红柿 +苹果 +芝麻	▶ 直接食用	每日吃1～2次，可治贫血
西红柿 +土豆	▶ 榨汁饮用	可治溃疡
西红柿 +白糖	▶ 熬汤热饮	可治中暑
西红柿 +西瓜	▶ 榨汁频频饮用	可退热

食用建议 西红柿与南瓜、猕猴桃同食，会降低营养；西红柿与红薯同食，会引起呕吐、腹痛腹泻。此外，患有急性肠炎、菌痢者及溃疡活动期患者均不宜食用西红柿。

春季养生药膳

春季选用药膳来养生应根据自身的状况，以下推荐一系列不同功效的药膳，读者可根据自身体质和需要合理选择。

春季养生药膳①

◎材料 党参、枸杞各15克，猪肝200克，盐适量。

◎做法 ①将猪肝洗净切片，汆水后备用。②将党参、枸杞用温水洗净后备用。③净锅上火倒入水，将猪肝、党参、枸杞一同放进锅里煲至熟，加盐调味即可。

◎功效 本汤具有滋补肝肾、补中益气、明目养血等功效。

党参枸杞猪肝汤

春季养生药膳②

◎材料 女贞子30克，淮山20克，枸杞、熟地黄各15克，牡丹皮、泽泻各10克，鸭肉500克，盐适量。

◎做法 ①将鸭宰杀，去毛及内脏，洗净，斩块。②将药材洗净，与鸭一同放入锅中，加适量清水，煮至鸭肉熟烂。③以盐调味即可。

◎功效 此汤具有养肝补虚、滋阴补肾、补血养胃的功效。

女贞子鸭汤

春季养生小贴士

春季要注意预防风寒之邪，春季多风，昼夜温差较大，处于乍暖还寒之际，易受风寒湿邪气的侵袭，所以穿衣要跟随气温的变化而加减，切忌减衣过速。春季出汗后要及时擦干，以免伤风感冒。

春季养生药膳③

枸杞炖甲鱼

◎ **材料**　枸杞、熟地黄各20克，红枣5颗，甲鱼250克，盐适量。

◎ **做法**　①甲鱼宰杀后洗净；枸杞、熟地黄洗净；红枣洗净去核。②锅置火上，加水适量，大火将水煮开，再将熟地黄、红枣、甲鱼一起放入锅中，以小火炖2小时。③再将枸杞入锅，放盐调味，煮10分钟即可。

◎ **功效**　此汤具有补肝明目、养血补虚、滋阴补肾的功效。

春季养生小贴士

春季易出现"春困"的现象，这是由春季气温升高、皮肤血管扩张、大脑血流量减少缺氧造成的。因此，春季要注意多开窗换气，保持室内通风，注意早睡早起，切忌闷头昏睡。

春季养生药膳④

山药白芍排骨汤

◎ **材料**　白芍、蒺藜各10克，红枣10颗，排骨250克，新鲜山药300克，盐适量。

◎ **做法**　①白芍、蒺藜装入棉布袋系紧；红枣洗净。②排骨冲洗后入沸水中汆烫捞起；戴手套将山药去皮，洗净，切块。③将除盐外的所有材料一起放入锅中，加水1800克，大火烧开后转小火炖40分钟，加盐调味即可。

◎ **功效**　此汤具有养肝健脾、解毒防疹、行气解郁的功效。

春季养生小贴士

春季食用骨头汤不宜放醋，因为骨头汤里含有丰富的钙、锌、磷等无机盐。若是加醋，会使得大部分无机盐在酸性环境中转变为无机离子形式存在，直接影响人体的吸收率。

春季养生药膳⑤

红枣带鱼粥

材料 陈皮10克,红枣5颗,糯米、带鱼各50克,香油15克,盐5克。

做法 ①糯米洗净,泡水30分钟;带鱼洗净,切块,沥干;红枣泡发,洗净;陈皮洗净。②将陈皮、红枣、糯米加适量水,大火煮开,转用小火煮至成粥。③加入带鱼煮熟,再加入香油和盐调味即可。

功效 此粥具有养肝补血、行气健脾、增强食欲等功效。

春季养生小贴士

春季孕妇不宜多吃酸性食物。妊娠初期会出现嗜酸、恶心、呕吐等妊娠反应,会比较想吃酸性食物。但是研究证明,摄入过多的酸性食物是导致胎儿畸形的元凶之一,会影响胎儿的正常发育。

春季养生药膳⑥

莲枣猪肝粥

材料 粳米50克,红枣10颗,猪肝30克,莲子20克。

做法 ①将莲子用水泡半小时;猪肝洗净,切成片后炒熟;粳米和红枣洗净。②将粳米、红枣、猪肝和莲子放入锅中,加适量水熬成粥。③早晚各服1次。

功效 本粥具有补血养肝、益气健脾、养心安神等功效。

春季养生小贴士

春季老年人不宜多吃油腻食物和甜食,老年人味觉减退,喜欢味道较重、油腻的食物,但是这些食物往往胆固醇过高,会增加血液的黏稠度,容易引起高血压、高脂血症、动脉硬化等病症。

春季养生药膳⑦

猪肝笋粥

◎材料　白芍10克，稠粥2碗，猪肝100克，笋尖80克，盐3克，鸡精1克，葱花适量。

◎做法　①猪肝洗净，入沸水中氽烫，捞出切成薄片；笋尖洗净，切成斜段；白芍洗净。②稠粥下入锅中，加适量开水煮沸，下入白芍、笋尖，转中火熬煮10分钟。③下入猪肝熬成粥，调入盐、鸡精，撒上葱花。。

◎功效　本粥补血养肝、通便利肠、健脾养胃，对贫血有很好的改善作用。

春季养生小贴士

阳春三月宜吃春笋，中医学认为春笋味甘性寒，有利九窍、通血脉、消食积、化痰毒、清肠热、发痘疹、主消渴、利小便等功效。春笋还有吸附脂肪、促进食物消化的功能，是减肥者的佳品。

春季养生药膳⑧

当归鹌鹑枸杞粥

◎材料　当归、枸杞各15克，鹌鹑1只，茶树菇适量，大米80克，盐3克，味精1克，姜丝、葱花各适量。

◎做法　①大米淘净；鹌鹑洗净，切小块；茶树菇、当归、枸杞洗净。②油锅烧热，放入鹌鹑，加盐炒熟盛出。③锅置火上，注入清水，放入大米，煮至五成熟，放入其他材料，煮至米粒开花后关火，加盐、味精调匀，撒上葱花即可。

◎功效　养肝补血，补中益气，清利湿热。

春季养生小贴士

春季是一个旧病易复发的季节，中医学有言：春气者诸病在头。高血压患者易出现血压升高、头晕、头痛、失眠等症状，肝阳上亢者易出现头晕目眩、头痛的症状，二者均可适当泡饮菊花茶，有降压、清肝的作用。

春季养生药膳⑨

核桃枸杞蒸糕

◎ **材料** 核桃仁50克，枸杞15克，糯米粉3杯，糖适量。

◎ **做法** ①核桃仁切成小片，备用；枸杞洗净，泡发。②糯米粉加糖水拌匀，揉成糯米饼备用。③锅中加水煮开，将加了糖的糯米饼移入锅中，约蒸10分钟，将核桃、枸杞撒在糕面上，续蒸10分钟至熟即可。

◎ **功效** 本品具有养肝健脾、补肾乌发、补脑益智、润肠通便等功效。

春季养生小贴士

春季育龄妇女不宜多吃胡萝卜，因为胡萝卜中含大量的胡萝卜素，过多地摄入胡萝卜素会引起闭经并抑制卵巢的排卵，从而引起不孕，所以想生育的妇女不宜过多食用胡萝卜。

春季养生药膳⑩

雪蛤枸杞甜汤

◎ **材料** 枸杞10克，雪蛤1只，冰糖适量。

◎ **做法** ①将雪蛤洗净，斩件；枸杞泡发洗净。②锅中注水烧开，放入雪蛤煮至熟，再加入枸杞煮熟。③加冰糖，搅拌至冰糖溶化即可。

◎ **功效** 此汤具有滋阴养肝、润肤明目、生津止渴的功效，是爱美女性的一道养生佳品。

春季养生小贴士

春季孕妇不宜吃热性香料、调味料，春季多湿，茴香、花椒、胡椒、桂皮都有祛湿的作用，但是孕妇体温较常人高，肠道易干燥，多食燥热香料会造成便秘，从而易使腹压增大，导致流产、早产等。

春季养生药膳⑪

红花绿茶饮

◎ **材料** 红花5克，绿茶5克，蜂蜜、沸水各适量。

◎ **做法** ①红花、绿茶洗净。②注入适量沸水冲泡，盖上盖子。③泡好后，待稍凉，加入少许蜂蜜调味即可。（可按个人口味决定是否增加蜂蜜）。

◎ **功效** 本茶具有活血化瘀、养肝明目、降低血脂的功效。

春季养生小贴士

白内障患者宜多饮茶，因为血浆中胡萝卜素指标低者易患白内障，而茶叶中含有丰富的胡萝卜素，可以补充人体内维生素A的不足和提高血浆中胡萝卜素的浓度，以减少白内障的发生率，所以常饮茶对白内障有益。

春季养生药膳⑫

枸杞养肝茶

◎ **材料** 枸杞、淮山、女贞子各10克，冰糖适量。

◎ **做法** ①枸杞洗净，将淮山、女贞子研碎，连同枸杞一起放入陶瓷器皿中。②加水用小火煎煮10分钟左右即可关火。③加入冰糖搅拌，待温后即可饮用。

◎ **功效** 此茶具有养肝明目、滋阴补肾、补气健脾的功效。

春季养生小贴士

春季老年人不宜多吃水果及水果罐头，因为许多水果含糖量较高，而老年人活动量少，糖分不容易被消耗，而易变成脂肪积聚在体内，导致发胖，从而易诱发糖尿病、高血压、冠心病等疾病。

春季养生药膳⑬

丝瓜猪肝汤

◎材料 新鲜山药50克，丝瓜250克，熟猪肝75克，高汤适量，盐4克。

◎做法 ①将丝瓜去皮，洗净，切片；熟猪肝切片，备用；山药洗净，去皮，切片。②净锅上火倒入高汤，下入熟猪肝、丝瓜、山药煲至熟。③调入盐调味即可。

◎功效 本品具有疏肝除烦、养肝补血、清热解毒等功效。

春季养生小贴士

妊娠早期孕妇不宜多食动物肝脏，因为动物肝脏中含有极为丰富的维生素A，而营养学家证明，引起胎儿畸形的原因是人体摄入了大剂量的维生素A。

春季养生药膳⑭

鸽子汤

◎材料 西洋参20克，枸杞10克，鸽肉500克，葱、料酒、盐各少许。

◎做法 ①鸽子去毛去内脏，洗净；葱洗净，切段；西洋参洗净，去皮切片；枸杞洗净，备用。②砂锅中注水，加热至沸腾，放入鸽肉、葱、料酒，转小火炖90分钟。③放入西洋参、枸杞再炖20分钟，加入盐调味即可。

◎功效 本品具有疏肝除烦、益气生津、滋阴明目等功效。

春季养生小贴士

饭后忌立即劳动，因为进餐后，胃肠道血管扩张，流向胃肠的血液增多，有利于食物的消化。若饭后立即劳动，会迫使血液满足运动器官的需要，造成胃肠供血不足，长久下去易引起慢性胃肠疾病。

春季养生药膳⑮

佛手瓜白芍瘦肉汤

◎**材料** 鲜佛手瓜200克，白芍20克，猪瘦肉400克，红枣5颗，盐3克。

◎**做法** ①佛手瓜洗净，切片，焯水。②白芍、红枣洗净；瘦猪肉洗净，切片，汆水。③将清水800克放入瓦煲内，煮沸后加入佛手瓜、白芍、猪瘦肉、红枣，以大火烧沸，改用小火煲2小时，加盐调味。

◎**功效** 本品行气解郁、疏肝除烦，可用于产后抑郁、腹胀气滞、纳食欠佳等症。

春季养生小贴士

饮豆浆忌食鸡蛋，因为鸡蛋中的黏液性蛋白易和豆浆中的胰蛋白酶结合，产生一种人体不能吸收的物质。喝豆浆还忌食用红糖，因为红糖中的有机物质易与豆浆中的蛋白质结合，产生沉淀物。

春季养生药膳⑯

决明子苋菜汤

◎**材料** 决明子20克，鸡肝300克，苋菜250克。

◎**做法** ①苋菜剥取嫩叶和嫩梗，洗净，沥干；鸡肝洗净，切片，汆烫去血水后捞起。②决明子装入纱布袋扎紧，放入煮锅中，与1200克水熬成高汤，捞出药袋后丢弃。③加入苋菜，煮沸后下鸡肝片，再煮沸一次，加盐调味即可。

◎**功效** 此汤具有疏肝除烦、清热明目、润肠通便的功效。

春季养生小贴士

生、熟食品忌混放，因为在生蔬菜、生肉、生鱼上往往有很多寄生虫、病菌等肉眼看不见的脏东西。生食和熟食放在一起，会污染到熟食，所以买菜时要分开放，也要注意切食品的菜板、刀具，最好生熟各备一套。

春季养生药膳⑰

菠菜玉米枸杞粥

◎材料 枸杞20克，菠菜、玉米粒各50克，大米80克，盐3克，味精1克。

◎做法 ①大米泡发洗净；枸杞、玉米粒洗净；菠菜择去根，洗净，切成碎末。②锅置火上，注入清水后放入大米、玉米、枸杞用大火煮至米粒开花。③再放入菠菜，用小火煮至粥成，调入盐、味精拌匀即可。

◎功效 此粥具有滋阴、养血、降压、润燥的功效。

春季养生小贴士

吃东西忌用一侧嚼，长期下去脸部容易变形扭曲，一侧面容变得稍宽大，另一侧略窄，所以要养成用两侧牙齿咀嚼食物的好习惯。

春季养生药膳⑱

大米决明子粥

◎材料 决明子15克，大米100克，盐2克，葱8克。

◎做法 ①大米泡发洗净；决明子洗净；葱洗净，切花。②锅置火上，倒入清水，放入大米，以大火煮至米粒开花。③加入决明子，煮至粥呈浓稠状，调入盐拌匀，再撒上葱花即可。

◎功效 此粥具有清热平肝、降脂降压、润肠通便、明目益睛之功效。

春季养生小贴士

忌专吃精米精面而拒绝粗米粗粮。据研究表明，精米比糙米蛋白质损失多16.55%，脂肪损失多35%，纤维素损失多40%，钙损失多60%，磷损失多40%，其他成分也有不同程度的损失。所以要多食粗粮。

决明子柠檬茶

春季养生药膳⑲

◎**材料** 决明子5克，柠檬半个，蜂蜜适量。

◎**做法** ①将决明子洗净，柠檬洗净切片，一起放入杯中，冲入沸水后加盖冲泡10分钟。②去渣，等茶水稍温后，加入适量蜂蜜调味即可。③可反复冲泡至茶味渐淡。

◎**功效** 本品具有疏肝除烦、清肝明目、排毒瘦身的功效。

春季养生小贴士

泡茶不宜用保温杯，因为用保温杯泡出的茶水无芳香味，而且由于长时间保持高温，泡出的茶汁过浓，鞣酸、茶碱过多，会使得味道变苦，而且会使茶中的维生素遭到破坏。

柴胡疏肝茶

春季养生药膳⑳

◎**材料** 柴胡5克，绿茶3克，蜂蜜适量。

◎**做法** ①将柴胡和绿茶分别洗净，放入杯中。②冲入沸水后，加盖冲泡10分钟，等茶水稍温后即可饮用，可按个人口味添加蜂蜜调味。③可反复冲泡至茶味渐淡。

◎**功效** 本品具有疏肝除烦、清热解表、排毒瘦身的功效。

春季养生小贴士

春季宜喝花茶，可以喝茉莉、珠兰、玉兰、玫瑰等花茶。中医学认为，春季常饮花茶，可以帮助散发冬天郁积在体内的寒邪之气，同时还能促进人体阳气的生长，振奋精神，消除春乏。

春季养生药膳 ㉑

党参当归鸡汤

◎ **材料** 党参、当归各15克，红枣8颗，鸡腿1只，盐2小匙。

◎ **做法** ①鸡腿剁块，放入沸水中氽烫，捞起冲净；党参、当归、红枣洗净，备用。②鸡块、党参、当归、红枣一起入锅，加7碗水以大火煮开，转小火续煮30分钟。③起锅前加盐调味即可。

◎ **功效** 本品补血活血、调经理带，适合月经不调、带下过多者食用。

春季养生小贴士

春季吃鸡，忌食鸡屁股。春季进补大多数人爱吃鸡，有些人尤其是中老年人却钟爱吃鸡屁股，但不知鸡屁股有大量的毒素、细菌以及致癌物质，是不能食用的。

春季养生药膳 ㉒

当归炖猪心

◎ **材料** 党参20克，当归15克，鲜猪心1个，葱、姜、盐、料酒各适量。

◎ **做法** ①猪心洗净，剖开；党参、当归洗净，再一起放入猪心内，用竹签固定。②将猪心放入锅中，撒上葱、姜、料酒，隔水炖熟。③去除药渣，再加盐调味即可。

◎ **功效** 本品具有补气养血、调经止痛、活血化瘀等功效。

春季养生小贴士

春季忌多食不易消化的食物，因为春季胃肠内热较重，蠕动功能也较差，再多食不易消化的食物，会加重胃肠积滞，导致痰湿内生而引起一系列疾病。

春季养生药膳㉓

灵芝红枣兔肉汤

材料 红枣10颗，灵芝6克，兔肉250克，盐适量。

做法 ①将红枣浸软，去核，洗净；灵芝洗净，用清水浸泡2小时，取出切小块。②将兔肉洗净，汆水，切小块。③将红枣、灵芝、兔肉放入砂煲内，加适量清水，大火煮沸后，改小火煲2小时，加盐调味即可。

功效 本汤具有滋阴养血、补肝益肾、乌发等功效。

春季养生小贴士

春季，孕妇与先兆流产者忌食兔肉，因为兔肉寒凉，有清泄凉血、滑胎的作用，易损伤胎气，引起胎动不安或妊娠下血，从而造成流产、早产等严重后果。

春季养生药膳㉔

红枣核桃乌鸡汤

材料 红枣8颗，核桃仁20克，乌鸡250克，盐3克，姜片5克，葱花适量。

做法 ①将乌鸡洗净，斩块汆水；红枣、核桃仁洗净，备用。②净锅上火，倒入水，放入盐、姜片，下入乌鸡、红枣、核桃仁，煲至乌鸡熟烂，撒上葱花即可。

功效 本品具有补血滋肾、安神益智、润肠通便等功效。

春季养生小贴士

春季忌常挖鼻孔，因为这样易损伤鼻黏膜，破坏鼻毛，手上的细菌也容易进入损伤部位，引起鼻毛周围产生炎症，出现疼痛、鼻痒、鼻干、发热、全身不适等症状，所以要改掉挖鼻孔的习惯。

春季养生药膳㉕

美味八宝羹

◎材料　山药200克,红枣6颗,桂圆肉、枸杞、芡实、百合、红豆、糯米、白糖各适量。

◎做法　①山药洗净,去皮,切块;桂圆肉、红枣洗净,将枣腹切开;红豆、枸杞分别洗净、泡发;芡实、百合洗净。②糯米淘净,浸泡1小时,倒入锅中,加水适量,待开后,倒入所有材料,转小火煮30分钟,需定时搅拌,直到变黏稠为止。

◎功效　益气养血,养胃生津,清心安神。

春季养生小贴士

淘米时忌反复搓洗,因为附着在米粒表面的细米糠,比米粒本身的营养要丰富得多,而且氨基酸的构成也更平衡,质量也较高,所以洗米不宜搓洗,去除杂质即可,以免营养成分流失。

春季养生药膳㉖

猪血腐竹粥

◎材料　山药30克,猪血100克,腐竹30克,干贝10克,大米120克,葱花、盐各3克。

◎做法　①腐竹、干贝用温水泡发洗净,腐竹切条,干贝撕碎;猪血洗净,切块;大米淘净;山药洗净,去皮,切块。②锅中注水,放入大米,大火煮沸,下入干贝,再中火熬煮至米粒开花。③转小火,放入山药、猪血、腐竹,待粥熬至浓稠,加入盐调味,撒上葱花即可。

◎功效　补血养胃,益气健脾,益智健脑。

春季养生小贴士

中年妇女忌空腹时间过长,因为人在空腹时胆汁分泌减少,胆汁中的胆酸含量也减少,但体内胆固醇含量不变,如果空腹时间太长,会使胆固醇出现饱和而析出沉淀,容易导致胆结石。

春季养生药膳㉗

益气养血茶

◎材料 绞股蓝15克，枸杞适量，红糖适量。

◎做法 ①将绞股蓝、枸杞、红糖放入杯中，冲入沸水后加盖。②茶水稍温后即可饮用。③可反复冲泡至茶味渐淡。

◎功效 本品具有益气养血、养肝明目等功效，适用于眼睛干涩、贫血等症患者。

春季养生小贴士

女性月经期、孕期、哺乳期忌饮茶，因为茶叶中含有咖啡因和鞣酸，会引起痛经和影响造血。咖啡因有毒，易导致胎儿畸形；鞣酸又易与铁结合，影响母体对铁的吸收，易造成孕妇缺铁性贫血。

春季养生药膳㉘

玫瑰枸杞红枣茶

◎材料 无核红枣3颗，黄芪2片，枸杞5克，干燥玫瑰花6朵。

◎做法 ①将所有材料洗净，红枣切半；干燥玫瑰花先用热开水浸泡再冲泡。②将以上所有材料放入壶中，冲入热开水。③加盖焖约3分钟即可。

◎功效 本品具有行气活血、养血安神、疏肝解郁的功效。

春季养生小贴士

玫瑰花茶具有疏肝利胆、理气解郁、活血散瘀、调经止痛等功效，对胸闷、胃脘胀痛、月经不调及经前乳房胀痛等病症有辅助治疗作用，适合春天饮用。此外，玫瑰花还具有美容养颜的功效，可使面部的皮肤光滑柔嫩。

春季养生药膳㉙

党参淮山猪胰汤

◎ **材料** 党参15克，淮山30克，猪胰200克，瘦肉150克，蜜枣3颗，盐适量。

◎ **做法** ①党参、淮山洗净，浸泡。②蜜枣洗净；猪胰、瘦肉洗净，汆水。③将清水2000克放入瓦煲中，煮沸后加入党参、淮山、蜜枣、猪胰和瘦肉，大火煲开后，改用小火煲3小时，加盐调味即可。

◎ **功效** 本品具有补气健脾、涩肠止泻等功效，适用于脾虚泄泻症。

春季养生小贴士

晚上睡前不宜饮酒，因为靠酒的麻醉作用来帮助入睡，常处于似睡非睡的朦胧状态，睡眠较浅，而且容易饮酒成瘾，久而久之，反而会破坏睡眠习惯，造成失眠，而且还加重了肝脏的负担。

春季养生药膳㉚

山药炖鸡

◎ **材料** 山药250克，胡萝卜1根，鸡腿1只，盐1小匙。

◎ **做法** ①山药削皮，冲净，切块；胡萝卜削皮，洗净，切块；鸡腿剁块，放入沸水中汆烫，捞起，冲洗。②鸡肉、胡萝卜先下锅，加水盖过材料，以大火煮开后转小火炖15分钟。③续下山药以大火煮沸，改用小火续煮10分钟，加盐调味即可。

◎ **功效** 平补脾胃，益肾涩精，益气补虚。

春季养生小贴士

老年人不宜喝浓咖啡，因为浓咖啡会使人心跳加快，引起心律不齐，以及过度兴奋、失眠等，影响睡眠和体力的恢复；而且咖啡能升高血脂，诱发动脉粥样硬化和冠心病。

春季养生药膳 ㉛

薏米小米羹

材料 薏米20克，小米90克，干玉米碎粒40克，糯米30克，白糖少许。

做法 ①将所有食材洗净。②将洗后的食材放入电饭煲内，加入适量清水，煲至黏稠时倒出盛入碗内。③加白糖调味即可。

功效 本品具有健脾和胃、助消化的功效，可用于食欲不振、食少便稀者。

春季养生小贴士

忌随便使用药物牙膏，因为药物牙膏含有较多的生物碱，而且刺激性强，对口腔黏膜有一定的损害。在口腔、牙龈没有疾病的情况下，只需用普通牙膏，普通牙膏中大多含有冰片、薄荷油、丁香油等成分，可预防口腔疾病。

春季养生药膳 ㉜

玉米党参羹

材料 党参15克，红枣20克，玉米糁120克，冰糖8克。

做法 ①红枣去核，洗净；党参洗净、润透，切成小段。②锅置火上，注入清水，放入玉米糁煮沸后，下入红枣和党参。③煮至浓稠闻到香味时，放入冰糖调味即可。

功效 本品能益气补虚、健脾和胃，可辅助治疗脾肺虚弱、气短心悸、食少便溏等症。

春季养生小贴士

晚餐或睡觉前不宜常吃脂肪含量高的食物，否则会诱发急性胰腺炎。晚餐过饱，睡眠时，充盈的胃和十二指肠压迫胆道口，使胰腺、胆汁排出受阻，胰液反流，易出现出血坏死型胰腺炎，常因抢救不及时而死亡。

春季养生药膳㉝

黑芝麻山药糊

◎ **材料** 山药150克，何首乌30克，黑芝麻250克，白糖适量。

◎ **做法** ①将黑芝麻、山药、何首乌均洗净、沥干、炒熟，再研成粉末，分别装瓶备用。②再将三种粉末一同盛入碗内，加开水和匀，调成糊状。③最后调入白糖，和匀即可。

◎ **功效** 本品具有健脾和胃、滋阴补肾、乌发防脱等功效。

春季养生小贴士

春季不宜吃过烫的食物，很多人喜欢吃烫食，如滚烫的开水、火锅、米粥，其实这种习惯很不好。太烫的食物会损伤食管黏膜，刺激黏膜增生，留下瘢痕和炎症，长久下去，易引起食道癌变。

春季养生药膳㉞

山药五宝甜汤

◎ **材料** 山药200克，莲子150克，百合10克，桂圆肉15克，红枣8颗，银耳15克，冰糖80克。

◎ **做法** ①山药削皮，洗净，切段；银耳泡发，去蒂，切小朵。②莲子泡发，洗净；百合用清水泡发，洗净；桂圆肉、红枣洗净。③将除冰糖外的所有材料放入煲中，加清水适量，中火煲45分钟，放入冰糖，以小火煮至冰糖溶化即可。

◎ **功效** 补气健脾，养心安神，生津止渴。

春季养生小贴士

春季油条不宜多吃，因为油条在制作过程中要加入一定的明矾，而明矾的主要成分是硫酸钾铝，人食多后，易引起中毒。油条在高温情况下会生成有很大毒性的二聚体，长期食用，会导致生长发育迟缓。

春季养生药膳㉟

茯苓豆腐

材料 茯苓30克，枸杞10克，豆腐500克，香菇、盐、料酒、淀粉各适量。

做法 ①豆腐挤压出水，切成小方块，撒上盐；香菇、茯苓均切片。②将豆腐块下入高温油中炸至金黄色，茯苓炸熟。③清水、盐、料酒倒入锅内烧开，加淀粉勾成白汁芡，下入炸好的豆腐、茯苓、香菇片、枸杞，炒匀即成。

功效 本品有健脾化湿、降脂减肥、降低血糖等功效。

春季养生小贴士

春季忌过多食用豆腐，因为黄豆中的蛋白质能阻碍人体对铁元素的吸收，过量食用豆腐，容易造成缺铁性贫血，从而表现出不同程度的疲倦、嗜睡和其他贫血症状。

春季养生药膳㊱

芹菜根甘草汤

材料 甘草15克，薏米30克，芹菜根40克，鸡蛋1个，盐2克。

做法 ①芹菜根洗净，切段；甘草、薏米洗净。②将芹菜根、甘草、薏米放入锅中，加水400克，煎至200克。③继续烧开，打入鸡蛋，加入盐搅匀，趁热服用。

功效 本品具有健脾渗湿、清热排脓、利水消肿的功效。

春季养生小贴士

春季宜多吃芹菜。春季是阳气开始生发的季节，芹菜是春季时令佳蔬，钙、铁的含量较高，热量低，既可减肥，又可降压，常吃芹菜对高血压、血管硬化、神经衰弱、小儿软骨病等都有辅助治疗的作用。

苍术蔬菜汤

◎ **材料** 鱼腥草、苍术各10克，薏米20克，白萝卜200克，番茄250克，玉米笋100克，绿豆芽15克，清水800克，盐适量。

◎ **做法** ①全部药材洗净后与清水置入锅中，以小火煮沸，滤取药汁备用。②白萝卜去皮，洗净，刨丝；番茄去蒂，洗净，切片；玉米笋洗净，切片；绿豆芽洗净，备用。③药汁放入锅中，加入全部蔬菜煮熟，放入盐调味即可。

◎ **功效** 健脾祛湿，利尿通淋，清热排脓。

春季养生小贴士

春季儿童换牙时期不宜吃甘蔗，否则易导致牙齿长歪。吃甘蔗时，用力过猛，会使牙床组织受到一定伤害，新长出的牙齿会向经常用力的方向生长，从而影响牙齿美观，建议儿童换牙时期不要吃过硬的食物。

草果草鱼汤

◎ **材料** 草果10克，草鱼300克，桂圆50克，花生油30克，盐少许，味精、葱段、姜末、胡椒粉各3克，高汤适量。

◎ **做法** ①将草鱼洗净，切块；草果洗净，去皮、核，切块；桂圆洗净，备用。②净锅上火，倒入花生油，将葱、姜爆香，下入草鱼微煎，倒入高汤，调入盐、味精、胡椒粉。③再下入草果、桂圆煲至熟即可。

◎ **功效** 健脾养血，祛湿利尿，降压降糖。

春季养生小贴士

炖鱼时宜适量加点醋，能使鱼的酸度增加，促使蛋白质凝固，使鱼肉鲜嫩熟烂，易被人体吸收。醋还能使鱼骨细胞中的胶质分解出钙和磷，有利于营养更好地吸收。

春季养生药膳㊴

羊肉草果豌豆粥

◎**材料** 草果15克,羊肉100克,豌豆50克,大米80克,盐、味精、生姜汁、香菜段各适量。

◎**做法** ①草果、豌豆洗净;羊肉洗净,切片;大米淘净,泡好。②大米放入锅中,加适量清水,大火煮开,下入羊肉、草果、豌豆,改中火熬煮。③将粥熬出香味,加盐、味精、生姜汁调味,撒上香菜段即可。

◎**功效** 燥湿散寒,温补脾胃,止呕吐。

春季养生小贴士

春季海带不宜长时间浸泡,因为海带中含有丰富的碘、钾、多种维生素、甘露醇,若把晒干的海带长时间浸泡在水里,会导致碘、甘露醇、水溶性维生素大量流失,最后吃到的只有海带胶和纤维素。

春季养生药膳㊵

泽泻枸杞粥

◎**材料** 泽泻、枸杞各10克,大米80克,盐1克。

◎**做法** ①大米泡发洗净;枸杞洗净;泽泻洗净,加水煮好,取汁待用。②锅置火上,加入适量清水,放入大米、枸杞以大火煮开。③再倒入熬煮好的泽泻汁,以小火煮至浓稠状,调入盐拌匀即可。

◎**功效** 此粥有祛湿清热、利水消肿、滋阴明目之功效。

春季养生小贴士

炒菜时不宜先放盐,因为过早放盐会导致菜内水分很快渗出来,这样不但菜不容易熟,而且出汤多,炒出来的菜味道较差,所以建议在菜快出锅前放盐,搅拌均匀,待盐融化即可出锅。

春季养生药膳 ④

银鱼苋菜粥

◎材料　枸杞15克，小银鱼50克，苋菜100克，稠粥1碗，盐3克，味精2克，料酒、香油、胡椒粉各适量。

◎做法　①小银鱼洗净，用料酒腌渍去腥；苋菜洗净；枸杞洗净。②锅置火上，放入小银鱼，加适量清水煮熟。③倒入稠粥，放入枸杞、苋菜稍煮，加盐、味精、香油、胡椒粉调匀便可。

◎功效　除湿健脾，利水消肿，强化骨骼。

春季养生小贴士

春季绿叶蔬菜不宜焖煮，烹制绿叶蔬菜时若焖煮时间太长，不但会使营养流失，还容易引起中毒，因为绿叶蔬菜都含有不等量的硝酸盐，烹煮过久，容易使硝酸盐还原成亚硝酸盐，食用后易引起中毒。

春季养生药膳 ④

藿香菊花茶

◎材料　藿香、菊花各5克，冰糖适量。

◎做法　①藿香、菊花分别清洗干净。②将洗净的藿香、菊花放入锅中，加入适量清水煎煮。③煎好后放入冰糖搅拌即可饮用。

◎功效　此汤具有化湿运脾、清热解毒、清肝明目的功效。

春季养生小贴士

春季喝茶要注意去茶垢，因为茶叶中含有茶多酚，与空气接触后，极易氧化成茶垢，并附着在茶杯和茶壶上，但是茶垢中含有铅、汞、砷等有害物质，经口进入消化道后易产生沉淀，阻碍小肠对营养的吸收。

春季养生药膳 43

乌龙茯苓茶

材料 茯苓、莱菔子各3克，乌龙茶5克，普洱茶2克。

做法 ①将茯苓、莱菔子、乌龙茶、普洱茶洗净。②将洗净的材料放入杯中，加入300克开水冲泡。③盖住杯盖焖3分钟即可饮用。

功效 此茶具有健脾化湿、消食化积、排毒瘦身等作用。

春季养生小贴士

烧肉及炖排骨时不宜中途加冷水，因为肉、骨等食物中含有大量的蛋白质和脂肪，中途加冷水会造成汤汁温度急剧下降，使肉和骨中的蛋白质和脂肪迅速凝固，难以煮烂。

春季养生药膳 44

马蹄茅根茶

材料 鲜茅根100克，鲜马蹄100克，白糖少许。

做法 ①鲜马蹄、鲜茅根洗净，切碎。②将鲜茅根和马蹄放入沸水煮20分钟左右。③去渣，加白糖饮服。

功效 此汤具有清热利湿、凉血止血、生津止渴等功效。

春季养生小贴士

春季饮用蜂蜜时要注意，冒泡的蜂蜜不宜久存，因为蜂蜜含有葡萄糖，葡萄糖具有很强的吸水性，如果存放不当，蜂蜜的含水量会逐渐增多，当水分超过20%时，酵母菌会大量繁殖，使蜂蜜变质。

春季养生药膳㊺

西洋参瘦肉汤

◎**材料** 海底椰150克,西洋参、川贝母各10克,瘦肉400克,蜜枣2颗,盐5克。

◎**做法** ①海底椰、西洋参、川贝母洗净。②猪瘦肉洗净,切块,汆水。③将海底椰、西洋参、川贝母、瘦肉、蜜枣放入煲内,注入沸水700克,加盖煲4小时,加盐调味即可。

◎**功效** 本品具有清热化痰、润喉止咳、滋阴补虚等功效。

春季养生小贴士

中老年人营养膳食要少吃肥肉、动物油,少吃含糖高的食物;忌缺钙,老年人易发生骨质疏松、骨折和关节炎,这都与缺钙有关;宜低盐饮食,摄盐过多,易诱发心脏病、中风等。

春季养生药膳㊻

玉参炖鸭

◎**材料** 玉竹、沙参各50克,老鸭1只,葱花、生姜、盐各适量。

◎**做法** ①将老鸭洗净,斩件;生姜去皮,切片。②砂锅内加水适量,放入老鸭、沙参、玉竹、生姜,用大火烧沸。③再改用小火煮1小时至熟烂,加入葱花、盐调味即可。

◎**功效** 本品具有滋阴润肺、养阴生津、凉血补虚等功效。

春季养生小贴士

冻肉忌用热水解冻。存放在冰箱内的猪肉、鸭肉等肉类取出后不能急于用热水解冻,因为肉类快速解冻后,常生成一种叫作丙醛的物质,是一种极强的致癌物。所以应先将冷冻室里的肉放入冷藏室内数小时,再取出使用。

春季养生药膳 ㊼

马蹄海蜇汤

◎ 材料　玉竹5克，马蹄200克，海蜇皮100克，盐适量。

◎ 做法　①将玉竹、马蹄、海蜇皮洗净。②玉竹、马蹄、海蜇皮下入锅中，加水煮熟。③加入盐调味即可。

◎ 功效　本品具有滋阴润肺、清热利尿、生津止渴的功效。

春季养生小贴士

　　春季养生宜多吃豆制品，因为现代医学认为大豆能预防动脉硬化、抑制人体发胖、补充人体所需的铁元素、钙质，还能减少胆固醇在体内积存，且能增强记忆力，还有防癌、抗癌的作用。

春季养生药膳 ㊽

银杏玉竹猪肝汤

◎ 材料　银杏100克，玉竹10克，猪肝200克，味精、盐、香油、高汤、红椒末、香菜末各适量。

◎ 做法　①将猪肝洗净，切片；银杏、玉竹分别洗净，备用。②净锅上火，倒入高汤，下入猪肝、银杏、玉竹烧沸。③加盐、味精，撒上红椒末、香菜末，淋入香油即可装盘食用。

◎ 功效　此汤具有滋阴清热、敛肺止咳、固精止带、缩尿止遗的功效。

春季养生小贴士

　　春季养生可多吃花生，花生又被称为"长生果""植物肉"。因为花生含有不饱和脂肪酸，可预防心脏病，还含有大量油脂、维生素，可预防便秘、口角炎。多嚼花生，还能预防口腔异味。

春季养生药膳㊾

白果瘦肉粥

◎ 材料 白果20克，猪肉50克，玉米粒30克，红枣10克，大米适量，盐3克，味精1克，葱花少许。

◎ 做法 ①玉米粒洗净；猪肉洗净，切丝；红枣洗净，切碎；大米淘净，泡好；白果去外壳，取心。②锅中注水，下入大米、玉米粒、白果、红枣，旺火烧开，改中火，下入猪肉煮至猪肉变熟。③改小火熬煮成粥，加盐、味精调味，撒上葱花即可。

◎ 功效 本品具有清热润肺、下气平喘、止咳化痰、健脾消食的功效。

春季养生小贴士

生泉水不宜饮用。很多人喜欢春游踏青，旅游者常乐于品尝生泉水，生泉水看似清澈洁净，实则污染很严重。泉水中含有大量的细菌及大肠杆菌，胃肠较敏感的人饮后容易引起急性胃肠炎。

春季养生药膳㊿

川贝杏仁粥

◎ 材料 川贝、杏仁各10克，百合20克，大米100克，梨1个，蜂蜜30克。

◎ 做法 ①将川贝、杏仁、百合洗净，梨洗净后捣烂挤汁，一同放入锅内。②和洗净的大米一起加水煮粥，粥将熟时，加入蜂蜜，再煮片刻即可。

◎ 功效 本品具有化痰止咳、滋阴润肺、清热通便的作用。

春季养生小贴士

春季儿童不宜多吃蚕豆，因为蚕豆内含有植物凝集素或溶血素，它在人体内会破坏人体的红细胞，引起溶血，还易导致发热、腹痛、黄疸、休克等症状，即"蚕豆病"。所以，蚕豆必须煮熟透后才能食用，且不宜多食。

春季养生药膳 51

枇杷叶粥

◎**材料** 枇杷叶15克,粳米100克,冰糖适量。

◎**做法** ①将枇杷叶放入清水中洗净,去净枇杷叶上的毛。②再放入锅中加水煎煮至100克。③加入粳米、冰糖,再加水600克,煮成稀粥即可。

◎**功效** 本品具有清热润肺、止咳化痰的作用,可用于肺热咳嗽、急性支气管炎等症。

春季养生小贴士

忌与铁、铝炊具搭配同用,因为铝和铁是两种化学活性不同的金属,当它们以食物为电解液时,铝和铁就形成了一个化学电池,使铝离子进入食物,人长期食用后会导致体内含铝量过多,易引起骨质软化或出现痴呆症。

春季养生药膳 52

红莲蒸雪蛤

◎**材料** 红莲30克,红枣25克,雪蛤200克,淡奶、白糖各20克,椰汁、冰糖各50克。

◎**做法** ①雪蛤洗净,泡发;莲子泡发,洗净;红枣洗净。②清水、白糖放入容器中,加入雪蛤,上笼蒸5分钟,捞出分装碗中,下入莲子、红枣。③锅上火加水,下椰汁、淡奶、冰糖烧开,盛入装碗的雪蛤中,蒸10分钟取出。

◎**功效** 滋阴润肺,清热除烦,养心安神。

春季养生小贴士

建议食用干木耳,因为食用鲜木耳易引起植物日照性皮炎。这是一种光感性疾病,主要症状为面部水肿、手足长大水疱、全身暴露部位长红疹,发病后要及时上医院诊治。

春季养生药膳 ㊾

桑白皮葡萄果冻

材料 鱼腥草、桑白皮各10克,椰果60克,葡萄200克,果冻粉20克,绵白糖25克。

做法 ①将鱼腥草、桑白皮放入棉布袋,与适量清水一起下锅,以小火煮沸,约2分钟后关火,滤取药汁。②葡萄洗净,切开,取出子,与椰果一起放入模型中;药汁、果冻粉、绵白糖放入锅中,小火加热,并不停地搅拌,煮沸后关火,倒入模型中。③待凉后移入冰箱,冷藏至凝固。

功效 清热润肺,止咳化痰,解毒排脓。

春季养生小贴士

白糖久存要注意防螨虫。白糖若保管不善,容易被螨虫污染,久存更为螨虫提供了繁殖条件,螨虫进入人体后,可损伤胃肠道黏膜,形成溃疡,引起腹痛、泄泻,也可引起尿路感染等症。

春季养生药膳 ㊾

麦冬阳桃甜汤

材料 麦冬15克,天门冬10克,阳桃1个,清水600克,紫苏梅汁1大匙,冰糖1大匙。

做法 ①将天门冬和麦冬放入棉布袋;阳桃表皮以少量的盐搓洗,切除头尾,再切成片状。②将药材与阳桃放入锅中,以小火煮沸,加入冰糖搅拌溶化。③取出药材,加入紫苏梅汁拌匀,待温后即可食用。

功效 本品具有润肺养阴、清除粉刺、改善咽干口燥的作用。

春季养生小贴士

洗过的餐具、水果等忌用抹布擦干,这样很容易将抹布上的细菌擦到洗净的物品上,所以建议餐具等物品洗净后自然风干。

春季养生药膳 55

罗汉果胖大海茶

◎ **材料** 罗汉果1个，胖大海5个，冰糖适量。

◎ **做法** ①将罗汉果洗净后拍碎；胖大海洗净。②将罗汉果与胖大海放入锅中，加水1500克。③大火煮开后转小火再煮20分钟，滤渣，加冰糖调味即可饮用。

◎ **功效** 本品具有清热润肺、润喉利咽、化痰止咳等功效。

春季养生小贴士

解酒不宜喝浓茶，很多人喜欢用浓茶来解酒，这个方法是不可行的，因为茶叶中含有咖啡因，咖啡因和酒精结合犹如火上加油，不但不能解酒，反而会加重醉酒人的痛苦，建议用蜂蜜水、香蕉等食物解酒。

春季养生药膳 56

麦冬竹茹茶

◎ **材料** 麦冬20克，竹茹10克，绿茶3克，冰糖10克。

◎ **做法** ①将麦冬、竹茹、绿茶洗净，放入砂锅中，加400克清水，浸透。②煎至水剩约250克，去渣取汁。③再加入冰糖煮至溶化，和匀即可。

◎ **功效** 本品具有滋阴润肺、生津止渴、降压降脂的功效。

春季养生小贴士

减肥宜多饮茶。实践证明：喝乌龙茶、沱茶、普洱茶及砖茶等紧压茶，更有利于降脂减肥。普洱茶和沱茶能健美减肥并能预防心血管疾病；乌龙茶具有分解脂肪、助消化、利尿的作用，也利于减肥。

春季易发病调理药膳

由于春季的气候特点，很容易引发一系列的疾病，因此要做好防范工作，无论是生活还是饮食上，都应该多加注意，才能远离疾病，拥有健康的身体。

流行性感冒 >>

流行性感冒简称流感，是由流感病毒引起的一种急性呼吸道传染病，传染性强，发病率高，容易引起暴发流行或大流行。其主要通过含有病毒的飞沫进行传播，人与人之间的接触或与被污染物品的接触也可以传播。典型的临床特点是急起高热、显著乏力，全身肌肉酸痛，而鼻塞、流涕和喷嚏等上呼吸道症状相对较轻。

【对症药材、食材】

● 风热：金银花、大青叶、蒲公英、柴胡、菊花。

● 风寒：川芎、白芷、防己、黄芪；芥蓝、西蓝花、绿豆、橘子、柠檬、葡萄、西红柿、甜菜、西瓜、豆豉、牛奶。

【本草药典——菊花】

● 性味归经：性微寒，味甘、苦。归肺、肝经。

● 功效主治：疏风、清热、明目、解毒。可治头痛、眩晕、目赤、心胸烦热、疔疮、肿毒。

● 选购保存：均以身干、色白(黄)、花朵完整而不散瓣、香气浓郁、无杂质者为佳。储存于干燥的容器中即可。

● 食用禁忌：气虚胃寒、食少泄泻者宜少用之。

【预防措施】

要注意室内空气流通，保持周围环境的清洁，定期对室内的空气进行消毒。生活要有规律，不要过于劳累，应保证每天睡眠在10小时左右。饮食应该多样化，注意保证摄入的营养均衡，不要偏食，多食新鲜的蔬菜水果，补充足量的蛋白质，多喝白开水。

【饮食宜忌】

宜食用清淡食物，如绿叶蔬菜、含维生素C的水果、豆类、瘦肉、牛奶等。忌食用温补药，如党参、当归、熟地、阿胶等，忌食用狗肉、鸡肉、羊肉等燥热性食物。

食疗药膳① 川芎白芷鱼头汤

材料 川芎、白芷各10克，生姜5片，鳙鱼头1个，盐、红枣各适量。

做法 ①将鳙鱼头洗净，去鳃，起油锅，下鱼头煎至微黄，取出备用；川芎、白芷、生姜洗净。②将川芎、白芷、生姜、鱼头、红枣一起放入炖锅内，加适量开水，炖锅加盖，小火隔水炖2小时。③以盐调味即可。

功效 散寒解表，舒筋止痛。用于流感属风寒证型者。

春季养生小贴士

接种流感疫苗是春季预防流感的最佳措施。现在，大多生活水平比较高的城市，人们自我保护意识较强烈，大部分健康人群都接种了流感疫苗，只有一些中小城市和交通不便地区，由于人们缺乏卫生知识，未能及时接种流感疫苗。

食疗药膳② 胡萝卜牛蒡粥

材料 牛蒡子15克，板蓝根10克，粳米50克，胡萝卜100克，香菜末适量。

做法 ①将洗净的牛蒡子和板蓝根放入锅中，加入适量的清水，至盖过原材料为止。②用大火煮沸后，再用小火煎煮30分钟左右。③加入洗净的粳米和胡萝卜煮成粥，撒上香菜末。

功效 清热解表，解毒利咽。用于发热、汗出、口干喜冷饮、咽喉干燥等症者。

春季养生小贴士

若当地已经出现流感症状，又未及时进行疫苗接种的人群，用药物预防也是一个好办法。在我国，最常见的预防药物有板蓝根，既经济又可靠，每日早中晚各冲服1包即可。

食疗药膳③

柴胡秋梨汤

材料 柴胡20克，秋梨1个，红糖适量。

做法 ①分别将柴胡、秋梨洗净，将秋梨切成块，备用。②将柴胡、秋梨放入锅内，加入1200克水，先用大火煮沸，再改小火煎15分钟。③滤去渣，以红糖调味即可。

功效 发散风热，滋阴润燥。用于流感属风热症型较轻者，症见发热不恶寒、微恶风、出汗、干咳、小便黄等。

春季养生小贴士

身体健壮的人患流感一般7~10天可恢复，但身体比较差的孕妇、老年人、儿童，由于抵抗力差，很容易发生呼吸道并发症，从而导致严重后果，所以，春季应适当加强体育锻炼，提高自身抗病能力。

食疗药膳④

蒲公英金银花饮

材料 鱼腥草10克，蒲公英20克，金银花15克，沸水适量。

做法 ①将鱼腥草、蒲公英、金银花洗净，备用。②将材料放进壶里，用1000克沸水冲泡。③待凉后分次当茶饮用。

功效 解表散热，清热解毒。用于流感属风热症型较重者，症见发热、汗出、口干咽燥、喜冷饮、咳吐黏稠黄痰、小便黄等。

春季养生小贴士

春季容易感觉疲劳，要注意调整工作节奏，减小压力，保证充足的睡眠，以提高人体自身免疫力。注意保暖，保持呼吸道通畅，注意个人卫生，降低流感病毒的传染概率。

哮喘 >>

哮喘病多因患者接触香水、油漆、灰尘、宠物、花粉等刺激性气体之后发作。发作前有鼻咽痒、打喷嚏、咳嗽、胸闷等先兆症状。发作时患者突感胸闷窒息，咳嗽，迅即呼吸气促困难，呼气延长，伴有哮鸣，为减轻气喘，患者被迫坐位，双手前撑，张口抬肩，烦躁汗出，甚则面青肢冷。发作可持续数分钟、几小时或更长时间。

【对症药材、食材】

● 寒哮：射干、麻黄、半夏、苏子、花生、黑芝麻、胡桃、柿饼、大蒜等。

● 热哮：款冬花、瓜蒌、桑白皮、白果，梨、银耳、丝瓜、冬瓜等。

【本草药典——苏子】

● 性味归经：性温，味辛。归肺、脾经。

● 功效主治：降气消痰、止咳平喘、润肠通便。用于咳嗽气喘、痰壅气逆、肠燥便秘等病症。

● 选购保存：置通风干燥处，防蛀。

● 食用禁忌：阴虚咳喘、脾虚滑泄者禁服。

【预防措施】

平时要注意一些生活细节，如衣领、床上用品最好不要用羽绒或蚕丝，因为一些哮喘患者对于动物羽毛、蚕丝过敏；注意哮喘发作是否与食物有关，如虾蟹、牛奶、桃等，慎用或忌用易引发哮喘的药物，如阿司匹林、吲哚美辛等；减少花粉吸入，日间或午后少外出，不用地毯，室内湿度保持在50%左右。

【饮食宜忌】

宜食用灵芝、花生、白果、柿饼、燕窝、银耳、百合、芝麻等。

寒哮忌食寒凉性食物，热哮忌食温热性食物，二者均忌食辛辣刺激的食物、芥菜、鱼、虾。

【小贴士】

中医学认为哮喘患者多有先天不足、后天失调、机体虚弱、卫气不固、不能适应外界气候变化，易为外邪侵袭，外邪侵袭首先伤肺，若反复发作，气阴俱伤，可波及脾肾。脾虚则运化失调，积液成痰，痰阻气则呼吸不利；肾为先天之本，主纳气，摄纳失司，则气不归根，从而三脏功能失调，病情加重，因此"正虚"是本病的主要矛盾，也是辨证的主要依据。此外，可取五味子250克，加水煎浓汁，待凉后，将7个鸡蛋浸没在药汁中，浸7天后，每天取出1个鸡蛋蒸熟食用，对于哮喘有很好的疗效。

食疗药膳① · 太子参炖瘦肉

材料 太子参、桑白皮各10克，无花果60克，猪瘦肉25克，盐、味精各适量。

做法 ①将太子参、桑白皮略洗；无花果洗净，备用。②猪瘦肉洗干净，切片。③将太子参、桑白皮、无花果、猪瘦肉放入炖盅内，加入适量开水，盖好，约炖2小时，加入盐、味精调味，即可食用。

功效 补肺气，清肺热，定喘息。适用于素体肺气虚弱、咳嗽气短、喘息无力者。

春季养生小贴士

哮喘患者应保证营养丰富、清淡的饮食，多饮水，多吃蔬菜、水果，忌食肥甘厚味。避免接触刺激气体、烟雾、灰尘，避免精神紧张和剧烈运动，避免受凉及上呼吸道感染，并戒烟、酒。

食疗药膳② · 款冬花猪肺汤

材料 桑白皮15克，款冬花、茯苓、南北杏各10克，红枣3颗，猪肺750克，瘦肉300克，盐5克，姜2片。

做法 ①款冬花、桑白皮、茯苓、红枣、南北杏洗净，备用。②猪肺洗净，油锅烧热放姜片，将猪肺干爆5分钟左右，加入适量清水。③将清水煮沸后，加入除盐以外的材料，大火煲滚后，改用小火煲3小时，加盐调味即可。

功效 本品润肺下气，化痰止喘。

春季养生小贴士

外源性哮喘是患者对致敏源产生过敏的反应，致敏源包括尘埃、花粉、动物毛发、衣物纤维等，此外，情绪激动或者剧烈运动都可能发作；内源性哮喘的患者以成年人和女性居多，病发初期与患伤风、感冒等普通疾病类似。

食疗药膳③

果仁粥

材料 白果、浙贝母各10克，莱菔子15克，苏子8克，白芥子8克，粳米100克，盐、麻油各适量。

做法 ①白果、粳米洗净，与洗净的浙贝母、莱菔子、苏子、白芥子一起装入瓦煲内。②加入2000克清水，烧开后，改为小火慢煮成粥。③下盐，淋入麻油，调匀即可。

功效 下气平喘，止咳化痰。适用于热哮及痰多黏稠者。

春季养生小贴士

高脂膳食可减少呼吸系统的负担，哮喘患者在发作期间可适量多摄入高脂食物，以保证能量供给以及病情恢复。在发病期间还要适量补充维生素和矿物质。

食疗药膳④

灵芝银耳茶

材料 灵芝10克，银耳40克，冰糖15克。

做法 ①将灵芝用清水漂洗干净；银耳泡发洗净。②然后将二者切成碎片，置于热水瓶中，冲入适量沸水。③加盖焖一夜，次晨加入冰糖，溶化后即可。

功效 补肺气，滋肺阴。用于哮喘日久，肺脏气阴两虚者。见于平常疲乏少气、口干咽燥、喘息气促等症者。

春季养生小贴士

由于高碳水化合物食物能够提高呼吸频率，从而使呼吸系统的负担有所增加，因此建议哮喘患者每日碳水化合物的供给量以不超过食物的50%为宜。碳酸饮料少喝为宜。

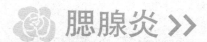
腮腺炎 >>

腮腺炎又称痄腮，是由腮腺炎病毒侵犯腮腺引起的急性呼吸道传染病。症状为一侧或两侧耳垂下肿大，肿大的腮腺常呈半球形，边缘不清，表面发热有触痛，张口或咀嚼时局部感到疼痛。有发热、乏力、不愿吃东西等全身症状。腮腺炎主要在儿童和青少年中发生，春季发病较为集中。

【对症药材、食材】

● 板蓝根、夏枯草、蒲公英、金银花、赤小豆、鱼腥草、黄檗、赤芍；海带、绿豆汤、藕粉、白菜、白萝卜、丝瓜、黄瓜、冬瓜、梨、西瓜等。

【本草药典——鱼腥草】

● **性味归经**：性微寒，味辛。

● **功效主治**：清热解毒、利尿消肿。可治肺炎、肺脓疡、热痢、疟疾、水肿、淋证、白带、痈肿、痔疮、脱肛、湿疹、秃疮、疥癣。

● **选购保存**：以叶多、色绿、有花穗、鱼腥味浓的为佳。置干燥处保存。

● **食用禁忌**：虚寒证患者及阴性外疡者忌服。

【预防措施】

预防腮腺炎，主要应做到平时注意自我保健，加强体育锻炼，多做户外活动，使自己有较强的抗病能力。在腮腺炎流行时，尽量少去人多拥挤的场所。在冬春季节要保持室内通风，经常给空气消毒。要保证餐饮具的清洁，注意经常消毒，并鼓励儿童加强体育锻炼，根据天气冷暖及时添减衣服。

【饮食宜忌】

宜食用凉性水果、绿叶蔬菜、豆浆、豆腐、牛奶、瘦肉、鲫鱼等。

忌食用茄子、虾蟹等发物，辣椒、狗肉、羊肉等热性食物，忌烟酒，忌坚硬食物。

【小贴士】

腮腺炎会出现张口疼痛，容易造成食欲差，可用热毛巾在患处热敷，以减轻疼痛。腮腺炎病毒对紫外线敏感，照射30分钟可以杀死，故患者的衣物、被褥就应经常日晒消毒。多注意口腔卫生，可每天用淡盐水漱口3~4次，要多饮开水，保证充足的水分，以促进腮腺管管口炎症的消退。多吃流食，如粥、软饭、软面条、水果泥或水果汁等。此外，可取板蓝根30克，银花15克，贯众15克，每日1剂，水煎，分2次口服，连服3~5天。对腮腺炎患者有较好的疗效。

食疗药膳① 黄连冬瓜鱼片汤

材料 黄连10克,知母12克,酸枣仁15克,鲷鱼100克,冬瓜150克,清水750克,嫩姜丝10克,盐2小匙。

做法 ①鲷鱼洗净,切片;冬瓜去皮,洗净,切片;全部药材放入棉布袋。②将除盐以外的所有食材和棉布袋放入锅中,加入清水,以中火煮沸至熟。③取出棉布袋,加入盐调味后关火即可食用。

功效 此品清热解毒,消肿散结。

春季养生小贴士

轻度腮腺炎患者开始发病时,常是一侧以耳垂为中心的弥漫性肿大、疼痛,咀嚼食物时更痛,肿胀部位有灼热感,1~2天可累及对侧。从外表看,腮腺肿胀并不发红,只是皮肤绷紧发亮,一般4~5天后肿胀消退,并可恢复正常。

食疗药膳② 柴胡莲子田鸡汤

材料 莲子150克,茯苓、柴胡、麦冬各10克、黄芩、人参片、地骨皮各5克,车前子8克,甘草3克,田鸡3只,盐适量。

做法 ①将莲子除外的中药材略冲洗,装入棉布袋,扎紧。②莲子洗净,与棉布袋一同放入锅中,加水1200克,以大火煮开,再用小火煮30分钟。③田鸡宰杀,洗净,剁块,放入汤内煮沸,捞弃棉布袋,加盐调味即可。

功效 此品发散风热,解毒消肿。

春季养生小贴士

重度腮腺炎患者有发热、怯冷、头痛、咽痛、食欲缺乏、恶心、呕吐等症状,1~2天后出现腮腺肿胀,肿胀部位一般不会化脓。但是,如果治疗不及时或者护理不当,则有可能引发脑膜炎、睾丸炎、卵巢炎。

食疗药膳③

赤芍银耳饮

材料 赤芍、柴胡、黄芩、知母、夏枯草、麦冬各5克，牡丹皮3克，玄参6克，梨1个，白糖120克，罐头银耳300克。

做法 ①将所有的药材洗净；梨子洗净切块，备用。②锅中加入所有药材，加上适量的清水煎煮成药汁。③去渣取汁后加入梨、罐头银耳、白糖，煮至滚即可。

功效 滋阴泻火，消肿止痛。用于腮腺肿痛有烧灼感、口干咽燥者。

春季养生小贴士

腮腺炎患者应食用清淡易于消化的食物，多吃水果、蔬菜等。主食要吃富有营养、易于消化的半流食或软饭。忌食上火、热性的食物，以免病情加重。

食疗药膳④

大蒜金银花饮

材料 金银花10克，大蒜15克，甘草3克，白糖适量。

做法 ①将大蒜去皮，捣烂。②与金银花、甘草一起加水煮沸。③最后加入白糖，即可饮用。

功效 清热泻火，杀菌消炎。用于腮腺炎被传染者，症见平日抵抗力差、腮腺肿痛、发热、头痛等。

春季养生小贴士

腮腺炎患者忌食酸辣、甜味以及干硬的食品，这些食品会刺激腮腺分泌增多，加重疼痛感和肿胀。可取夏枯草15克、板蓝根15克，每日1剂，水煎，分2次口服，连服3~5天，对腮腺炎患者有疗效。

 # 抑郁症 >>

春季气温、气候多变，很容易使人的情绪活跃并随之变化。特别是有精神分裂症等病史的人，对这种天气特别敏感，易导致抑郁症复发。抑郁症临床典型的三个症状为：情绪低落，思维迟缓，意志活动减退。严重者可出现自杀念头和行为。多数病例有反复发作的倾向。

【对症药材、食材】

●香附、柴胡、郁金、川楝子、百合、女贞子、郁李仁、酸枣仁；茉莉花、菠萝、海带、苹果、橘子、香蕉、莲子、黄豆、紫菜、菠菜等。

【本草药典——郁金】

●性味归经：性凉，味辛、苦。归肝、心、肺经。

●功效主治：郁金具有行气活血、疏肝解郁、清心开窍、清热凉血的功效。主治胸腹胁肋诸痛、癫狂、热病神昏、吐血、衄血、尿血、血淋、妇女倒经、黄疸。

●选购保存：黄郁金以个大、肥满、外皮皱纹细、断面橙黄色者为佳；黑郁金以个大、外皮少皱缩、断面灰黑色者为佳；白丝郁金以个大、皮细、断面结实者为佳。置于通风、干燥处保存。

●食用禁忌：阴虚失血及无气滞血瘀者忌服，孕妇慎服。

【预防措施】

对正常人来说，出现情绪波动是正常的，但要懂得调节。当发现自己情绪低落时，应注意转移不良情绪，郁闷时不妨听听音乐或参加体育活动。同时，可在风和日丽的天气里多去郊外走走，呼吸新鲜空气。如果这样做仍排解不了不良情绪，可以找专业心理医生咨询，让其帮助进行心理疏导。

【饮食宜忌】

宜食用豆制品、牛奶、酸枣、桂圆、百合、莲子、甲鱼、蜂蜜、水果等。
忌食用酒类、茶叶、咖啡、巧克力、花椒、胡椒、烟等刺激性食物。

【小贴士】

有家族病史、环境因素不好、长期服用药物、有慢性疾病、个性自卑悲观、饮食不规律者都是抑郁症的易发人群。治疗抑郁症主要以药物为主、心理治疗为辅。采用合理的药膳调理也是很好的辅助治疗手段。此外，家属、亲友对患者应支持鼓励，多理解安慰，切勿刺激、中伤患者，及时与医生沟通，会使治疗更加有效。需要特别指出的是，抑郁症患者一经确诊，最好接受及时、彻底的治疗，否则会使疾病演变为慢性病，较难治愈。

食疗药膳① 　　当归郁金猪蹄汤

材料　当归10克，郁金15克，猪蹄250克，红枣5颗，生姜15克，盐适量。

做法　①将猪蹄刮去毛，处理干净后洗净，在沸水中煮2分钟，捞出，过冷水后斩块，备用。②当归、郁金、生姜洗净，将生姜拍裂。并将除盐以外的全部材料放入锅内，加清水没过所有材料，大火浇沸后转成小火煮2~3小时。③待猪蹄熟烂后，加入适量盐调味即可。

功效　此品理气活血，疏肝解郁。

春季养生小贴士

　　抑郁症患者应该学会倾诉或自我倾诉，以宣泄抑郁。当遇到不顺心的事，应尽量将这些烦恼向值得信赖、头脑冷静的人倾诉，或自言自语倾诉。而倾听的人也应热情诚恳，循循善诱。

食疗药膳② 　　山楂郁李仁粥

材料　山楂、郁李仁各20克，大米100克，盐2克。

做法　①大米泡发，洗净；郁李仁洗净；山楂洗净，切成薄片。②锅置火上，倒入清水，放入大米，以大火煮至米粒开花。③加入郁李仁、山楂，同煮至浓稠状，加入盐拌匀即可。

功效　行气宽中，解郁安神。用于食少、易腹胀、胸闷不舒、心情低落、烦躁不眠。

春季养生小贴士

　　抑郁症小偏方：将10克柏子仁磨成粉，4克菊花洗净，取一碗，倒入蜂蜜和适量温开水，搅匀成蜂蜜水，锅内下入柏子仁、菊花、蜂蜜水，大火烧沸转小火熬25分钟即可代茶饮用，每天1杯，可养心安神、补益气血，缓解抑郁、焦虑情绪。

食疗药膳③

木瓜雪蛤羹

◎ **材料** 枸杞15克，白芍8克，木瓜150克，雪蛤50克，冰糖适量。

◎ **做法** ①木瓜洗净，去皮，切小块待用。②雪蛤泡发；枸杞、白芍洗净待用。③锅中倒入清水，放雪蛤、白芍，大火烧开，转小火将雪蛤炖烂，放入木瓜、冰糖、枸杞，炖至木瓜熟即可。

◎ **功效** 滋阴养心，解郁除烦。用于心神不宁、心悸虚烦、失眠多梦、郁郁寡欢。

春季养生小贴士

抑郁症小偏方：将半个菠萝、1根胡萝卜洗净、切块，放入榨汁机中，加适量凉开水，搅打成汁。取出，可加蜂蜜和柠檬汁搅拌均匀，即可饮用。可补肝益肾、养血明目，可增加血清素含量，缓解焦虑情绪。

食疗药膳④

玫瑰香附茶

◎ **材料** 玫瑰花、香附各5克，冰糖1大匙。

◎ **做法** ①玫瑰花剥瓣，洗净，沥干。②香附以清水冲净，加2碗水熬煮约5分钟，滤渣，留汁。③将备好的药汁加热，置入玫瑰花瓣，加入冰糖，搅拌均匀，待冰糖全部溶化后，药汁会变黏稠，搅拌均匀即可。

◎ **功效** 理气活血，疏肝解郁。用于肝气郁结，常有胸胁胀痛或刺痛感、心情郁闷等症。

春季养生小贴士

抑郁症患者在治疗期间应放松紧张的心情，进行适当的轻微运动，戒疲劳、恼怒、忧郁。饮食宜以清淡为主。抑郁症患者还应尽量避免使用口服避孕药、巴比妥类、可的松、磺胺类药、利血平等可能引起抑郁症的药物。

失眠 >>

失眠的主要症状为：入睡困难，不能熟睡，睡眠时间减少；早醒、醒后无法再入睡；频频从噩梦中惊醒，自感整夜都在做噩梦；睡过之后精力没有恢复；容易被惊醒，有的对声音敏感，有的对灯光敏感。

【对症药材、食材】

●酸枣仁、核桃仁、远志、柏子仁、夜交藤、益智仁、五味子、莲子、灵芝、芡实；苦瓜、荠菜、瓜子、牛奶、百合、菜心、蚕豆、乌鸡、鸡肝、猪肝、桂圆等。

【本草药典——酸枣仁】

●**性味归经**：性平，味甘。

●**功效主治**：酸枣仁具有养肝、宁心安神、敛汗的功效。可治虚烦不眠、惊悸怔忡、烦渴、虚汗。

●**选购保存**：以粒大饱满、外皮呈紫红色、无核壳者为佳。置阴凉干燥处保存，注意防蛀。

●**食用禁忌**：凡有实邪郁火及患有滑泄症者慎服。

【预防措施】

保持乐观、知足常乐的良好心态；生活规律，保证充足的睡眠；创造有助睡眠的条件：睡前洗热水澡、泡脚、喝杯牛奶等；白天进行适度的体育锻炼，有助于晚上入睡；远离噪声、避开光线刺激等；避免睡觉前喝茶、饮酒等。

【饮食宜忌】

宜食用豆制品、牛奶、蛋类、绿叶蔬菜、甲鱼、蜂蜜、水果、粗粮等。
忌食烟酒、茶叶、咖啡、巧克力、花椒、羊肉、狗肉等刺激性或燥热食物。

【小贴士】

睡眠不好的人应选择软硬、高度适中，回弹性好，且外形符合人体整体正常曲线的枕头，这样的枕头有助于改善睡眠质量，防止失眠多梦。失眠危害身体健康，平时要注意合理安排工作、生活，保持良好的情绪，适度体育锻炼，睡前合理饮食。调整睡眠习惯，按时上床，恢复正常的生物节律。以清淡而富含蛋白质、维生素的饮食为宜。生活有规律，晚餐吃得不宜过饱，睡觉前喝热牛奶均可以促进睡眠，使人睡得更加安稳。牛奶中含有镇定大脑的血清素，因此对于治疗失眠有显著的效果。

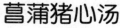

食疗药膳① ·

菖蒲猪心汤

材料 石菖蒲8克，丹参、远志各10克，当归5片，红枣6颗，猪心1个，盐、葱花各适量。

做法 ①猪心洗净，汆水，去除血水，煮熟，捞出切片。②将药材和红枣置入锅中，加水熬成汤。③将切好的猪心放入已熬好的汤中煮沸，加盐、葱花即可。

功效 宁神益志，开窍醒神，化湿和胃。可辅助治疗心烦失眠、热病神昏、痰厥、健忘、耳鸣等症。

春季养生小贴士

洋葱有净化血液的功效，对于治疗失眠症也有显著的效果。晚上入睡前，将洋葱切成块儿，放在枕头边，闻洋葱的味道也能治疗失眠症。平时无法入睡的人，晚餐时多吃生洋葱，会有一定的效果。

食疗药膳② ·

红枣柏子仁小米粥

材料 红枣6颗，柏子仁15克，小米100克，白糖少许。

做法 ①将红枣、柏子仁洗净；小米洗净。将洗净的红枣、小米，分别放入碗内，泡发待用。②砂锅洗净，置于火上，将红枣、柏子仁放入砂锅内，加清水煮沸后转小火慢煮。③最后加入小米，共煮成粥，至黏稠时，加入白糖，搅拌均匀即可。

功效 此品可补血益气，安神助眠。

春季养生小贴士

失眠小偏方：100克莲子洗净，去心，25克桂花洗净，装入纱布袋中扎紧。将莲子与桂花袋同入锅中，加适量清水以大火煮开，改小火熬50分钟，加适量冰糖末拌匀，待凉后去渣取汁即成，有健脾养胃、清心安神的功效。

食疗药膳③

金瓜百合甜点

材料 百合50克，金瓜250克，白糖10克，蜂蜜15克。

做法 ①金瓜洗净，先切成两半，然后用刀在瓜面切锯齿形状的刀纹。②百合洗净，逐片削去黄尖，用白糖拌匀，放入勺状的金瓜中，放入锅中，煮开后转小火，约蒸煮8分钟即可。③熟后取出，淋上备好的蜜汁即可。

功效 此品滋阴泻火，养心安眠。

春季养生小贴士

在睡觉前喝熬制红枣的水，有显著的镇定效果，睡眠期间可以让人熟睡。但是多吃未熟透的青枣，反而会腹泻，严重时还会引起发热，因此要特别注意。

食疗药膳④

养心安神茶

材料 五味子、旱莲草各10克，刘寄奴5克，白糖适量。

做法 ①将五味子、旱莲草、刘寄奴洗净，备用。②将所有药材放入杯中，加入沸水后盖上杯盖。③15分钟后即可加糖饮用。

功效 养心安神，破瘀散结。适用于心血瘀滞、心神不宁、心口常有隐痛或刺痛者。

春季养生小贴士

失眠小偏方：远志、夜交藤、松子仁各9克，白砂糖适量。将三味药入锅，加适量清水以大火煮沸，转小火煎15分钟，捞出松子仁，去渣取汁。取一杯，加入适量白砂糖，兑入药汁，加松子仁，搅匀即成，早晚各1杯，7日为1疗程，有安神宁心、缓解心悸的功效。

冠心病 >>

冠心病以心绞痛及心肌梗死最为常见，以胸部压迫窒息感、闷胀感、疼痛剧烈多如压榨样、烧灼样疼痛，甚则胸痛彻背、短气、喘息不能卧，昏厥等为主要症状。此病是多种疾病因素长期综合作用的结果，不良的生活方式在其中起了非常大的作用。

【对症药材、食材】

●桂枝、山楂、红花、丹参、黄芪、天麻、牛膝、延胡索、灵芝；红枣、海鱼、黑木耳、大蒜、芹菜、豆芽、洋葱、胡萝卜、猪心、羊心等。

【本草药典——山楂】

●**性味归经**：性微温，味酸、甘。归脾、胃、肝经。

●**功效主治**：消食化积、行气散瘀。主治肉食积滞、胃脘胀满、泻痢腹痛、瘀血经闭、产后瘀阻、心腹刺痛、疝气疼痛、高脂血症。

●**选购保存**：北山楂以个大、皮红、肉厚者为佳，南山楂以个匀、色红、质坚者为佳。置通风、干燥处保存，注意防蛀。

●**食用禁忌**：脾胃虚弱者慎服。胃酸过多，有吞酸、吐酸者需慎用山楂，胃溃疡患者也应慎用。

【预防措施】

控制高血压，血压过高会增加患冠心病的概率；饮食以清淡为主，防止摄入过多的盐类，多吃蔬菜、豆类，避免饮酒；应避免进食高脂肪、高胆固醇的食物，避免暴饮暴食，纠正偏食的不良习惯，注意生活规律，早睡早起。多锻炼身体，适当运动，保持精神愉快；调节血脂，可降低发生冠心病的危险，提倡低脂、低糖、低盐饮食。

【饮食宜忌】

宜食用动物心脏、豆制品、绿叶蔬菜、水果、坚果、鱼类、贝类等。

忌吃高胆固醇、高脂肪的食物，如螃蟹、动物内脏、肥肉、蛋黄等；忌吃高糖食物，如土豆、甜点、糖果、奶油等；忌吃使心率加快、增大大脑耗氧量的食物，如咖啡、浓茶、白酒等。

【小贴士】

冠心病患者要做到起居有常，早睡早起，避免熬夜工作；保持身心愉快，忌暴怒、惊恐、过度思虑以及过喜；应控制饮食，饮食宜清淡，易消化，少食多餐，晚餐量少；戒烟，戒酒；避免过重体力劳动或突然用力。

食疗药膳① · 桂枝红枣猪心汤

材料 桂枝20克，党参10克，红枣6颗，猪心半个，盐适量。

做法 ①将猪心挤去血水，放入沸水中汆烫，捞出冲洗净，切片。②桂枝、党参、红枣分别洗净放入锅中，加3碗水，以大火煮开，转小火续煮30分钟。③再转中火让汤汁沸腾，放入猪心片，待水再开，加盐调味即可。

功效 此品可养心通脉，散瘀止痛。

春季养生小贴士

自发性心绞痛患者要注意休息，不宜外出；劳累性心绞痛患者不宜干体力活，急性发作期应绝对卧床，并应避免情绪激动；恢复期患者不宜长期卧床，应适当活动，可参加有益于病情的体育锻炼。

食疗药膳② · 红花煮鸡蛋

材料 红花30克，鸡蛋1~2个，精盐少许。

做法 ①将红花洗净，加水煎煮。②再往红花中打入鸡蛋煮至蛋熟。③蛋熟后加入盐，继续煮片刻即可。

功效 活血祛瘀，理气止痛。适用于冠心病瘀血阻滞型，血管内血液黏稠，发作时心脏绞痛难忍等症。

春季养生小贴士

冠心病患者应严格控制体重，体重超重者，要低热量饮食，要食用富含蛋白质的豆类及其制品、瘦肉、鱼虾等，热量应控制在每天8370～9207千焦。减少乙醇类饮料，如高度白酒、烈性酒等。

食疗药膳③

丹参山楂大米粥

材料 丹参20克，干山楂30克，大米100克，冰糖5克，葱花少许。

做法 ①大米洗净，放入水中浸泡；干山楂用温水泡好后洗净。②丹参洗净，用纱布袋装好扎紧封口，放入锅中加清水熬汁。③锅置火上，放入大米煮至七成熟，放入山楂，倒入丹参汁煮至粥将成，放冰糖调匀，撒入葱花便可。

功效 此品可行气疏肝，凉血化瘀。

春季养生小贴士

冠心病患者应多吃水果、蔬菜，减少刺激性饮食，适当吃些食用醋，可软化血管，减少心绞痛发作，避免饮用浓茶、咖啡。避免暴饮暴食，纠正偏食的不良习惯。

食疗药膳④

黄芪红茶

材料 黄芪15克，红茶1包。

做法 ①黄芪洗净，备用。②将黄芪放入锅中，加入适量水，煮至沸腾后再煮5分钟。③加入红茶，煮5分钟左右，待温即可饮用。

功效 补气宽中，敛阴生津。主治冠心病伴脾胃气虚、食欲不振、乏力多汗、喘息气促者。

春季养生小贴士

冠心病患者应注意生活规律，早睡早起，劳逸适度，无明显症状可正常工作。伴有心绞痛的冠心病患者，应适当休息，减少工作量，如发生心肌梗死，应立即住院治疗。

 中风 >>

中风是以突然昏倒、意识不清、口渴、言语謇涩、偏瘫为主症的一种疾病。中风后遗症是指中风发病6个月以后，仍遗留不同程度的偏瘫、麻木、言语謇涩不利、口舌歪斜、痴呆等。

【对症药材、食材】

●天麻、石决明、钩藤、地龙、僵蚕、牡蛎、灵芝、生地、玄参、黄芪；冬瓜、玉米、燕麦、南瓜、橘子、猕猴桃、无花果、丝瓜、鳝鱼等。

【本草药典——天麻】

●性味归经：性平，味甘，归肝经。

●功效主治：天麻具有息风、定惊的功效。可治眩晕、头风头痛、肢体麻木、半身不遂、语言謇涩、小儿惊痫动风。

●选购保存：以色黄白、半透明、肥大坚实者为佳。置于1~6℃低温保存。

●食用禁忌：食用御风草根，勿食用天麻，若同用，即令人有肠结之患。

【预防措施】

重视中风先兆，可有效预防中风。如眼前一过性发黑、手足麻木、频繁打哈欠、眩晕等，出现这些症状要及时去医院诊治。睡前喝一杯温水，对预防中风有效。积极治疗原发病，如高血压、高血脂、冠心病、动脉硬化、糖尿病等，可有效减少中风的发病率。平时多锻炼身体，忌食甘厚味。

【饮食宜忌】

宜食用豆制品、蛋清、鱼类、瘦肉类、绿叶蔬菜、凉性水果等。
忌食用蛋黄、肥肉、动物内脏、辣椒、酒、虾蟹、动物油等。

【小贴士】

若家中有人发生了中风偏瘫，要设法把患者抬到床上，不要把患者扶起，正确的搬运是2~3个人同时抬，保持头部不受震动，让患者安静躺下，头部略高并稍向后仰。如果有呕吐则头部应偏向一边，以免呕吐物呛入气管内，然后解开患者的衣领。如有义齿应取出。如有打鼾，可用手托起患者的下颌，用纱布或手帕将患者的舌头包住拉向前方，让患者的通气道保持良好的通气状态。

食疗药膳① ...... 灵芝黄芪猪蹄汤

材料 灵芝8克，黄芪、天麻各15克，猪蹄300克，葱2根，盐少许。

做法 ①将天麻、灵芝、黄芪放入棉布袋内扎紧；葱洗净，切好。②猪蹄洗净，用沸水汆烫，并将血块挤出。③中药材置于锅中煮汤，待沸，下猪蹄熬煮，再下葱、盐调味即成。

功效 安神滋阴，补气健脾。适用于中风日久、偏瘫在床、体质虚弱者。

春季养生小贴士

中风患者应"少食多餐"，饮食宜低糖、低盐、低脂；保持室内洁净干爽和空气流通，注意保暖；保持口腔卫生，随时清除呼吸道的分泌物，鼓励患者做扩张胸部、深呼吸等运动。

食疗药膳② ...... 牡蛎豆腐羹

材料 天麻15克，僵蚕5克，牡蛎肉150克，豆腐100克，鸡蛋1个，韭菜50克，盐、葱段、香油、高汤各适量。

做法 ①牡蛎肉洗净泥沙；豆腐切成细丝；韭菜洗净，切末；鸡蛋打入碗中；天麻、僵蚕洗净。②起油锅，入葱段炝香，倒入高汤，下入天麻、僵蚕、牡蛎肉、豆腐丝，调入盐煲至入味。③最后下入韭菜末、鸡蛋，淋入香油即可。

功效 此品可滋阴潜阳，息风定惊。

春季养生小贴士

中风患者应训练膀胱自行排尿，每两小时给予使用便盆或尿壶一次，便秘者可用缓泻剂或开塞露，避免排便时用力。大便失禁者将吸水性强的布垫置于臀下，并及时清除排泄物，清洗局部，以防止泌尿道感染。

食疗药膳③

石决明小米瘦肉粥

◎**材料** 石决明20克，小米80克，瘦肉150克，料酒6克，姜丝10克，盐3克，葱花少许。

◎**做法** ①瘦肉洗净，切小块，用料酒腌渍；小米淘净；石决明洗净。②油锅烧热，爆香姜丝，放入腌好的瘦肉过油，捞出；锅中加适量清水烧开，下入小米、石决明，大火煮沸，转中火熬煮。③慢火将粥熬出香味，再下入瘦肉煲5分钟，加盐调味，撒上葱花即可。

◎**功效** 此品可醒神开窍，滋阴补虚。

春季养生小贴士

中风发病后有可能再发病，尤其是短暂脑缺血发作者，应尽量做到排除各种中风的危险因素，定期到医院复查身体。家人要定时为卧床患者翻身、擦身、洗澡、换衣，多给患者按摩受压处。

食疗药膳④

钩藤白术饮

◎**材料** 钩藤20克，白术、地龙各10克，冰糖20克。

◎**做法** ①白术加水300克，小火煎半小时。②加入钩藤、地龙，再煎煮10分钟。③加入冰糖调匀后，即可服用。

◎**功效** 凉肝息风，健脾化湿。用于中风之中经络者，症见神志清楚、四肢麻木、言语不畅等。

春季养生小贴士

中风患者应选择具有益气、化瘀、通络作用的食物，勿食高脂肪、高胆固醇食物，勿食烟酒，切勿饮食过饱。

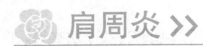 # 肩周炎 >>

肩关节周围发炎又称漏肩风、冻结肩，简称肩周炎。本病早期肩关节呈阵发性疼痛，常因天气变化及劳累而诱发，以后逐渐发展为持续性疼痛，逐渐加重，昼轻夜重，夜不能寐，不能向患侧侧卧，肩关节活动受限。肩部受到牵拉时，会产生剧烈疼痛。

【对症药材、食材】

● 附子、白术、桑枝、威灵仙、五加皮、鸡血藤、骨碎补、桂枝、川芎、川乌；白酒、木瓜、蛇肉、冬瓜、猪皮、鸡爪、生姜、胡椒、花椒、薏米等。

【本草药典——白术】

● **性味归经**：性温，味苦、甘。归脾、胃经。

● **功效主治**：健脾益气、燥湿利水、止汗、安胎。

● **选购保存**：以体大、表面呈灰黄色、断面黄白色、有云头、质坚实者为佳。置于阴凉、干燥处，防蛀。

● **食用禁忌**：白术性温而燥，故高热、阴虚火盛、津液不足、口干舌燥、烦渴、小便短赤、温热下痢（如细菌性痢疾、细菌引起的急性肠炎等）、肺热咳嗽等情况不宜食用。

【预防措施】

注意防寒保暖，避免肩部受凉，对于预防肩周炎十分重要。对于经常伏案、双肩经常处于外展工作的人，应注意调整姿势，避免长期不良姿势造成慢性劳损和积累性损伤。要密切关注并治疗容易引起继发性肩周炎的相关疾病，如糖尿病、颈椎病、肩部和上肢损伤以及神经系统疾病。

【饮食宜忌】

宜食用辣椒、生姜、桑寄生、羊肉、狗肉、木瓜、白酒、鱼类、肉类、蛋类等。
忌食用生冷食物，如冰镇水果、生黄瓜、生萝卜、西瓜、凉菜、冷饮、菊花茶等。

【小贴士】

肩周炎患者首先要注意肩周部位不要受凉，要注意劳逸结合，多锻炼，增强人体的抗病能力。其次要加强功能锻炼，注重关节的运动，可经常打太极拳、太极剑、门球，或在家里进行双臂悬吊，使用拉力器、哑铃以及做双手摆动的运动，但要注意运动量，以免造成肩关节及其周围软组织的损伤。对已患有肩周炎的患者，除积极治疗患侧外，还应对健侧进行预防。

食疗药膳① 五加皮烧黄鱼

◎**材料** 五加皮15克，黄鱼500克，面糊、黄酒、糖、醋、盐各适量。

◎**做法** ①黄鱼去鳃、鳞、内脏，洗净，两侧切花刀。②五加皮加水煎煮2次，取汤汁备用；黄鱼挂面糊，炸至酥脆，放碟中。③将五加皮汤汁放炒锅中，加黄酒、糖、醋、盐，加热拌炒，至汤汁黏稠明透，浇在鱼身上即可。

◎**功效** 此品可祛湿舒筋，消炎镇痛。

春季养生小贴士

对于肩周炎患者，按摩治疗是一种有效的治疗方法，但贵在坚持，动作由轻到重，不能急于求成。急性期需待症状缓解后，再施以手法。治疗期间，肩部要注意保温，避免负重。

食疗药膳② 桑枝鸡汤

◎**材料** 桑枝60克，薏米10克，羌活8克，老母鸡1只，盐少许。

◎**做法** ①将桑枝洗净，切成小段；薏米、羌活洗净备用。②鸡宰杀，洗净，斩件。③桑枝、薏米、羌活与鸡肉共煮至烂熟汤浓，加盐调味即可。

◎**功效** 补气血，祛风湿，通经络，止痹痛。用于肩周或上肢关节疼痛、麻木不舒等症。

春季养生小贴士

肩周炎患者可根据个人情况进行适当的锻炼，以不劳累为度，以不影响正常生活工作为限。动作活动范围以健侧为标准，逐渐增大，最后达到与健侧活动范围相同的程度。

食疗药膳③

川乌生姜粥

材料 制川乌8克,粳米50克,生姜少许,蜂蜜适量。

做法 ①制川乌洗净,备用;生姜洗净,切片待用。②粳米洗净,加水煮粥,粥快成时加入制川乌,改用小火慢煎,待熟后加入生姜,待冷后加蜂蜜,搅匀即可。③每日1剂,趁热服用。

功效 祛散寒湿,温经止痛。主治寒湿型肩周炎,遇寒冷风雨天气疼痛更甚,关节冷痛等。

春季养生小贴士

　　肩周炎发病期间,应选择具有温通经脉、祛风散寒、除湿镇痛作用的食物。勿食生冷凉性的食物。而在静止期间则应以补气养血或滋养肝肾等扶正法为主。

食疗药膳④

威灵仙牛膝茶

材料 威灵仙、牛膝各10克,茶水、白砂糖各适量。

做法 ①将威灵仙和牛膝拍碎,备用。②将威灵仙和牛膝一起放进茶水里。③加入白砂糖10克调味即可。

功效 此品具有强筋骨、通经络、止痹痛的功效。用于肩周关节麻痹肿痛、经络拘急等症者。

春季养生小贴士

　　肩周炎小偏方:取熟附子20克、羊肉300克,与适量的姜片一同放入砂锅内,注入2500毫升清水,以大火烧沸,转小火继续煲2小时,捞起熟附子丢弃,调入适量的盐即可,有壮阳补肾、消炎止痛的功效,适合肩周炎患者使用。

风湿性关节炎 >>

　　风湿性关节炎有两个特点：一是关节红、肿、热、痛明显，不能活动，发病部位常是膝、髋、踝等下肢大关节，其次是肩、肘、腕关节。二是疼痛游走不定，一会儿是这个关节发作，一会儿是那个关节不适，但疼痛持续时间不长，几天就可消退。

【对症药材、食材】

　　●独活、羌活、荆芥、防风、威灵仙、桑寄生、川芎、五加皮、蕲蛇、土茯苓、防己；薏米、鳝鱼、白酒、木瓜、蛇肉、冬瓜、猪皮、鸡爪、生姜、胡椒、花椒、母鸡等。

【本草药典——桑寄生】

　　●性味归经：性平、味苦。归肝、肾经。

　　●功效主治：补肝肾、强筋骨、除风湿、通经络、益血、安胎。可治腰膝酸痛、筋骨痿弱、偏枯、脚气、风寒湿痹、胎漏血崩、产后乳汁不下。

　　●选购保存：以外皮棕褐色、条匀、叶多、附有桑树干皮，嚼之发黏者为佳。置干燥、通风处保存，注意防蛀。

　　●食用禁忌：诸无所忌。

【预防措施】

　　患者要加强锻炼，增强身体素质；防止受寒、淋雨和受潮，关节处要注意保暖；饮食有节、起居有常、劳逸结合；预防感染和控制体内的感染病灶；保持正常的心理状态及良好的心情，对维持机体的正常免疫功能也是很重要的。夏季时不要贪凉暴饮冷饮、空调温度要适宜；秋季和冬季要添衣保暖，防止风寒侵袭。

【饮食宜忌】

　　宜食用辣椒、生姜、五加皮、桑寄生、木瓜、白酒、鱼类、肉类、蛋类等。

　　忌食用生冷食物，如冰镇水果、生黄瓜、生萝卜、西瓜、凉菜、冷饮、菊花茶等；慎食辛辣温补性食物，如荔枝、桂皮、茴香、啤酒、人参等。

【小贴士】

　　风湿病患者要注意居住的房屋要通风、向阳，保持空气新鲜。不要直接睡在地板上或风口处。洗漱宜用温水，睡前用热水泡脚，可以促进下肢血液循环，还可消肿痛、除风湿。患者出汗多时，用干毛巾擦干，衣服汗湿后要及时更换。

食疗药膳① · 桑寄生连翘鸡爪汤

材料 桑寄生30克，连翘15克，鸡爪400克，蜜枣2颗，盐5克。

做法 ①桑寄生、连翘洗净；蜜枣洗净。②鸡爪洗净，去趾甲，斩件，入沸水中汆烫。③瓦煲内加入1600克清水，煮沸后加入桑寄生、连翘、鸡爪、蜜枣，大火煲开后，改用小火煲2小时，加盐调味即可。

功效 补肝肾，强筋骨，祛风湿。对肝肾不足、腰膝酸痛、关节肿痛等症有较好的效果。

春季养生小贴士

风湿性关节炎患者病程一般较长，如果忌口太多，长年累月会影响营养的吸收，对疾病的康复不利。一般来说，风湿性关节炎患者可以食用任何饮食，只在发作时不宜进食辛辣、刺激的食物。

食疗药膳② · 薏米桑枝水蛇汤

材料 桑枝、薏米各30克，水蛇500克，蜜枣3个，盐5克。

做法 ①桑枝、薏米、蜜枣洗净。②水蛇去头、皮、内脏，洗净，汆水，切成段。③将清水2000克放入瓦煲内，煮沸后加入桑枝、薏米、水蛇和蜜枣，大火煲开后，改用小火煲3小时，加盐调味即可。

功效 通络止痛，利水渗湿。对于关节肿痛、疼痛走窜不定等症有很好的疗效。

春季养生小贴士

风湿性关节炎患者可喝少量的酒，以达到祛风、活血及促进血液循环的目的。可取薏米60克装入纱布袋中，放入装有500毫升白酒的酒罐中，密封浸泡7天即可，每次取适量饮用，有健脾祛湿的功效。

食疗药膳③

鲫鱼薏米粥

材料 薏米、赤小豆各20克，防己10克，鲤鱼、大米各50克，黑豆20克，料酒、盐、味精、香油、胡椒粉、葱花各适量。

做法 ①将大米、黑豆、赤小豆、薏米、防己洗净，用清水浸泡；鲤鱼洗净，切小块，用料酒腌渍。②锅置火上，放入大米、黑豆、赤小豆、薏米，加适量清水煮至五成熟。③放入鱼肉煮至粥将成，加调味料调匀，撒上葱花即可。

功效 此品可清热祛湿，利尿通淋。

春季养生小贴士

风湿性关节炎患者应选择具有清热利尿作用的食物，选择碱性的食物，常吃富含维生素和钾盐的瓜果蔬菜，勿食含嘌呤多的食物，勿食高热量和高脂肪的食物，勿食辛辣温补食物。

食疗药膳④

牛筋汤

材料 续断、杜仲、鸡血藤各15克，牛筋5克，生姜、盐各适量。

做法 ①将牛筋洗净，切块；生姜洗净，切片；药材均洗净，放入药袋扎紧。②将药袋、牛筋和生姜放入砂锅中，加水煎煮至牛筋熟烂，放入盐调味即可。③食用前取出药袋，喝汤食肉。

功效 滋补肝肾，祛风除湿，舒筋通络。用于肝肾不足、筋骨酸痛、腰酸腿软等症。

春季养生小贴士

风湿性关节炎患者夜间若出现盗汗，可用五倍子粉加水调匀，在睡前数于肚脐；大便秘结者，应多吃蔬菜、水果，保持大便通畅。应进食高蛋白、高热量、易消化的食物，少吃生冷、油腻食品。

流行性脑脊髓膜炎 >>

流行性脑脊髓膜炎简称为流脑，是由脑膜炎奈瑟菌引起的急性化脓性脑膜炎。其主要临床表现为突发高热、剧烈头痛、频繁呕吐、皮肤黏膜瘀点、瘀斑及脑膜刺激征，严重者可有败血症休克和脑实质损害，常可危及生命。部分患者暴发起病，可迅速致死。本病具有传染性，带菌者和流脑患者是本病的传染源。

【对症药材、食材】

●板蓝根、金银花、连翘、大青叶、野菊花、蒲公英、甘草、马齿苋、红枣；大蒜、莲花、银耳、绿豆、蜂蜜、橘子、苹果、胡萝卜、西红柿、马蹄等。

【本草药典——蒲公英】

●**性味归经**：性寒，味苦、甘。归肝、胃经。

●**功效主治**：清热解毒，利尿散结。可治急性乳腺炎、淋巴腺炎、瘰疬、疔毒疮肿、急性结膜炎、感冒发热、急性扁桃体炎、急性支气管炎、胃炎、肝炎、胆囊炎、尿路感染。

●**选购保存**：以叶多、色灰绿、根完整、无杂质者为佳。置于通风、干燥处保存，注意防潮、防蛀。

●**食用禁忌**：一次不可服用过多，用量过大会导致腹泻。

【预防措施】

由于春天是传染病多发的季节，天气冷暖不定，要注意增减衣服；尽量少带孩子到人群密集、通风效果差的公共场所去；要保持居住环境的空气清洁和流通；注意室内卫生，经常打开门窗通风，在室内用1‰过氧乙酸、5％醋酸喷雾；还要坚持锻炼身体，多喝水，多吃新鲜的水果和蔬菜；按时接种流脑疫苗。

【饮食宜忌】

宜食用绿叶蔬菜、豆制品、牛奶、新鲜水果、瘦肉、粳米、蜂蜜、米醋等。

忌食用虾、蟹等发物和辣椒、狗肉、羊肉等热性食物，以及油炸、肥肉等肥腻食物。

【小贴士】

早期发现患者应就地隔离治疗，隔离至症状消失后3天，一般不少于7天。搞好环境卫生，保持室内通风。多食蒜类食物，还可用小檗碱液滴鼻和喷喉杀菌。用淡盐水漱口，清洁口腔。

食疗药膳① • 马齿苋杏仁瘦肉汤

材料 鲜马齿苋100克，杏仁50克，板蓝根10克，猪瘦肉150克，盐适量。

做法 ①马齿苋摘嫩枝洗净；猪瘦肉洗净，切块；杏仁、板蓝根洗净。②将马齿苋、杏仁、板蓝根放入锅内，加适量清水。③大火煮沸后，改小火煲2小时，板蓝根取出丢弃，用盐调味即可食用。

功效 清热解毒，利尿散结。用于流行性脑膜炎、流感等病毒性疾病。

春季养生小贴士

流行性脑脊髓膜炎是一种急性传染病，当带菌者在说话、咳嗽、打喷嚏时，唾液会飞出，人们一旦吸入含病菌的飞沫就可能会感染发病，而春季是流脑的多发季节，尽量少外出，外出时一定要做好隔离措施。

食疗药膳② • 金银花绿豆粥

材料 金银花30克，绿豆50克，粳米100克。

做法 ①先将绿豆浸泡半天；金银花加水煎汁。②取金银花汁与淘洗干净的粳米、绿豆一同煮粥。③一日三餐饭后可食用一碗。

功效 清热解毒，消肿止痛。用于流脑、流感、急性腮腺炎、咽喉炎、疔疮疖肿等热证。

春季养生小贴士

春季，人们要充分利用假日时间，投入大自然的怀抱，郊游、远足、踏青，接受日光浴、空气浴，饱赏桃红柳绿，尽享山水之情。这样能令人心旷神怡，精力充沛，对身体健康大有益处。

食疗药膳③

蒲公英清凉茶

材料 蒲公英30克，水适量。

做法 ①将蒲公英用清水洗净，放入锅中备用。②往锅里加入适量水，用大火煮沸后，转小火再煮约1小时。③趁热去除茶渣，静置待凉后即可饮用。

功效 解毒排脓，利尿通淋。可用于流脑、急性乳腺炎、感冒发热、急性支气管炎等病症。

春季养生小贴士

人们应增强卫生意识，注意自我清洁，注意室内的环境卫生，保持空气畅通。春季气候比较潮湿，容易滋生细菌，所以要经常晒衣服和被子等贴身用品。

食疗药膳④

菊花枸杞绿豆汤

材料 枸杞10克，干菊花8克，绿豆120克，高汤适量，红糖8克。

做法 ①将绿豆淘洗干净；枸杞、干菊花用温水洗净备用。②净锅上火倒入高汤烧开，下入绿豆煮至快熟时，再下入枸杞、干菊花煲至熟透。③最后调入红糖搅匀即可。

功效 清热解毒，养肝明目。适用于流脑、急性结膜炎，症见头痛、眩晕、目赤等。

春季养生小贴士

流脑是可以预防和治愈的一种疾病，家长们应该要及时给孩子接种"流脑"疫苗，以增加自身抵抗力，平时宜多锻炼身体，以非剧烈运动为佳。此外，应多吃新鲜蔬菜和水果。

第三章
夏季药膳养生

夏天三个月谓之"蕃秀"。"蕃秀"就是指万物繁荣秀丽。也就是说，阳气更加旺盛了，天地之气开始上下交合，树木万物开花结果。夏天是炎热的，赤日炎炎似火烧。这个季节里人容易浮躁，容易出现肠胃疾病，需要做好防治工作。

夏季饮食养生宜与忌

夏季天气炎热，肤腠开泄，体力消耗比其他季节大。同时由于昼长夜短、睡眠不足等原因，到了夏天，人们的体质往往都会有所下降，常使人有"无病三分虚"的感觉。由此，中医养生学提出了"清补"的理论。

夏季养生饮食之宜

（1）夏季饮食宜以素淡为主

夏季饮食应该多吃清凉可口、容易消化的食物，如喝粥。而在菜肴的搭配上，要以素为主，以荤为辅，选择新鲜、清淡的各种时令蔬菜。除了蔬菜，夏季也是水果当道的季节。水果不仅可以直接生吃，还能用来做各种饮品，既好吃，又解暑。

（2）夏季饮食宜适当吃酸味食物

酸味食物如西红柿、乌梅、山楂、杧果、葡萄、柠檬等的酸味能够敛汗、止泻、祛湿，既可以生津止渴、健脾开胃，又能够预防因流汗过多而耗气伤阴。

（3）夏季食用水果宜分寒热体质

虚寒体质的人，其代谢慢，很少口渴，属于胃寒之证，应当选择温热性的水果，如荔枝、核桃、樱桃、石榴等；而热性体质的人代谢旺盛，常会口干舌燥、易烦躁、便秘，应选择寒性水果，如瓜类水果、香蕉、柚子、猕猴桃等。而平和类的水果，如葡萄、杧果、梨、苹果等，任何体质的人都可以食用。

（4）夏季宜多吃百合、含钾食物、富水蔬菜、杀菌蔬菜、鸭肉、鳝鱼、凉拌菜、绿豆、绿茶

百合可以润燥，常食有润肺、清心、调中之效，可止咳、止血、开胃、安神，是夏季老少皆宜的食物。

长期缺钾易致中暑，所以夏季要多吃些含钾丰富的食物，如黄豆、绿豆、蚕豆、豌豆、香蕉、西瓜、菠菜、海带等。

富水蔬菜中含高钾、低钠，兼有排毒和清热功效，夏季多吃有益。

夏季多食鸭肉，能滋补五脏之阴，清虚痨之热，和脏腑之道，既能补充夏季因天热厌食所缺的

机体所需，又能祛除暑热。

"夏令黄鳝赛人参"，鳝鱼性温，味甘，归肝、脾、肾经，有补虚损、强筋骨、祛风湿的作用。

夏季天热，人体火气也大，容易食欲不振，凉拌菜成了夏令时菜，特别是一些当季蔬菜，既可以避免人们未虚而补，又可以提高人体免疫力。

绿豆能消暑止渴、清热解毒、利水消肿，但脾胃虚寒易泻者忌吃。

绿茶具有清热、消暑、解毒、祛火、降燥、止渴、生津、强心提神的功效，夏季可常饮。

（5）夏季宜多吃醋

在炎炎夏日，由于气温高，出汗多，一方面人的唾液和胃里的消化酶分泌减少，食欲普遍下降；另一方面胃酸浓度降低，胃肠蠕动减弱，消化功能也随之减弱。由于食醋含有氨基酸、有机酸的香味，能刺激大脑管理食欲的中枢，增进食欲，并促进消化液的分泌，提高胃酸浓度，有助于食物的消化与吸收。因此，酷暑盛夏提倡多吃点醋。

夏季，由于人体出汗多，适当多食些醋，可以帮助提高胃肠的杀菌能力，有效地防治痢疾、食物中毒等病症。此外，炎炎夏日，人们在参加生产劳动或体育锻炼时，新陈代谢旺盛，体内积聚着大量乳酸，使人容易疲劳和不舒服。醋具有促进体内乳酸安全氧化和调节体液酸碱度的作用。所以，多吃醋能很快地解除疲劳，恢复精力。

夏季养生饮食之忌

（1）夏季慎用温里和补阳之药食

温里类药食易耗阴助火，应尽量不要在夏季食用，如必须食用，宜相应减少剂量，缩短用药时间。此类药材有附子、肉桂等。

补阳类药食多性温，适用于肾阳虚证，但是夏季也要慎用，因其会助火伤阴，此类药物有肉苁蓉、锁阳、仙茅、海狗肾等。

（2）夏季忌多吃寒凉食物、热性食物及调料

夏季人的消化功能较弱，过多食用寒凉食物，易诱发肠胃痉挛，引起腹痛、腹泻。而夏季人体普遍内燥外热，如果再食用热性食物及调料（八角、小茴香、桂皮、花椒、白胡椒、五香粉等），无疑会让人体虚火上升，还可能致疖疮。

（3）夏季忌多食坚果、牛蛙肉

坚果是高热量、高脂肪的食物，夏季食用过多，可能会导致消化不良等症状。夏季的农田一般都会使用农药、化肥，导致以昆虫为食的牛蛙也会因误食而受到化学污染。

人食用受污染的牛蛙容易引起不良的后果。

（4）夏季忌饮冷牛奶，忌选用红黄色苦瓜

夏季气温高，牛奶成了细菌最佳的培养基，人饮用后小则致腹痛，大则可能引起肠道疾病。苦瓜是夏季的食用佳品，在选择时以表面有棱和瘤状突起、呈白绿色或青绿色、富有光泽的为上品。如果已经变成了红黄色，则表明苦瓜已成熟或者放置太久，这样的黄瓜不仅味道和口感差，而且也没有营养价值。

（5）夏季忌食烂生姜

俗话说："冬吃萝卜夏吃姜，不劳医生开药方。"生姜为四辣（葱、姜、蒜、辣椒）之一，是家庭日常烹调不可缺少的调味品。但是，值得提醒人们注意的是，忌食烂生姜。有人说"烂姜不烂味"，这种说法是不可取的。因为，生姜腐烂以后，会产生一种毒性很强的有机物——黄樟素。它能使肝细胞变性，诱发肝癌和食道癌。

（6）夏季中暑饮食四忌

第一，忌大量饮水。中暑患者应该采用少量、多次饮水的方法，每次以不超过300毫升为宜，切忌狂饮。因为，大量饮水不但会冲淡胃液，进而影响消化功能，还会引起反射排汗亢进。结果造成体内的水分和盐分大量流失，严重者可以促使热痉挛的发生。

第二，忌大量食用生冷瓜果。中暑患者大多脾胃虚弱，如果大量食用生冷食物、寒性食物，会损伤脾胃阳气，使脾胃运行无力，寒湿内滞，严重者出现腹泻、腹痛等。

第三，忌吃大量油腻食物。中暑后应少吃油腻食物，以适应夏季胃肠的消化能力。吃大量油腻食物会加重胃肠的负担，使大量血液滞留于胃肠道，输送到大脑的血液便相对减少，人体会感到疲倦加重，更易引起消化不良。

第四，忌单纯进补。中暑之后，暑气未消，虽有虚证，却不能单纯进补，如果过早进补，则会使暑热不易消退，或使已经逐渐消退的暑热复燃。

（7）夏季忌空腹吃西红柿

西红柿在夏季陆续上市。它是一种既可当水果又可当蔬菜的食物，酸甜可口，营养丰富，含有丰富的维生素C及钙、铁、磷等矿物质，深受人们喜爱。

但是，西红柿中含有大量的胶质、果质、棉胶酚等成分。这些物质很容易与胃酸发生化学反应，凝结成不溶性的块状物质。这些块状物质有可能把胃的出口堵住，使胃内的压力升高，引起胃扩张，甚至产生剧烈的疼痛。而在饭后吃西红柿，胃酸与食物充分混合后，大大降低了胃酸的浓度，就不会结成硬块了。因此，夏季忌空腹吃西红柿。

夏季药膳养生首选原料

夏季天气炎热，除了要避免在阳光下暴晒与做好防暑工作外，饮食也需注意。饮食应以清淡、甘润为主，可使人体预防暑热、暑湿邪气的侵袭，并健脾益胃，加强食欲，增强体质，减少患病。

麦冬

● **别名**
麦门冬、寸冬

● **性味**
性微寒，味甘、微苦

● **归经**
归心、肺、胃经

麦冬是百合科植物大麦冬的干燥块茎，具有养阴生津、润肺清心的功效，可用于肺燥干咳、虚痨咳嗽、津伤口渴、心烦失眠、内热消渴、肠燥便秘、咽白喉、吐血、咯血、肺痿、肺痈、消渴、热病津伤、咽干口燥等症。麦冬能有效地减少自由基，稳定细胞膜，促进血管内皮细胞能量代谢，调节血管内皮细胞的分泌功能。麦冬提取液可显著降低血黏度，从而预防中风。此外，麦冬还有抗血栓、降血糖、增加机体免疫力、抗肿瘤及抗辐射的作用。夏季气候五行属火，其气热，通于心，麦冬滋养心阴，非常适合夏季服用。

◎应用指南

麦冬 +玉竹 +百合	▶ 煮汤食用	可治干咳、咯血
麦冬 +山楂 +菊花	▶ 煎水同饮	可降低血压、血糖，还能消食、清热
麦冬 +白芍 +猪肚 +玄参	▶ 煮汤食用	可治消化性溃疡
麦冬 +天门冬 +阳桃	▶ 煮汤同食	可治咽干口燥
麦冬 +半夏	▶ 水煎服	可治咽干口渴
麦冬 +元参	▶ 水煎服	可治小儿阴伤咳嗽
麦冬 +粳米	▶ 煮粥服用	可用于胃中气阴两伤证

食用建议 麦冬不宜与款冬、苦瓠、苦参、青囊同食；麦冬忌与鲤鱼、鲫鱼同食，两者功能不协调；麦冬与黑木耳同食，容易引起胸闷不适感。此外，脾胃虚寒泄泻者、胃有痰饮湿浊者、风寒咳嗽者均不宜服用麦冬。

百合

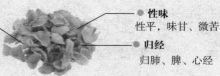

● **别名**
重迈、中庭、重箱、摩罗、强瞿

● **性味**
性平、味甘、微苦

● **归经**
归肺、脾、心经

百合为百合科植物百合、细叶百合、麝香百合及其同属多种植物鳞茎的鳞叶，具有润肺、清心、调中之效，可止咳、止血、开胃、安神、润肺止咳、清心安神，主治肺热久嗽、咳吐痰血、热病后余热未清、虚烦惊悸、神志恍惚、脚气浮肿，还有助于增强体质、抑制肿瘤细胞的生长、缓解放疗反应。夏季天气炎热，暑邪当令，人们易出现阴虚火旺的现象，百合润肺清心，适合夏天食用。

◎**应用指南**

干百合 +莲子 +小米	▶ 煮粥食用	可治心悸失眠
百合 +银耳 +玉竹	▶ 煮汤食用	可治肺燥干咳
百合 +芦根 +雪梨	▶ 炖熟食用	可治口干咽燥
百合 +石斛 +知母	▶ 煮汁服用	可治小儿发热

食用建议 百合与猪肉同食，易引起中毒；百合与虾皮同食，会降低营养价值。此外，风寒咳嗽者、脾虚便溏者均不宜食用百合。

柏子仁

● **别名**
柏实、柏子、柏仁、侧柏子

● **性味**
性平，味甘

● **归经**
归心、肾、大肠经

柏子仁为柏科植物侧柏的种仁，是性质平和的养心安神药，具有养心安神、润肠通便的功效，主治惊悸、失眠、遗精、盗汗、便秘等症。柏子仁含有大量脂肪油及少量挥发油，可减慢心率，并有镇静、增强记忆的作用。柏子仁中的脂肪油有润肠通便作用，对阴虚精亏、老年虚秘、劳损低热等虚损型疾病大有裨益。柏子仁安神养心，同样也适合夏季服用。

◎**应用指南**

柏子仁 +酸枣仁 +猪心	▶ 炖汤食用	可有效治疗失眠
柏子仁 +麻子仁 +核桃	▶ 磨粉,用蜂蜜拌成丸服用	可治疗习惯性便秘
柏子仁 +五味子 +牡蛎	▶ 煎汤食用	可治疗阴虚盗汗
柏子仁 +大枣 +小米	▶ 煮粥同食	可养心安神，改善心烦失眠症状

食用建议 大便溏薄者忌食柏子仁；痰多者亦忌食柏子仁；柏子仁不宜与菊花、羊蹄及面同食。

淡竹叶

别名
竹叶、碎骨子、山鸡米、金鸡米、迷身草、竹叶卷心

性味
性寒，味甘

归经
归肝、肾、膀胱经

淡竹叶是夏季防暑滋阴的常用药，具有清热泻火、清心除烦、利尿通淋的功效，主治小便不通、心火亢盛、心烦失眠、小便热涩疼痛、带下黄赤、尿血、暑湿泻痢、肺热咳嗽、口舌生疮、口干消渴等。淡竹叶适合夏季服用，适合体质偏热者服用，尤其适合尿路感染、口腔溃疡、心烦失眠、中暑、小儿夏季热、糖尿病等患者食用。

◎应用指南

淡竹叶 +荷叶 +玉米须	▶ 泡茶饮用			可清热利尿，治疗尿路感染
淡竹叶 +苦瓜 +田螺肉	▶ 煮汤食用			可治疗口腔溃疡
淡竹叶 +马齿苋 +黄檗	▶ 煎汁服用			可治疗湿热痢疾
淡竹叶 +沙参 +大米	▶ 煮粥食用			可滋阴润肺、清心火、利小便、除烦热

食用建议 无实火者、湿热者、体虚有寒者、孕妇、肾亏尿频者均不宜服用淡竹叶。淡竹叶不宜久煎，入食以鲜品为佳，煮粥时宜稀薄，不宜稠厚。

黄芪

别名
北芪、绵芪、口芪、西黄芪

性味
性温，味甘

归经
归肺、脾、肝、肾经

黄芪为豆科植物膜荚黄芪或蒙古黄芪的干燥根。黄芪能补气固表、利尿排毒、排脓敛疮、生肌，用于慢性衰弱，尤其表现有中气虚弱的患者；用于中气下陷所致的脱肛、子宫脱垂、内脏下垂、崩漏带下等病症；还可用于表虚自汗及消渴。夏季气温较高，人容易出汗，出汗过多会伤及津液而有损于心血，黄芪能固表止汗，适合夏季服用。

◎应用指南

黄芪 +五味子 +玉竹	▶ 煎汁饮用		可治表虚自汗、阴虚盗汗
黄芪 +猪肚 +升麻	▶ 炖汤食用		可治胃下垂、子宫脱垂、脱肛
黄芪 +玉竹 +麦冬	▶ 煎汁代茶饮用		可治糖尿病
黄芪 +山药 +鲫鱼	▶ 煮汤食用		可治夏季汗出过多所致的体虚症状

食用建议 高血压病患者、面部感染者、消化不良者、上腹胀满者和有实证、阳证者均不宜服用黄芪。

白芍

● 别名
金芍药

● 性味
性凉，味苦、酸

● 归经
归肝、脾经

白芍为毛茛科植物芍药的根。白芍可养血柔肝、缓中止痛、敛阴收汗。生白芍平抑肝阳，炒白芍养血敛阴，酒白芍可用于和中缓急、止痛，具有较强的镇痛效果，多用于治疗胸腹疼痛、泻痢腹痛、自汗盗汗、阴虚发热、月经不调、崩漏、带下等常见病症。白芍对胃肠平滑肌有抑制作用，尤其对缓解肠痉挛引起的腹痛更为有效。夏季汗多，且需滋补心阴，白芍能敛阴收汗，适合夏季服用。

◎ 应用指南

白芍 +乳鸽 +枸杞 +姜 ▶ 炖汤食用	可治肝阳亢盛引起的头晕、眩晕
白芍 +生地 +牛膝 +钩藤 ▶ 水煎服	可治肺燥干咳
白芍 +灵芝 +猪瘦肉 ▶ 炖服	可平抑肝阳、益心安神
白芍 +白术 +白茯苓 +甘草 ▶ 水煎温服	治伤寒虚烦，可补气益血、美白润肤

食用建议 白芍不宜与藜芦同用。妇女产后，虚寒者、腹痛者、泄泻者均不宜服用白芍。

车前子

● 别名
车前实、猪耳朵穗子、凤眼前仁

● 性味
性寒，味甘

● 归经
归肾、膀胱、肝经

车前子为车前草科植物车前或平车前的种子。车前子可利水、清热、明目、祛痰，主治小便不通、淋浊、带下、尿血、暑湿泻痢、咳嗽多痰、湿痹、目赤障翳。车前子用于湿热下注、小便淋漓、涩痛等症，常与木通、滑石等配伍应用。车前子用于肾虚水肿，可配熟地、肉桂、附子、牛膝等同用。夏季暑邪当令，而暑通于湿，车前子能清热利水，夏季宜服。

◎ 应用指南

车前子 +粳米 +猪心 ▶ 煮粥服用	治湿热淋浊、暑湿泄泻
车前子 +干山药 +粳米 ▶ 煮粥服用	可利小便、实大便
车前子 +鱼腥草 ▶ 水煎代茶饮	可治高血压初期
车前子 +白术 ▶ 水煎服	可治小儿夏季腹泻

食用建议 内伤劳倦、阳气下陷、肾虚精滑者及内无湿热者，均不宜服用车前子。

金银花

● **别名**
忍冬花、金花、双花、双苞花

● **性味**
性寒，味甘

● **归经**
归肺、胃经

　　金银花为忍冬科植物忍冬的花蕾，是清热解毒的佳品，常用来治疗温病发热、热毒血痢、痈疡、肿毒、腮腺炎、痔疮等病症，在体外对多种细菌均有抑制作用。一般而言，金银花对沙门菌属作用较强，尤其对伤寒及副伤寒杆菌在体外有较强的抑制作用。夏季暑邪当令，暑多挟湿，因此，夏季防暑，可多服用金银花。

◎应用指南

金银花 +板蓝根 +鱼腥草	▶ 煎汁饮用	可治流行性感冒
金银花 +桑叶 +夏枯草	▶ 煎汁饮用	可治结膜炎
金银花 +马齿苋 +车前草	▶ 煎汁饮用	可治痢疾
金银花 +西瓜 +绿豆	▶ 煮汤食用	可治小儿夏季热

食用建议 脾胃虚寒及气虚、疮疡、脓清者忌服。

葛根

● **别名**
干葛、甘葛、粉葛、黄葛根

● **性味**
性凉，味甘、辛

● **归经**
归脾、胃经

　　葛根为豆科植物葛的块根，具有升阳解肌、透疹止泻、除烦止温的功效，主治伤寒、发热头痛、项强、烦热消渴、泄泻、痢疾、斑疹不透、高血压病、心绞痛、耳聋等病症。此外，葛根还具有调节冠状动脉、解痉、调节血糖、降低血压的作用。葛根是夏季常用的解暑发汗佳品，能消能止，适合夏季服用。

◎应用指南

葛根 +藕粉 +南瓜汁	▶ 煮开服用	可治糖尿病
葛根 +麻黄 +杏仁	▶ 煮水服用	可治风寒感冒
葛根 +黄芩 +黄连	▶ 煎汁饮用	可治痢疾
葛根 +荷叶 +田鸡	▶ 煮汤同食	可治汗少、上火、失眠

食用建议 葛根其性凉，易于动呕，胃寒者慎用，夏日表虚汗者不宜服用葛根。

藿香

● **别名**
排香草、合香

● **性味**
性微温，味辛

● **归经**
归肺、脾、胃经

藿香为唇形科植物藿香的干燥全草，具有利气快膈、和中辟秽、化湿止呕的功效，主要用于治疗夏季感冒而兼有胃肠症状者（有头痛、腹痛、呕吐、腹泻）；还可治疗因饮食生冷或不洁引起的急性胃炎，以及疟疾、痢疾、口臭等症。藿香叶偏于发表，藿香梗偏于和中，鲜藿香解暑之功效强。藿香适合夏季中暑的患者食用。

◎ **应用指南**

藿香 +鲫鱼 +砂仁 ▶ 煮汤食用		可治暑湿腹泻
藿香 +厚朴 +半夏 ▶ 煎水服用		可治脾湿呕吐
藿香 +砂仁 +苏梗 ▶ 煎水服用		可治妊娠呕吐
藿香 +陈皮 +山楂 ▶ 煎水服用		可治食后腹胀满闷

食用建议 阴虚火旺者、胃弱欲呕及胃热作呕者、中焦火盛热极者、温病、热病、作呕作胀的患者均不宜服用藿香。

远志

● **别名**
棘菀、苦远志

● **性味**
性温，味苦

● **归经**
归心、肺、肾经

远志为远志科植物远志或卵叶远志的干燥根，具有安神益智、祛痰、消肿的功效，用于心肾不交引起的失眠多梦、健忘惊悸、神志恍惚、咳痰不爽、疮疡肿毒、乳房肿痛等病症。远志含植物皂苷，能刺激胃黏膜，引起轻度恶心，因而反射性地增加支气管的分泌而有祛痰作用。夏季宜补养心脏，远志归心经，能安神，适合夏季服用。

◎ **应用指南**

远志 +茯神 +朱砂 ▶ 水煎服			可镇心安神，治因惊恐而致的惊悸不安
远志 +杏仁 +贝母 +瓜蒌 ▶ 水煎服			可治咳嗽痰多
远志 +石菖蒲 ▶ 水煎服			可治健忘
远志 +酸枣仁 +柏子仁 ▶ 水煎服			可治不寐

食用建议 失眠多梦、心悸怔忡、健忘者宜服用远志；心肾有火者、阴虚阳亢者不宜服用远志。

薄荷

● 别名
人丹草、薄荷菜、
南薄荷

● 性味
性凉、味辛

● 归经
归肝、肺经

薄荷为唇形科植物薄荷或家薄荷的全草或叶，是辛凉解表药中最能宣散表邪且有一定发汗作用之药，具有疏散风热、清利头目、利咽透疹、疏肝行气的功效，主治外感风热感冒、无汗症、目赤多泪、咽喉肿痛、肺热咳嗽、食滞气胀、口疮、牙痛、疮疥红疹、胁肋疼痛、风疹瘙痒等症。薄荷适合夏季服用，是治疗风热感冒的清凉药。

◎ 应用指南

薄荷 +灯芯草	+金银花	▶ 煎水饮用		可治小儿高热
薄荷 +钩藤	+蝉蜕	▶ 煎汁服用		可治小儿夜啼
薄荷 +桔梗	+防风	▶ 煎水饮用		可治风热感冒
薄荷 +防风	+苦参	▶ 煎水外洗		可治皮肤瘙痒

食用建议 薄荷忌与甲鱼同食，两者性味、功能相反。此外，肺虚咳嗽者、阴虚发热者以及哺乳妇女均不宜服用薄荷。

莲子

● 别名
白莲、莲
实、莲米、
莲肉

● 性味
鲜品性平，味甘、涩；
干品性温，味甘、涩

● 归经
归心、脾、肾经

莲子为睡莲科植物莲的干燥成熟种子，具有固精止带、补脾止泻、养心安神的功效，主治遗精、滑精、带下清稀量多、腰膝酸软、食欲不振、脾虚泄泻、虚烦、心悸失眠等症。此外，莲子还有防癌抗癌、降低血压的作用，且能帮助机体进行蛋白质、脂肪、糖类代谢，并维持酸碱平衡。夏季炎热，人的心情也容易烦躁，莲子清热除烦、养心安神的功效众所皆知，适合夏季食用。

◎ 应用指南

莲子 +覆盆子	+猪肾	▶ 炖汤食用		可治肾虚遗精
莲子 +百合	+酸枣仁	▶ 煮汤食用		可治失眠
莲子 +荷叶	+枸杞	▶ 煮熟饮汤		可治高血压
莲子 +白术	+金樱子	▶ 煮汤食用		可治带下清稀量多

食用建议 莲子忌与蟹、龟同食，避免产生不良反应；大便燥结者也不宜食用莲子，莲子不能与牛奶同服，否则加重便秘。

小麦

● **别名**
麦子

● **性味**
性凉，味甘

● **归经**
归心经

小麦含糖类、粗纤维、蛋白质、脂肪、钙、磷、铁、维生素，具有养心神、敛虚汗、生津止汗、养心益肾、镇静益气、健脾厚肠、除热止渴的功效，对心血不足、体虚多汗、舌燥口干、心烦失眠、心悸不安、多呵欠、失眠多梦、体虚、自汗、盗汗、多汗等病症有一定辅助疗效。夏季多汗，汗多出而伤身，小麦敛汗固表，夏季宜多食用。

◎应用指南

小麦 +猪肚 +莲子 ▶煮粥食用	可治脾胃虚弱
小麦 +五味子 +五倍子 ▶煎汤食用	可治自汗、盗汗
小麦 +甘草 +大枣 ▶煮汤食用	可治更年期综合征
小麦 +莲子 +酸枣仁 ▶煮粥食用	可治心烦失眠

食用建议 小麦与食用碱同用，会破坏维生素。此外，慢性肝病患者、糖尿病患者均不宜食用小麦。

薏米

● **别名**
薏苡仁、薏仁

● **性味**
性凉，味甘、淡

● **归经**
归脾、胃、肺经

薏米具有利水渗湿、健脾止泻、通络除痹、清热排脓等功效，常作为久病体虚及病后恢复期的老人、儿童的药用食物，还可美容健肤，对扁平疣等病症有一定的食疗功效。薏米有增强人体免疫功能和抗菌抗癌的作用，可入药，用来治疗水肿、脚气、脾虚泄泻，也可用于肺痈、肠痈等病的治疗。薏米清热除湿，适合夏季食用。

◎应用指南

薏仁 +地肤子 +防风 ▶煎水饮用	可治荨麻疹
薏仁 +赤小豆 +鲫鱼 ▶煮汤食用	可治水肿
薏仁 +绿豆 +金银花 ▶煮汤食用	可治痤疮
薏仁 +鳝鱼 +桑枝 ▶炖汤食用	可治风湿性关节炎

食用建议 薏米与杏仁同食，会引起呕吐、泄泻。脾虚便难者、妊娠妇女均不宜食用薏米。

猪心

● **性味**
性平，味甘、平

● **归经**
归心经

猪心含有蛋白质、脂肪、钙、磷、铁、维生素B$_1$、维生素B$_2$、维生素C以及烟酸等营养成分，具有补虚、安神定惊、养心补血的功效，主治心虚多汗、自汗、惊悸恍惚、失眠多梦等症，适宜心虚多汗、自汗、惊悸恍惚、怔忡，失眠多梦之人食用，同时也适宜精神分裂症、癫痫、癔症者食用。中医学认为"心藏神"，以心养心，适合夏季调养心脏。

◎应用指南

猪心 +酸枣仁 +龙眼肉 ▶ 炖汤食用	可治心律失常
猪心 +丹参 +玉竹 ▶ 炖汤食用	可治冠心病
猪心 +浮小麦 +五味子 ▶ 炖汤食用	可治自汗、盗汗
猪心 +莲子 +茯神 ▶ 炖汤食用	可治神经衰弱

食用建议 猪心忌与吴茱萸合食；家族性高胆固醇血症者不宜食用猪心。买回猪心后，立即在少量面粉中"滚"一下，放置1小时左右，然后再用清水洗净，可除异味。

龟肉

● **别名**
泥龟、山龟、金龟、草龟

● **性味**
性温，味甘、咸

● **归经**
归心、肝、脾、肾经

龟肉具有滋阴补血、益肾健骨、强肾补心、壮阳之功效，而龟甲气腥，味咸，性寒，具有滋阴降火、补肾健骨、养血补心等多种功效，可以有效治疗肿瘤。此外，龟血可用于治疗脱肛、跌打损伤以及抑制肿瘤细胞的生长；龟胆汁味苦，性寒，主治痘后目肿、月经不调以及抑制肉瘤生长等。夏季心气最为旺盛，适合养心，龟肉滋阴补心，适合夏季食用。

◎应用指南

龟肉 +当归 ▶ 炖汤食用	可治贫血
龟肉 +茯神 +莲子 ▶ 炖汤食用	可治心律失常
龟肉 +五味子 +浮小麦 ▶ 炖汤食用	可治自汗、盗汗
龟肉 +黄芪 +白术 ▶ 炖汤食用	可治子宫脱垂

食用建议 龟肉与酒、猪肉、咸菜同食，对身体有害；龟肉与葡萄、柿子、山楂、橘子、石榴同食，会降低营养价值。此外，脾胃阳虚的患者不宜食用龟肉。

鲫鱼

● 别名
鲋鱼

● 性味
性平，味甘

● 归经
归脾、胃、大肠经

鲫鱼可补阴血、通血脉、补体虚，还有益气健脾、利水消肿、清热解毒、通络下乳、防风湿病痛之功效。鲫鱼肉中富含极高的蛋白质，而且易于人体吸收，氨基酸含量也很高，所以对促进智力发育、降低胆固醇和血液黏稠度、预防心脑血管疾病有明显作用。夏季湿邪属阴，易导致脾胃功能受损，鲫鱼调养脾胃，适合夏季服用。

◎应用指南

鲫鱼+白萝卜+生姜	▶煮汤食用	可治脾胃虚弱
鲫鱼+玉米须	▶煮汤食用	可治高血压
鲫鱼+通草+虾仁	▶炖汤食用	可治产后乳汁不行
鲫鱼+马蹄+白茅根	▶炖汤食用	可治小便不利

食用建议 感冒者、高脂血症患者均不宜食用鲫鱼。

蛤蜊

● 别名
海蛤、文蛤、沙蛤

● 性味
性寒，味咸

● 归经
归胃经

蛤蜊有滋阴、软坚、化痰的作用，可滋阴润燥，能用于五脏阴虚消渴、自汗、干咳、失眠、目干等病症的调理和治疗，对淋巴结肿大、甲状腺肿大也有较好疗效。蛤蜊含蛋白质多而含脂肪少，适合血脂偏高或高胆固醇血症者食用。此外，患支气管炎、胃病等疾病者也非常适宜吃蛤蜊。夏季汗多，出汗过多则容易心气虚损，宜多食用蛤蜊。

◎应用指南

蛤蜊+海带+紫菜	▶煮汤食用	可治甲状腺肿大
蛤蜊+五味子+玉竹	▶煮汤食用	可治阴虚潮热盗汗
蛤蜊+麦冬+沙参	▶炖汤食用	可治肺结核
蛤蜊+合欢皮+百合	▶煮汤食用	可治失眠

食用建议 受凉感冒者、体质阳虚者、脾胃虚寒者、腹泻便溏者、寒性胃痛腹痛者及经期中的女性和产妇均不宜食用蛤蜊。

绿豆

● 别名
青小豆

● 性味
性凉，味甘

● 归经
归心、胃经

绿豆具有降压、降脂、滋补强壮、调和五脏、保肝、清热解毒、消暑止渴、利水消肿的功效。常服绿豆汤对接触有毒、有害化学物质而可能中毒者有一定的防治效果。绿豆中含有鞣质等抗菌成分，有局部止血和促进创面修复的作用；绿豆还能够防治脱发，使骨骼和牙齿坚硬、帮助血液凝固。夏季宜多食用绿豆，能解暑热，利水消肿。

◎应用指南

绿豆 +山楂 +菊花 ▶ 煮汤食用		可治高血压
绿豆 +马蹄 +白茅根 ▶ 煮汤食用		可治尿痛、尿血
绿豆 +莲子 +薏米 ▶ 煮汤食用		可治中暑
绿豆 +赤小豆 +地肤子 ▶ 煮粥食用		可治湿疹

食用建议 绿豆不宜与番茄同食用，两者同食伤人元气，会引起身体不适；此外，脾胃虚寒者、肾气不足者、易泻者、体质虚弱者均不宜食用绿豆。

蚕豆

● 别名
胡豆、马齿豆、南斗、大豌豆

● 性味
性平，味甘

● 归经
归脾、胃经

蚕豆中含有调节大脑和神经组织的重要成分钙、锌、锰、磷脂等，并含有丰富的胆石碱，有增强记忆力的健脑作用。蚕豆具有健脾益气、祛湿、抗癌等功效，对于脾胃气虚、胃呆少纳、不思饮食、大便溏薄、慢性肾炎、肾病水肿以及食管癌、胃癌、宫颈癌等病症有一定辅助疗效。夏季养生还应注意运脾化湿，应多食用蚕豆，能健脾祛湿。

◎应用指南

蚕豆 +赤小豆 +薏米 ▶ 煮汤同食		可利水消肿
蚕豆 +百合 +花菜 ▶ 炒食		对胃癌、食管癌有一定食疗效果
蚕豆 +白扁豆 +猪肚 ▶ 炖汤食用		可治疗脾虚腹泻

食用建议 蚕豆与田螺同食，容易引起肠绞痛；蚕豆与牡蛎同食，易引起腹泻或中毒。此外，脾胃虚弱者、有遗传性红细胞缺陷症者，患有痔疮出血、消化不良、慢性结肠炎、尿毒症等患者以及患有蚕豆病的儿童均不宜食用蚕豆。

苦瓜

● **别名**
凉瓜、癞瓜

● **性味**
性寒，味苦

● **归经**
归心、肝、脾、胃经

　　苦瓜有滋养心阴、清暑除烦、清热消暑、解毒、明目、降低血糖、补肾健脾、提高机体免疫能力的功效，对治疗痢疾、疮肿、热病烦渴、痱子过多、眼结膜炎、小便短赤等病有一定的疗效。此外，苦瓜还有助于加速伤口愈合，多食有助于皮肤细嫩柔滑。五行中，火主心，心属夏，而苦味入心经，夏季宜常食苦瓜，能清热除烦，养心宜神。

◎ 应用指南

苦瓜 +丝瓜 +花生米 ▶ 炒食	可治痤疮
苦瓜 +冬瓜 +芹菜 ▶ 清炒食用	可治糖尿病
苦瓜 +猪肝 +鲜枸杞叶 ▶ 煮汤食用	可治结膜炎
苦瓜 +马蹄 +甘蔗 ▶ 榨汁频频饮用	可治尿黄、尿痛

食用建议 苦瓜与胡萝卜、黄瓜同食，会降低营养价值；苦瓜与排骨同食，会阻碍钙的吸收。此外，脾胃虚寒者、孕妇均不宜食用苦瓜。

冬瓜

● **别名**
白瓜、白冬瓜、枕瓜

● **性味**
性凉，味甘

● **归经**
归肺、大肠、小肠、膀胱经

　　冬瓜具有清热解毒、利水消肿、减肥美容的功效，能减少体内脂肪，有利于减肥。常吃冬瓜，还可以使皮肤光洁。另外，冬瓜对慢性支气管炎、肠炎、肺炎等感染性疾病有一定的食疗作用。冬瓜中维生素C含量较多，且钾盐含量高，盐含量较低，需要补充食物的高血压肾脏病、水肿等患者食之，可达到消肿而不伤正气的作用。夏季宜常食用冬瓜，能祛湿热，同时能利水排毒，有益身体健康。

◎ 应用指南

冬瓜 +红糖 +白糖 ▶ 水煎代茶饮	可解暑清热
冬瓜 +鲤鱼 ▶ 煮汤食用	可治慢性肾炎
冬瓜 +鸭肉 +芡实 ▶ 炖汤服用	可治夏季暑湿、脾气不运、四肢疲倦
冬瓜 +鲩鱼头 ▶ 炖汤服用	可治高血压、肝阳上亢、头痛眼花

食用建议 冬瓜与鲫鱼同食，会引起尿量增多；冬瓜与醋同食，会降低营养价值。此外，脾胃虚弱者、肾脏虚寒者、久病滑泄者、阳虚肢冷者均不宜食用冬瓜。

丝瓜

●别名
布瓜、绵瓜、絮瓜、天丝瓜

●性味
性凉，味甘

●归经
归肝、胃经

丝瓜有清暑凉血、解毒通便、祛风化痰、润肌美容、通经络、行血脉、下乳汁、调理月经等功效，还能用于治疗热病身热烦渴、痰喘咳嗽、肠风痔漏、崩漏带下、血淋、痔疮痛肿、产妇乳汁不下等病症。此外，丝瓜中维生素C含量较高，可用于预防各种维生素C缺乏症。夏季暑热重，丝瓜清热解暑，适合夏季食用。

◎应用指南

丝瓜 + 黄瓜 + 白糖	▶ 榨汁饮用	可治中暑
丝瓜 + 马蹄 + 甘蔗	▶ 榨汁饮用	可治尿路感染
丝瓜 + 西瓜皮 + 苦瓜	▶ 榨汁饮用	可治高血压
丝瓜 + 石膏 + 金银花	▶ 煮汁食用	可治小儿发热

食用建议 丝瓜与菠菜同食，会引起腹泻；丝瓜与芦荟同食，会引起腹痛、腹泻。此外，脾胃虚寒腹泻者也不宜食用丝瓜。

葱

●别名
青葱、菜伯、葱白

●性味
性温，味辛

●归经
归肺、胃经

葱含蛋白质、糖类、脂肪、碳水化合物、胡萝卜素、苹果酸、碳酸糖、维生素B_1、维生素B_2、维生素C、铁、钙、镁，还含有挥发性硫化物，具有特殊辛辣味，是重要的解腥调味品。中医学上葱具有杀菌、通乳、利尿、发汗和安眠的功效，对风寒感冒轻症、痈肿疮毒、痢疾、脉微、寒凝腹痛、小便不利等病症有食疗作用。葱能解表发汗，适合夏季食用。

◎应用指南

葱白 + 生姜 + 红糖	▶ 煎水服用	可治风寒感冒
葱白 + 猪蹄 + 通草	▶ 炖汤食用	可治产后乳汁不下
葱白 + 猪肚 + 肉豆蔻	▶ 炖汤食用	可治虚寒腹泻
葱白 + 生姜 + 砂仁	▶ 煎汁服用	可治胃寒引起的食欲不振

食用建议 葱与红枣同食，易引起上火；葱与狗肉，增加人体内火；葱与豆腐同食，不易被人体吸收。此外，表虚、多汗者以及溃疡病患者应禁食。

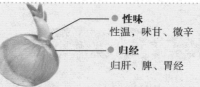

● 别名
玉葱、葱头、洋葱头、圆葱

● 性味
性温，味甘、微辛

● 归经
归肝、脾、胃经

洋葱具有散寒健胃、发汗祛痰、降血脂、降血压、降血糖、杀菌抗癌的功效，可治肠炎、虫积腹痛、赤白带下等病症，能刺激胃、肠及消化腺分泌，增进食欲，促进消化。洋葱不含脂肪，其精油中含有可降低胆固醇的含硫化合物，可以用于治疗消化不良、食欲不振。洋葱所含前列腺素A，具有明显的降压作用。夏季宜常食洋葱，可以稳定血压、降低血糖脆性、保护人体动脉血管，还能帮助防治夏季流行性感冒。

◎应用指南

洋葱	+莴笋	+西芹	▶ 清炒食用	可治高血压
洋葱	+南瓜	+玉竹	▶ 清炒食用	可治糖尿病
洋葱	+鸡蛋	+生姜丝	▶ 清炒食用	可治脾胃虚寒
洋葱	+青椒	+醋	▶ 清炒食用	可治胃酸不足

食用建议 洋葱与蜂蜜同食，易损伤眼睛；洋葱与黄豆同食，降低钙的吸收。皮肤瘙痒性疾病、眼疾以及胃病、肺胃发炎者、热病患者均不宜食用洋葱。

西瓜

● 别名
寒瓜、夏瓜

● 性味
性寒，味甘

● 归经
归心、胃、膀胱经

西瓜具有清热解暑、除烦止渴、降压美容、利水消肿等功效，可用来治一切热证、暑热烦渴、小便不利、咽喉疼痛、口腔发炎、酒醉。西瓜富含多种维生素，具有平衡血压、调节心脏功能、预防癌症的作用，可以促进新陈代谢，有软化及扩张血管的功能。常吃西瓜还可以使头发秀丽稠密。夏季暑湿较重，西瓜清热解暑，非常适合夏季食用。

◎应用指南

西瓜	+马蹄	+白术	▶ 煮汤食用	可治急性肾炎
西瓜	+椰子汁	+橙子	▶ 榨汁饮用	可治暑热烦渴
西瓜	+莴笋	+山楂	▶ 榨汁饮用	可治高血压
西瓜	+薄荷叶	+菊花	▶ 煎水饮用	可治口舌生疮

食用建议 脾胃虚寒、寒积腹痛、小便频数、慢性肠炎、胃炎、胃及十二指肠溃疡等属于虚冷体质的人，糖尿病患者、产妇及经期中的女性不宜食用西瓜。

夏季养生药膳

夏季天气炎热，养生应遵循"清补"的原则。药膳应以寒凉、清淡、甘润的食材为主，这样才能避免酷暑，迎来清爽一夏。

夏季养生药膳①

生地乌鸡汤

材料 生地10克，红枣10颗，乌鸡1只，午餐肉100克，姜、葱、盐、料酒、味精各适量，骨头汤2500克。

做法 ①将生地浸泡5小时，取出切成薄片；红枣泡发，洗净；午餐肉切片。②乌鸡去内脏及爪尖，切成块，入开水汆去血水。③将骨头汤倒入净锅中，放入所有材料，烧开后加调味料调味即可。

功效 滋阴补肾，养血填精，凉血补血。

夏季养生药膳②

莲子百合排骨汤

材料 莲子、百合各50克，枸杞15克，排骨500克，米酒、盐、味精各适量。

做法 ①将排骨洗净，斩块，放入沸水中汆去血水，捞出；枸杞子泡发，洗净备用。②将莲子和百合分别洗净，莲子去心，百合掰成瓣，备用。③将莲子、百合、排骨一同放入锅中，炖煮至排骨完全熟时放入米酒，起锅前放入枸杞子及盐、味精即可。

功效 滋养心阴，安神定志，舒缓神经。

夏季养生小贴士

夏季不宜在潮湿的地板、木板及风口处卧睡，因为湿气易透入筋脉，引发暑湿感冒以及风湿性关节炎等症状，也不宜在大阳晒热的石板或椅凳上坐卧，易导致热毒侵入体内，引起疮疖、带状疱疹等。

夏季养生药膳③

苦瓜炖蛤蜊

材料 北沙参10克，苦瓜300克，蛤蜊250克，姜、蒜各10克，盐5克，味精3克。

做法 ①苦瓜洗净，剖开去子，切成长条；姜、蒜洗净切片；北沙参洗净。②锅中加水烧开，下入蛤蜊煮至开壳后，捞出，冲水洗净。③再将蛤、苦瓜、北沙参放入锅中，加适量清水，以大火炖30分钟至熟后，加入姜、蒜、盐、味精调味即可。

功效 滋阴养心，生津止渴，清热泻火。

夏季养生小贴士

夏季饮汤宜有花相伴，宜选择既可泄暑热，又能化湿的食品。与花相配，能够运化脾胃，如茉莉花配豆腐，具有芳香化湿、减肥利水、消油腻的作用。

夏季养生药膳④

蛋花西红柿紫菜汤

材料 百合15克，紫菜100克，西红柿50克，鸡蛋50克，盐3克。

做法 ①紫菜泡发，洗净；百合洗净；西红柿洗净，切块；鸡蛋打散。②锅置于火上，注水烧至沸时，加入油，放入紫菜、百合、西红柿，倒入鸡蛋。③再煮至沸时，加盐调味即可。

功效 本品具有滋养心阴、清热生津、养颜润肤的功效。

夏季养生小贴士

夏季瘦身宜吃西红柿，因为西红柿中含有番茄红素，可以减少热量的摄取，防止脂肪堆积，又能补充多种维生素，保持营养均衡。男性多食西红柿，可预防前列腺癌。

夏季养生药膳⑤

百合生地粥

材料 百合15克，生地5克，大米100克，盐2克，味精1克，葱5克。

做法 ①大米洗净；百合洗净；生地入锅，倒入一碗水熬至半碗，去渣待用；葱洗净，切圈。②锅置火上，注入清水，放入大米，用旺火煮至米粒绽开。③放入百合，倒入生地汁，用小火煮至粥成，加入盐、味精调味，撒上葱花即可。

功效 清热凉血,滋阴养心,润燥通便。

夏季养生小贴士

老年人夏季宜多饮汤。老年人体质较弱，抵抗力差，更要注意预防中暑，饮食要注意清淡、易消化，多喝汤，如海带汤、山药莲子汤等可防暑强身。

夏季养生药膳⑥

天门冬粥

材料 天门冬25克，大米100克，白糖3克，葱5克。

做法 ①大米泡发洗净；天门冬洗净；葱洗净，切圈。②锅置火上，倒入清水，放入大米，以大火煮开。③加入天门冬，煮至粥呈浓稠状，调入白糖拌匀，撒上葱花即可。

功效 此粥具有养阴清热、生津止渴、润肺滋肾的功效。

夏季养生小贴士

中医学认为，夏季养生可自制药枕，选用蔓荆子、生大黄、荷叶、藿香、黄芩等，将这些药材晒干，碾碎为绿豆大小的粗粒，做成的药枕具有清热、消暑、除湿的作用。自制药枕使用一季后，第二年要更换药材。

夏季养生药膳⑦

莲子红米羹

材料 莲子40克，红米80克，红糖10克。

做法 ①红米泡发，洗净；莲子去心，洗净。②锅置火上，倒入清水，放入红米、莲子煮至开花。③加入红糖，煮至浓稠状即可。

功效 此粥具有养心安神、固精止带、补脾止泻等功效。

夏季养生小贴士

夏季气候炎热，人容易心浮气躁，工作效率也降低，感觉工作压力倍增，加剧焦虑感。在这种情况下，人要想拥有良好的精神状态，宜补气。气补的方法有：保证充足的睡眠；保持室内通风、凉爽；还要保持平和的心态，可听听音乐，适当放松，才有利于身心健康。

夏季养生药膳⑧

麦冬白米羹

材料 西洋参5克，麦冬10克，石斛20克，枸杞子5克，白米70克，冰糖50克。

做法 ①西洋参洗净，磨成粉末状；麦冬、石斛均洗净，入棉布袋包起；枸杞子洗净泡软。②白米洗净，倒入适量水，与枸杞子、药材包一起放入锅中，以大火煮沸后，转入小火续煮直到黏稠。③捞起药材包，加入冰糖调味即可。

功效 此品可养阴生津、润肺清心。

夏季养生小贴士

由于夏季天气炎热潮湿，蚊虫和各种微生物开始滋生，有些居室空气不流通，容易产生霉腐的气味，建议家庭可以采用熏香的方法解决这些问题，如檀香、木香，具有驱除蚊虫、提神醒脑的作用。

夏季养生药膳⑨

牛奶银耳水果汤

材料 银耳100克，猕猴桃100克，圣女果20克，牛奶300克。

做法 ①银耳用清水泡软，去蒂，切成细丁。②银耳加入牛奶中，以中小火边煮边搅拌，煮至熟软，熄火待凉装碗。③圣女果洗净，对切成两半；猕猴桃削皮切丁，一起加入碗中即可。

功效 本品具有滋养心阴，清热生津、通利肠道的功效。

夏季养生小贴士

老年人夏季防心脏病宜晨起后吃片生姜，因为生姜中含有一种能抑制血液凝结的物质，可使血液运行通畅，起到了疏通血管的作用，对心脏大有好处，也大大降低了心脏病和中风的发病率。

夏季养生药膳⑩

银耳枸杞羹

材料 枸杞20克，银耳300克，白糖5克。

做法 ①将银耳泡发后洗净；枸杞子洗净泡发。②将泡软的银耳切成小朵。③锅中加水烧开，下入银耳、枸杞子煮开，调入白糖即可。

功效 本品具有滋阴养心、安神助眠、养肝明目的功效。

夏季养生小贴士

夏季由于气候炎热，锻炼后，人体出汗较多，衣服常常会湿透，现在很多年轻人自认为身体健壮，衣服湿后不更换，用体温焖干，长此以往，易出现感冒、风湿病或关节炎、痛风等疾病。所以，夏季衣服汗湿要及时更换。

夏季养生药膳⑪ ·········· • 天门冬茶

◎材料　天门冬30克，甘草5片，冰糖适量。

◎做法　①将天门冬和甘草清洗干净，放入杯中备用。②倒入适量热水冲泡，加入冰糖。③焖泡10分钟，完全泡开即可饮用。

◎功效　本品具有滋养心阴、生津润燥、改善便秘的功效。

夏季养生小贴士

夏季宜多喝绿茶，可预防不少疾病，如中风、中风后遗症，这是因为绿茶中含有一种叫类黄碱素类似维生素的物质，是一种抗氧化剂，能抑制人体内的氧化作用。另外，绿茶中还含有某种组合的绿茶素，对肝炎、肝癌有食疗作用。

夏季养生药膳⑫ ·········· • 养阴百合茶

◎材料　干百合15克，热水适量，冰糖少许。

◎做法　①将百合洗净，放入杯中备用。②倒入热水冲泡，加入冰糖。③焖泡3~5分钟，待冰糖溶化、百合完全泡开即可饮用。

◎功效　本品具有滋阴养心、润肺止咳、美白护肤的功效。

夏季养生小贴士

夏季炎热，很多朋友喜欢饮冷饮，但如果一时间吃冷冻食品过多，或者吃得过快，会导致身体出现不少问题，肠胃不好的人容易出现腹泻，有胃病的患者易出现胃痉挛或急性胃炎等。

夏季养生药膳⑬

双仁菠菜猪肝汤

◎**材料** 酸枣仁10克，柏子仁10克，猪肝200克，菠菜100克，盐5克。

◎**做法** ①将酸枣仁、柏子仁装在棉布袋内，扎紧；猪肝洗净，切片；菠菜去头，洗净切段。②将布袋入锅加4碗水熬高汤，熬至约剩3碗水。③猪肝汆烫后捞出，和菠菜加入高汤中，待水一开即熄火，加盐调味即成。

◎**功效** 本品具有养心安神、健脑镇静、滋补安眠等功效。

夏季养生小贴士

夏秋季不宜食用热性调料，如花椒、胡椒、小茴香、桂皮等，多食容易引发肠道以及泌尿系统的一些疾病，如便秘、痔疮、尿路感染、尿血等症状，也容易引发全身性疾病，如痤疮、咽炎、口角炎等。

夏季养生药膳⑭

远志菖蒲鸡心汤

◎**材料** 远志、石菖蒲各15克，鸡心300克，胡萝卜50克，葱10克，盐少许。

◎**做法** ①将石菖蒲、远志放入棉布袋内，扎紧。②鸡心洗净，用沸水汆烫，并将血块挤出；胡萝卜洗净，去皮，切片；葱洗净，切段。③药材包、胡萝卜入锅中煮汤，待沸，下鸡心入锅熬煮，再下葱段、盐调味即成。

◎**功效** 本品具有养心安眠、重镇安神的功效，适用于夏季燥热导致的失眠者。

夏季养生小贴士

夏季宜防毒虫叮咬性皮炎。夏季炎热潮湿，使得蚊子、毛虫、毒蛾等大量繁殖，所以毒虫叮咬类皮炎发病率较高，被毒虫叮咬后，皮肤会出现丘疹、水疱、红斑等炎症，要及时处理。

夏季养生药膳⑮

柏子仁大米羹

材料 柏子仁30克，大米100克，盐、枸杞、生菜各适量。

做法 ①大米泡发，洗净；柏子仁、枸杞洗净；生菜叶洗净，切丝。②锅置火上，倒入清水，放入大米，以大火煮至米粒开花。③加入柏子仁、枸杞，以小火煮至呈浓稠状，调入盐拌匀，撒上生菜叶即可。

功效 本品能养心安神、润肠通便，对惊悸、失眠、盗汗、便秘有食疗作用。

夏季养生小贴士

夏季预防脑血栓宜多食大蒜、洋葱。有研究证明，大蒜和洋葱中含有多种活性物质，能预防血小板凝聚，具有疏通血管的作用，由于这些活性物质的存在，使得大蒜、洋葱发出刺鼻的气味。

夏季养生药膳⑯

酸枣仁粳米羹

材料 酸枣仁15克，粳米100克，白糖适量。

做法 ①将酸枣仁、粳米分别洗净，酸枣仁用刀切成碎末。②锅中倒入粳米，加水煮至将熟，加入酸枣仁末，搅拌均匀，再煮片刻。③起锅前，加入白糖调味即可。

功效 本品具有养心安神、助眠定志、健脾消食等功效。

夏季养生小贴士

春夏之交抗病毒宜饮萝卜汁，因为白萝卜中含有维生素C、芥子油，有助于消化和促进肠道蠕动，还含有大量的木质素，能提高人体吞噬细胞的活力，增强机体抵抗力。

莲藕胡萝卜汁

夏季养生药膳⑰

材料 蜂蜜15克，莲藕80克，生姜2克，胡萝卜120克，冰水300克。

做法 ①将莲藕和胡萝卜洗净，去皮，分别切成适当大小的块；生姜洗净，切块。②将莲藕、胡萝卜、生姜、蜂蜜放入榨汁机中，加冰水搅打成汁，滤出果肉即可。

功效 本品具有养心安神、清凉解暑、利尿通淋等功效。

夏季养生小贴士

夏季贫血者，宜多喝绿茶，因为绿茶中含有丰富的叶酸，叶酸是B族维生素中的一种，可以预防贫血。有研究表明，在5杯绿茶中就含有每人每日所需要叶酸量的25%，所以夏季贫血者宜多喝绿茶。

西瓜牛奶

夏季养生药膳⑱

材料 蜂蜜30克，西瓜80克，鲜奶150克，矿泉水适量。

做法 ①将西瓜去皮，取果肉，去子，切小块，放入榨汁机内。②将牛奶放入榨汁机，加入矿泉水、蜂蜜。③搅打均匀即可。

功效 本品具有养心安神、清热利尿、美白护肤的功效。

夏季养生小贴士

夏季糖尿病患者宜多吃苦瓜。研究证明，苦瓜中含有一种多肽-P的活性成分，有类似胰岛素的作用。糖尿病患者一日三餐，可多食些苦瓜，可以改善多饮、多尿、多食的"三多"症状。

夏季养生药膳⑲

山楂五味子茶

◎ **材料** 山楂50克，五味子30克，白糖少许。

◎ **做法** ①将山楂、五味子洗净，放入锅里。②加入适量清水，煎煮10分钟。煎两次，取汁混匀。③调入白糖，搅拌溶化即可饮用。

◎ **功效** 本品具有健脾开胃、养心安神、解郁除烦等功效。

夏季养生小贴士

夏季感冒后宜刮痧治疗。中医学认为，对暑天感冒，采用刮痧的方法，可以通经络、理气血、调阴阳，可取得较好的疗效。刮完后，可服用10克藿香正气水，效果更佳。

夏季养生药膳⑳

清香安神茶

◎ **材料** 枸杞子10克，生、熟酸枣仁各6克，茉莉5克，热水约500克。

◎ **做法** ①先将生、熟酸枣仁压碎，装入纱布袋中；茉莉洗净，备用。②将纱布袋、茉莉、枸杞子放入杯中，用热水冲泡。③约10分钟后过滤茶水，即可饮用。

◎ **功效** 本品具有养心安神、舒肝除烦、滋阴生津等功效。

夏季养生小贴士

夏季忌多食生姜，因为生姜中含有一种类似水杨酸的有机化合物，可以降低血脂、血压，预防心肌梗死。但是生姜中含有大量的姜辣素，多食容易刺激肾脏，引起口干、便秘、咽痛等上火症状。

夏季养生药膳㉑

太子参鸡肉盅

材料 太子参30克，红枣25克，枸杞15克，鲜山药50克，鸡胸肉200克，胡萝卜50克，盐少许。

做法 ①太子参、红枣洗净后，装入棉布袋，加水大火煮沸，再转小火熬煮40分钟，取汤汁；枸杞洗净。②鸡胸肉、胡萝卜、山药洗净后剁成泥，加入盐搅拌，捏成球状，放入小盅内，倒入备好的汤汁和枸杞，用大火蒸约15分钟。

功效 敛汗固表，健脾止泻。

夏季养生小贴士

夏季中午忌让小孩晒太阳，适当晒太阳，有利于钙的吸收，预防佝偻病。但是夏季中午的太阳太烈，小孩皮肤组织发育不完善，容易把孩子晒伤，有的还容易导致中年时患皮肤癌。

夏季养生药膳㉒

黄芪淮山鲫鱼汤

材料 黄芪15克，淮山20克，鲫鱼1条，姜、葱、盐各适量，米酒10克。

做法 ①将鲫鱼洗净，然后在鱼的两面各划一刀备用；姜洗净，切片；葱洗净，切丝。②把黄芪、淮山洗净，放入锅中，加水煮至沸腾，然后转为小火熬煮大约15分钟，再转中火，放入姜、葱、盐和鲫鱼煮8~10分钟。③待鱼熟后，再加入盐、米酒，并撒上葱丝即可。

功效 益气健脾，敛汗固表，利水消肿。

夏季养生小贴士

夏季，体质偏热者可多食些寒凉食物，能起到清热泻火的功效，可加强人体的抵抗力，如葛粉、赤小豆、冬瓜、荷叶、扁豆等，但体质虚寒者，就不宜多食。

夏季养生药膳㉓

酸梅银耳鲤鱼汤

材料 乌梅6粒，银耳100克，姜3片，鲤鱼300克，水2000克，盐适量，香菜少许。

做法 ①香菜洗净；鲤鱼洗净，起煎锅，放油少许，放入姜片，煎至香味出来后，再放入鲤鱼，煎至金黄。②银耳泡发洗净，掰成小朵，同鲤鱼一下放入炖锅，加水适量。③加入乌梅，以中火煲1小时，等汤色转奶色，再加盐调味，最后撒点香菜提味即可。

功效 敛汗固表，通乳利尿，消肿祛湿。

夏季养生小贴士

荔枝是岭南的夏季果中皇后，但夏季不宜多食。因为荔枝所含的水分，可以稀释胃液等消化液，摄入过多会导致正常的饮食量大大减少，甚至完全不能进食，导致低血糖，轻者恶心、呕吐、出汗、头晕，重者导致抽搐、昏迷。

夏季养生药膳㉔

人参糯米鸡汤

材料 人参片8克，红枣15克，糯米20克，鸡腿1只，盐适量。

做法 ①糯米淘洗干净，用清水泡1小时，沥干；红枣洗净。②鸡腿剁块，洗净，氽烫后捞起，再冲净。③将糯米、鸡块、人参片和红枣盛入炖锅，加水适量，以大火煮开后转小火，炖至肉熟米烂，加盐调味即可。

功效 补气养血，敛汗固表，安神助眠。

夏季养生小贴士

夏季忌食新鲜的海蜇皮，因为新鲜的海蜇皮较厚、含水分较多，还含有不少毒素，要经过食盐加明矾盐浸渍三遍，再脱水，才能使毒素排出，方可食用。

夏季养生药膳㉕

五味子西红柿面

材料 人参须10克，麦冬15克，五味子5克，面条90克，西红柿150克，秋葵100克，低脂火腿肉60克，高汤800克，盐、香油各适量。

做法 ①全部药材放入棉布袋，与高汤置入锅中煮10分钟，滤汁。②西红柿去蒂洗净，切块；秋葵去蒂，洗净，切开；火腿切丝；面条入开水中煮熟，捞出，加入调味料。③将药汁入锅，加火腿丝、西红柿、秋葵煮熟即可。

功效 益气生津，敛汗固精，滋阴润肺。

夏季养生小贴士

夏季食用海鲜应注意饮食卫生，如果饮食不洁，或生食海鲜，容易引起急性副溶血性弧菌食物中毒，该菌是海洋性细菌，在夏季繁殖很快，在高温100℃的水中会很快死亡，普通的食醋也能杀灭它。

夏季养生药膳㉖

薏米黄芪粥

材料 薏米30克，黄芪8克，大米70克，盐2克，葱8克。

做法 ①大米、薏米均泡发洗净；黄芪洗净，切片；葱洗净，切花。②锅置火上，倒入清水，放入大米、薏米、黄芪，以大火煮至米开花。③再转小火煮至呈浓稠状，调入盐拌匀，撒上葱花即可。

功效 此粥有补气固表、止汗脱毒、生肌敛疮、利尿消肿之功效。

夏季养生小贴士

夏季形体消瘦者不宜多食冬瓜，因为冬瓜中含有丙醇二酸，具有防止人体发胖、健美瘦身的作用。形体消瘦者食用，易导致伤阴动火，不但会使形体更瘦，还易出现阴虚火旺的病症。

夏季养生药膳㉗

浮小麦茶

材料 浮小麦30克，麦冬、茯苓各10克，水适量。

做法 ①将浮小麦、麦冬和茯苓洗净，研磨成粉末状。②在锅中加入大约1500克水，用大火将水煮沸。③待水沸后，将所有备用的药材加入，并用小火煮20分钟即可。

功效 本品具有敛汗固表、养心安神的功效，对心慌、自汗、盗汗有食疗作用。

夏季养生小贴士

夏季忌喝冷牛奶，由于夏季气温高，细菌繁殖快，牛奶就成了细菌繁殖的好基地。牛奶煮沸后几个小时，就会被细菌污染，饮用这种牛奶后，容易引起急性肠炎、腹泻等病症。

夏季养生药膳㉘

太子参红枣茶

材料 红枣5枚，太子参6克，茶叶3克。

做法 ①将太子参、红枣、茶叶洗净，备用。②先将太子参、红枣放入锅中，加适量水，煮15分钟。③再放入茶叶泡开即可。

功效 本品具有益气补血、敛汗固表的功效，适宜气虚型自汗、盗汗患者饮用。

夏季养生小贴士

夏季提高机体免疫力，可服用太子参、西洋参、冬虫夏草、麦冬、沙参等补益药物，另外有些凉拌菜也适合，如凉拌海带丝、凉拌萝卜丝、凉拌芦笋、凉拌洋葱、凉拌马齿苋等都能提高人体的免疫力。

夏季养生药膳㉙

苦瓜黄豆排骨汤

◎ **材料** 生地5克，猪排骨50克，苦瓜200克，黄豆60克，盐6克，料酒8克，鸡精5克，高汤500克，生抽4克，葱5克，姜片适量。

◎ **做法** ①将排骨洗净，改刀成段；苦瓜洗净，去瓤，切块；黄豆洗净；葱洗净，切段；生地洗净。②锅中注油，烧至五成热，倒入排骨段、姜片翻炒，调入调味料及剩下材料。③煮开后转入砂锅中，炖至肉离骨即可。

◎ **功效** 清热解暑，凉血滋阴，泻火除烦。

夏季养生小贴士

夏季宜多吃的苦味菜有苦瓜、苦菜、芜菁、莴笋、野蒜、枸杞叶、仙人掌、鲜鱼腥草等，这些都具有清热解毒、消暑泻热、增强机体免疫力的作用，可多食。

夏季养生药膳㉚

马蹄鲜藕茅根汤

◎ **材料** 鲜白茅根50克，马蹄、鲜藕各200克，盐少许。

◎ **做法** ①将马蹄、鲜藕洗净，去皮，切块；白茅根洗净，切碎，备用。②锅内加适量水，放入马蹄块、藕块、白茅根，大火烧沸。③改用小火煮20分钟即可。

◎ **功效** 本品具有凉血止血、清热利尿、解暑止渴等功效。

夏季养生小贴士

夏季宜多吃能杀菌的蔬菜。夏季气温高，许多病原微生物滋生很快，容易引发胃肠道传染病，可多食大蒜、洋葱、葱白、蒜苗等，在每餐的菜肴里可适当放入调味。

夏季养生药膳 ③ •

西瓜绿豆鹌鹑汤

材料 绿豆50克，西瓜500克，鹌鹑450克，盐5克，生姜、红枣各适量。

做法 ①鹌鹑洗净；生姜洗净，切片；西瓜连皮洗净，切成块状；绿豆洗净，浸泡1小时；红枣洗净。②将1800克清水放入瓦煲内，煮沸后加入以上材料，大火煲10分钟。③改用小火煲2个小时，加盐调味即可。

功效 本品具有清热祛暑、利尿消肿、生津止渴等功效。

夏季养生小贴士

夏季食用水果宜分寒热。体质偏寒的人宜多食温热性水果，如荔枝、龙眼等。体质偏热的人宜多吃凉性水果，如西瓜、橙子、香蕉、梨、猕猴桃等。

夏季养生药膳 ㉜ •

沙葛薏米猪骨汤

材料 薏米、沙葛、枸杞各适量，猪排骨300克，盐5克，葱花3克，高汤适量。

做法 ①猪排骨洗净、切块、汆水；薏米浸泡，洗净；沙葛洗净，去皮，切滚刀块；枸杞洗净。②炒锅上火倒油，将葱炝香，倒入高汤，调入盐。③下入猪排骨、薏米、沙葛、枸杞，煲至熟即可。

功效 本品具有清热祛暑、滋阴止渴、健脾清肝的功效。

夏季养生小贴士

夏季宜多吃醋。因为夏季胃内消化酶分泌少，胃酸浓度降低，胃肠蠕动减慢，食欲差，适当食点醋，可增进食欲。而且醋含有很强的抑菌、杀菌功效，可有效预防肠炎、阴道炎、痢疾等病症。

夏季养生药膳 ㉝

双瓜萝卜粥

◎材料 知母8克，黄瓜、苦瓜、胡萝卜各适量，大米100克，冰糖8克。

◎做法 ①大米洗净，泡发半小时；黄瓜、苦瓜洗净，切小块；胡萝卜洗净，切丁；知母洗净。②锅置火上，注入清水后，放入大米煮至米粒绽开。③再放入黄瓜、苦瓜、胡萝卜、知母用小火煮至粥成，再下入冰糖，煮至溶化即可食用。

◎功效 清热解暑，泻火解毒，止渴利尿。

夏季养生小贴士

夏季宜补充适量的盐分。夏季人体的新陈代谢较快，出汗较多，要注意在大量补充水分的同时，也要适当补充盐分，否则容易出现低渗性脱水，造成细胞水肿，出现恶心、呕吐等症状。

夏季养生药膳 ㉞

绿豆玉米粥

◎材料 绿豆40克，百合15克，大米50克，玉米粒、胡萝卜各适量，白糖4克。

◎做法 ①大米、绿豆均泡发，洗净；胡萝卜洗净，切丁；玉米粒洗净；百合洗净，切片。②锅置火上，倒入清水，放入大米、绿豆煮至开花。③加入胡萝卜、玉米、百合，同煮至浓稠状，调入白糖拌匀即可。

◎功效 此粥有清热祛暑、泻火解毒、降低血脂等功效。

夏季养生小贴士

夏季女性宜注重补铁。许多女性经常会感到手脚冰凉，怕冷，很大一个原因是缺铁。而且女性在月经期会造成体内流失一部分铁，建议宜多吃瘦肉、鸡蛋、动物肝脏、猪血以及豆制品等补充铁元素。

夏季养生药膳 ㉟

黄瓜蜜饮

材料 蜂蜜适量，黄瓜100克，冷开水150克。

做法 ①将黄瓜洗净，切丝，放入沸水中氽烫，备用。②将黄瓜丝、冷开水放入榨汁机中，搅拌成汁。③再加入蜂蜜，调拌均匀即可。

功效 本品具有消暑解渴、清热除烦、美白养颜等功效。

夏季养生小贴士

夏季宜补钾。人体内的钾起着维持细胞内外渗透压和酸碱平衡，并维持神经和肌肉的正常功能的作用。夏季人体内的钾一部分容易随汗流失，所以在饮食中可多吃红豆、黄豆、芹菜、菠菜、海带、紫菜等富含钾的食物。

夏季养生药膳 ㊱

荷叶甘草茶

材料 鲜荷叶100克，甘草5克，白糖少许。

做法 ①将荷叶洗净、切碎；甘草洗净，备用。②然后将荷叶、甘草放入水中煮10分钟。③滤去荷叶渣，加适量白糖即可。

功效 本品具有消暑解渴、清心安神、排毒瘦身等功效。

夏季养生小贴士

夏季忌多食坚果。坚果是指富含油脂的种子类食物，如葵花子、花生、杏仁、核桃等。在食物中坚果被列为脂肪类食物，所含的热量较高。50克瓜子仁中所含的热量相当于一碗米饭，所以糖尿病患者更应忌食。

夏季养生药膳㊲ 葛根猪肉汤

◎材料 葛根40克，猪肉250克，盐、味精、葱花、胡椒粉、香油各适量。

◎做法 ①将猪肉洗净，切成四方小块；葛根洗净，备用。②锅中加水烧开，下入猪肉块，汆去血水。③猪肉入砂锅，煮熟后再加入葛根、盐、味精、葱花、香油等，稍煮片刻，撒上胡椒粉即成。

◎功效 本品具有解表退热、发汗泻火、生津止渴、开胃下食的功效。

夏季养生小贴士

夏季忌生吃酱油。因为在生产、运输、贮存和销售过程中，酱油很容易受到污染。新买来的酱油如果生食或凉拌冷菜，容易发生食物中毒，所以夏季吃酱油要入锅加热。

夏季养生药膳㊳ 粉葛银鱼汤

◎材料 粉葛500克，银鱼200克，黑枣7颗，盐适量，生姜4片。

◎做法 ①将粉葛去皮，切大块；黑枣洗净，去核。②银鱼洗净，沥水；起油锅，爆香姜，下银鱼，煎至表面微黄，取出。③把粉葛、银鱼、姜、黑枣一起放入锅内，加适量清水，大火煮沸后，小火煲2小时，汤成后加盐调味即可。

◎功效 清热解肌，祛除湿炎，发汗泻火。

夏季养生小贴士

夏季中暑后忌食油腻辛辣食物。因为多食油腻辛辣食物会加重消化系统的负担，一方面，大量的血液留在肠胃，无法输送到大脑，易导致人体困倦，并引起消化不良；另一方面，体内的营养成分很难充分吸收。

夏季养生药膳 ㊴

牛蒡肉汤

材料 牛蒡根300克,猪里脊肉150克,紫菜50克,香菜25克,盐、料酒、淀粉、香油各适量。

做法 ①牛蒡根洗净去皮,切丝。②猪里脊洗净切丝,加盐、料酒和淀粉拌匀;紫菜泡开;香菜洗净,切末。③锅置火上,加水和牛蒡丝烧沸,加入盐和肉丝再烧沸,撇去浮沫,用小火继续煮至熟,紫菜煮沸,撒入香菜,淋入香油。

功效 本品可清热解毒,泻火发汗。

夏季养生小贴士

夏季是孩子补钙的最佳时节。因为夏季气温高、阳光充足,有利于孩子对体内钙的吸收。孩子可多食骨头汤、虾仁、海带、牛奶、豆制品等,并适当晒晒太阳。

夏季养生药膳 ㊵

葛根荷叶牛蛙汤

材料 鲜葛根120克,荷叶15克,牛蛙250克,盐、味精各5克。

做法 ①将牛蛙洗净,切小块;葛根去皮,洗净,切块;荷叶洗净,切丝。②将葛根、荷叶、牛蛙一起放入煲内,加适量清水,大火煮沸,小火煮1小时。③下盐、味精调味即可。

功效 本品具有清热泻火、发汗解肌、利尿降压、安神助眠等功效。

夏季养生小贴士

夏季可多吃葡萄防癌。国外研究癌症的专家们通过研究证明:葡萄中富含一种抗癌的物质,同样在葡萄酒中也发现了这种化学物质,建议多吃葡萄、喝葡萄汁。

夏季养生药膳㊶

豆皮鳕鱼丸汤

材料 紫苏8克，茯苓10克，知母10克，嫩豆皮35克，鳕鱼丸115克，榨菜15克，清水550克，海苔丝1大匙，盐1小匙。

做法 ①嫩豆皮洗净，切片；榨菜洗净，切末；紫苏、茯苓、知母洗净。②将全部药材加清水置于锅中，以小火煮沸，5分钟后关火滤汁，将药汁置于锅中加热，放入鳕鱼丸煮沸。③再加入嫩豆皮、榨菜、海苔丝煮熟，加盐拌匀即可。

功效 健脾理气，发汗解表，滋阴生津。

夏季养生小贴士

夏季宜喝三花茶，即金银花茶、菊花茶、蔷薇花茶。金银花茶可清热解毒、清暑降火，能预防小儿痱子、夏热、疖肿等。菊花茶可清肝明目，防止目赤肿痛等症。蔷薇花茶可清热除烦。

夏季养生药膳㊷

萝卜洋葱菠菜粥

材料 薄荷3克，胡萝卜、洋葱、菠菜各20克，大米100克，盐3克。

做法 ①胡萝卜洗净，切丁；洋葱洗净，切条；薄荷、菠菜洗净，切成小段；大米洗净，浸泡1小时后捞出沥干水分。②锅置火上，注入适量清水后，放入大米，用大火煮至米粒开花，放入胡萝卜、洋葱。③用小火煮至粥成，再下入薄荷、菠菜稍煮，放入盐调味，即可食用。

功效 发汗解表，增强食欲，促进消化。

夏季养生小贴士

夏季祛暑可用药浴，如风油精浴，滴3滴风油精，可使全身凉爽，能预防小儿痱子。薄荷浴，将薄荷煎汁，倒入浴水中，洗浴，具有清热解暑、醒脑爽身的作用。

夏季养生药膳 ㊸

葛根粉粥

材料 葛根30克，大米100克，冰糖少许，枸杞适量。

做法 ①将大米洗净，用水泡发；将葛根洗净，打成粉末。②大米、枸杞、葛根粉一同下入砂锅，加600克水，用小火煮至米开花至稠。③再加入冰糖，调匀即可。

功效 本品具有发表解肌、清热除烦、生津止渴、透疹解毒等功效。

夏季养生小贴士

夏季慢性肠炎患者应忌食苦瓜。慢性肠炎多属脾胃虚寒，宜温补固肠，忌食寒凉食物。苦瓜性寒，多食易伤脾胃，慢性肠炎患者多食易加重腹泻，因此应忌食。

夏季养生药膳 ㊹

大蒜洋葱粥

材料 薄荷3克，大蒜、洋葱各15克，大米90克，盐2克，味精1克，葱、生姜各少许。

做法 ①大蒜去皮洗净，切块；洋葱、生姜洗净，切丝；大米洗净，浸泡；葱洗净，切花；薄荷洗净。②锅置火上，注水后放入大米，用旺火煮至米粒绽开，放入大蒜、洋葱、姜丝、薄荷。③用小火煮至粥成，加入盐、味精调味，撒上葱花即可。

功效 发汗解表，降压排毒，温暖脾胃。

夏季养生小贴士

夏季养生重在精神调摄，可多食用养心的药膳，保持愉快而稳定的情绪，切忌大悲大喜，以免以热助热，火上浇油。心静人自凉，可达到养生的目的。

夏季养生药膳㊺

牛蒡芹菜汁

◎材料　牛蒡250克，蜂蜜少许，芹菜50克，冷开水200克。

◎做法　①将牛蒡洗净，去皮，切块；将芹菜洗净，去叶后备用。②将牛蒡、芹菜与冷开水一起放入榨汁机中。③榨汁后，加入蜂蜜，拌匀即可饮用。

◎功效　本品具有泻火发汗、清热解表、排毒瘦身的功效。

夏季养生小贴士

夏季在空调房里要注意护肤。空调房里空气较干燥，使得皮肤容易失去水分，也变得干燥，甚至生出细纹，所以要注意多喝水，给皮肤补充足够的水分，还要选用一些保湿的护肤品。在空调房里放两盆清水，可起到保湿作用。

夏季养生药膳㊻

洋葱汁

◎材料　山楂5颗，洋葱70克，草莓50克，柠檬半个。

◎做法　①将洋葱洗净，切成细丝；草莓去蒂，洗净，备用。②柠檬洗净，切片；山楂洗净，切开，去核，备用。③将洋葱、山楂、柠檬、草莓倒入搅拌机内搅打成汁即可。

◎功效　本品具有发汗泻火、健脾消食、美白养颜等功效。

夏季养生小贴士

夏季体弱者，忌多喝绿豆汤。绿豆是寒凉伤阳之物，阳气不足、体虚的人不宜多喝。从中医学的角度讲，绿豆具有解毒功能，所以服用补益中药的人也不能多食绿豆，会影响药效。

夏季养生药膳 ㊼

淡菜三蔬羹

材料 桑叶5克，大米80克，淡菜、西芹、胡萝卜、红椒各10克，盐3克。

做法 ①大米淘洗干净，用清水浸泡；淡菜用温水泡发；西芹、胡萝卜、红椒洗净，切丁。②锅置火上，注入清水，放入大米煮至五成熟。③放入淡菜、桑叶、西芹、胡萝卜、红椒煮至浓稠，加盐调匀便可。

功效 清热解表，泻火发汗，健脾养胃。

夏季养生小贴士

夏季血压低者，忌食西红柿。因为西红柿具有降低血压的作用，血压低的人食用西红柿会导致血压更低，出现头晕目眩、甚至晕倒等症状。因此，血压低者应忌食西红柿。

夏季养生药膳 ㊽

薄荷鲜果茶

材料 薄荷3克，茉莉花2小匙，红茶1包，菠萝、猕猴桃、苹果、冰块各适量。

做法 ①将所有水果洗净，去皮后切成小丁备用。②将薄荷、茉莉花与红茶一起放入壶中，冲入热开水，加入水果丁摇匀,晾凉后加入冰块即可。

功效 本品具有清热利咽、发汗泻火、解表散热的功效。

夏季养生小贴士

盛夏酷暑季节，人们的食欲一般都较差，体质本来较虚弱的人可多食用些既美味可口又有滋补作用的药膳，如百花炒素、参金冬瓜汤、清润瓜丝等。

夏季养生药膳㊽

草果猪肉汤

材料 草果4个，薏米、猪肉各200克，盐5克。

做法 ①薏米洗净，加水煮熟。②将猪肉、草果洗净，一同放入锅内，加适量水熬煮，然后将猪肉、草果捞起，将汤与薏米合并，再用小火炖熬熟透。③将猪肉切成小块，与草果一起放入薏米汤内，加盐调匀即可。

功效 本品可温中散寒，健脾祛湿。

夏季养生小贴士

夏季晒太阳较多，宜保护好眼睛，强烈的阳光射入眼睛后，易损伤视网膜，除了建议配戴太阳镜外，还需多食用一些养护眼睛的药膳和药茶，如枸杞菊花茶，可清肝明目。

夏季养生药膳㊿

冬瓜薏米鸭

材料 薏米20克，枸杞子10克，鸭肉500克，冬瓜200克，盐、蒜、米酒、高汤各适量。

做法 ①将鸭肉、冬瓜洗净，切块；蒜洗净；薏米、枸杞子洗净，泡发。②锅中倒油烧热，加入蒜和鸭肉一起翻炒，加适量盐，再加入米酒和高汤，翻炒至匀。③待煮开后放入薏米、枸杞子，用旺火煮1小时，再放入冬瓜，煮开后转入小火续煮至熟后食用。

功效 运脾化湿，清热止渴，利尿消肿。

夏季养生小贴士

夏季锻炼宜游泳，游泳可锻炼四肢的协调性和灵活性，对肩关节以及膝关节大有好处。同时，水的浮力使人全身不受重力影响，身心得到放松。同时搭配养心药膳，能补养心脏。

夏季养生药膳 ⑤1

薏米瘦肉冬瓜粥

○ **材料**　薏米80克，瘦猪肉、冬瓜各适量，盐2克，绍酒5克，葱8克。

○ **做法**　①薏米泡发洗净；冬瓜去皮洗净，切丁；瘦猪肉洗净，切丝；葱洗净，切花。②锅置火上，倒入清水，放入薏米，以大火煮至开花。③再加入冬瓜煮至粥呈浓稠状，下入猪肉丝煮至熟后，调入盐、绍酒拌匀，撒上葱花即可。

○ **功效**　健脾祛湿，清热解毒，利水消痰。

夏季养生小贴士

孕妇夏季忌用风油精。风油精含的主要成分之一樟脑有一定的毒性作用，孕妇过多使用风油精，其中的樟脑会通过胎盘屏障进入羊膜腔内作用于胎儿，易导致胎儿死亡，引起流产。

夏季养生药膳 ⑤2

茯苓粥

○ **材料**　茯苓30克，红枣15枚，粳米100克。

○ **做法**　①茯苓打成粉末，备用；粳米洗净，加水熬煮成粥。②红枣洗净，另入锅，加水小火煮烂。③将煮好的红枣汤加入煮好的粳米粥内，加入茯苓粉，煮沸即成。

○ **功效**　本品能健脾补中、利水渗湿、安神养心，适用于慢性肝炎、脾胃虚弱、腹泻、烦躁失眠等症。

夏季养生小贴士

夏季吃泥螺忌晒太阳，因为泥螺中含有一种感光物质，食用泥螺后经太阳照晒后会发生化学反应，从而引起皮炎。经常是在吃完泥螺3~4天后出现，医学上称之为"泥螺日光性皮炎"。

夏季养生药膳53

白术党参茯苓粥

◎材料 红枣5颗，党参、白术、茯苓各15克，甘草3克，薏米50克，盐适量。

◎做法 ①将红枣、薏米洗净，红枣去核备用。②将白术、党参、茯苓、甘草洗净，加入4碗水煮沸后，以慢火煎成2碗，过滤取出药汁。③在煮好的药汁中加入薏米、红枣，以大火烧开，再转入小火熬煮成粥，加入盐调味即可。

◎功效 此品可健脾化湿，补中益气。

夏季养生小贴士

夏季不宜空腹喝酸奶。因为人在空腹时，胃酸浓度高，如果空腹喝酸奶，会导致乳酸菌被胃酸杀死，其营养价值大大降低，所以建议饭后2小时后再饮酸奶效果较好。

夏季养生药膳54

半夏薏米汤

◎材料 半夏15克，薏米50克，百合10克，盐2克，冰糖适量。

◎做法 ①半夏、薏米洗净；百合洗净，备用。②锅中加水烧开，倒入薏米煮至沸腾，再倒入半夏、百合煮至熟。③最后加入盐、冰糖，拌匀即可。

◎功效 本品具有健脾化湿、滋阴润肺、止咳化痰等功效。

夏季养生小贴士

夏季不宜用碳酸饮料代替白开水。因为汽水和可乐之类的饮料，含有较多的糖精和电解质，会对胃产生刺激。如果经常大量饮用碳酸饮料，会加重肾脏的负担，使肾功能受损，所以有肾病的患者更应忌喝饮料。

夏季养生药膳 55

佩兰生地饮

材料 佩兰、生地各8克，雪梨1个，冰糖少许。

做法 ①佩兰、生地洗净后切片；鲜梨榨汁，备用。②将生地放入锅内，倒入适量清水，在火上烧沸约15分钟后，下入佩兰，约煎5分钟，滤出原汁。③冲入梨汁搅匀，饮时加少许冰糖即可。

功效 健脾和中，祛湿止泻。对夏季伤暑之心烦、口渴、食欲不振等症有食疗作用。

夏季养生小贴士

夏季忌用凉水洗脚。脚是血管分支的末梢部位，保温性差。如果夏季常用凉水洗脚会导致脚部受凉，还会通过血管传导而引起全身一系列的病症，如关节炎、风湿痛。

夏季养生药膳 56

薏米茶

材料 炒薏米10克，鲜荷叶5克，山楂5克，枸杞适量，水适量，冰糖适量。

做法 ①将炒薏、鲜荷叶、山楂、枸杞分别洗净，备用。②锅置火上，加水适量，煮沸，先下薏米、山楂，煮20分钟。③再放入荷叶、枸杞煮开；加入冰糖，调匀即可。

功效 本品具有运脾化湿、养心安神、清热排毒等功效。

夏季养生小贴士

夏季不宜食用未加工处理过的菠萝。因为未加工的菠萝中含有苷类物质，会对口腔黏膜造成刺激，诱发口腔溃疡。建议在食用前，先用盐水浸泡10分钟，把苷类物质浸渍出来后再食用。

夏季易发病调理药膳

由于夏季酷热的气候特点，容易引发一系列的疾病，如中暑、头痛、急性腹泻、湿疹、流行性结膜炎、尿路感染、痔疮、病毒性肝炎等。因此，要做好防暑工作。另外，在饮食上也需特别注意，应多吃一些清热解暑的食物。

 ## 中暑 >>

由于在烈日下或高温环境中工作，身体调节体温的能力不能适应外界，体内产生的热量不能适当地向外散发，积聚而产生高热称为中暑。患者先有头痛、眩晕、心悸、恶心等，随即停止出汗，体温上升、脉搏加快、皮肤干热、肌肉松软甚至虚脱等，如不及时抢救可致昏迷而死亡。

【对症药材、食材】

●金银花、菊花、藿香、泽泻、茯苓、薄荷、葛根、薏米、知母、石斛、荷叶等；西瓜、丝瓜、冬瓜、莲花、火龙果、绿豆、南瓜、柠檬、银耳等。

【本草药典——泽泻】

●**性味归经**：性寒，味甘。归肾、膀胱经。

●**功效主治**：利水、渗湿、泄热。治小便不利、水肿胀满、呕吐、泻痢、痰饮、脚气病、淋病、尿血。

●**选购保存**：以个大、质坚、色黄白、粉性足者为佳。置于干燥处保存，防潮、防蛀。

●**食用禁忌**：肾虚精滑者忌服。

【预防措施】

夏季外出，一定要做好防护工作，如打遮阳伞、戴遮阳帽等，避免在烈日下暴晒。准备充足的水和饮料，不要等口渴了才喝水，出汗较多时可适当补充一些盐水。随身带好防暑降温药品，如十滴水、龙虎人丹、风油精等，以备应急之用。外出穿衣服尽量选用棉、麻、丝类的织物，应少穿化纤品类服装，以免大量出汗时不能及时散热，引起中暑。

【饮食宜忌】

宜食用绿色蔬菜、豆制品、凉茶、水果、牛奶、瓜类菜等。
忌食燥热性食物，如羊肉、狗肉、辣椒、胡椒等，忌喝烈性酒等。

食疗药膳①

藿香鲫鱼

材料 藿香15克，鲫鱼1条（500克左右），盐适量。

做法 ①鲫鱼宰杀剖好，洗净；藿香洗净。②将鲫鱼和藿香放于碗中，加入盐调味，再放入炖锅内。③清蒸至熟便可食用。

功效 本品能和中祛暑、利水渗湿，对受暑湿邪气而头痛、恶心呕吐、口味酸臭等有食疗作用。

夏季养生小贴士

中暑发生前多有一些前兆，如全身软弱无力、眩晕、头痛、恶心、注意力不集中等状况，此时应立即离开高温作业环境，到阴凉、安静处休息，及时补充清凉饮料。

食疗药膳②

薄荷西米粥

材料 嫩薄荷叶15克，枸杞子适量，西米100克，盐3克，味精1克。

做法 ①西米洗净，用温水泡至透亮；薄荷叶洗净，切碎；枸杞子洗净。②锅置火上，注入清水后，放入西米，用旺火煮至米粒开花。③放入薄荷叶、枸杞子，改用小火煮至粥成，调入盐、味精入味即可。

功效 本品能解暑发汗、清热利咽，可用于夏季暑热、汗出不畅、头痛头晕者。

夏季养生小贴士

若有因中暑而昏倒的人，应立即将其抬到环境凉爽的地方，解开衣扣和裤带，让患者吹风，亦可采用背部刮痧疗法，效果也很不错，同时按摩患者四肢，以防止血液循环停滞。

食疗药膳③

莲藕解暑汤

材料 杏仁30克，莲藕150克，绿豆35克，盐2克，枸杞、葱花各少许。

做法 ①将莲藕洗净，去皮，切块；绿豆淘洗净，备用；杏仁洗净，备用。②净锅上火倒入水，下入莲藕、绿豆、杏仁煲至熟。③最后调入盐搅匀，撒上枸杞、葱花。

功效 本品能清热解暑、滋阴凉血，夏季多食可预防中暑。

夏季养生小贴士

中暑者应注意营养，饮食宜清淡，少吃油腻性的食物。多补充水分，可用西瓜汁、银花露、绿豆汤等代茶饮用。高热时可适当用物理降温，常洗温水浴，可帮助发汗降温。

食疗药膳④

莲花蜜茶

材料 莲花3朵，蜂蜜适量。

做法 ①将莲花用开水洗净，备用。②将莲花、500克水放入锅中，煮至沸即可。③饮用时加入蜂蜜拌匀即可。

功效 本品能清火解毒、镇心安神，适宜燥热天气时心神不宁、烦躁易怒等症患者饮用。

夏季养生小贴士

中暑患者应选择具有清热解暑、生津止渴作用的食物；选择清淡多汁的凉性水果蔬菜；选择清补凉润食物。勿食辛辣刺激性食品、性温助热食物、煎炸爆炒及过咸的食物。

小儿夏热 >>

小儿夏热是一种儿童夏季常见病，在夏季温度高时发生，主要症状为持续发热（体温39～40℃）、口渴、尿多、汗少。起病缓慢，有夜热早凉的，也有早热暮凉的。此病在秋凉后多能自愈，有的到了第二年夏季可能再度发病。患儿因持久发热，机体抵抗力降低，往往容易导致合并感染。

【对症药材、食材】

●麦冬、北沙参、天花粉、天冬、金银花、太子参、薄荷、百合、莲子、葛根等；莲藕、藕粉、米粉、葛粉、银耳、蛋类、冬瓜、莲子、丝瓜、生菜、黄瓜、苦瓜及凉性水果。

【本草药典——太子参】

●性味归经：性平，味甘、微苦。归脾、肺经。

●功效主治：补肺、健脾。治肺虚咳嗽、脾虚食少、心悸自汗、精神疲乏、益气健脾、生津润肺等症。用于脾虚体弱、病后虚弱、气阴不足、自汗口渴、肺噪干咳。

●选购保存：以肥润、黄白色、无须根者为佳。置通风、干燥处保存，注意防潮、防蛀。

●食用禁忌：一般不与藜芦同服。

【预防措施】

父母要密切关注孩子，注意营养，饮食宜清淡，少给小儿吃油腻性的食物。多补充水分，可饮用金银花露、绿豆汤等。高热时可适当用物理方法降温，可通过空调设备或打开门窗通风、打开风扇等方式让室内的空气流通，降低孩子的居室温度。常洗温水浴，可帮助小儿发汗降温。避免着凉、中暑，防止并发症。

【饮食宜忌】

宜食蛋类、青菜、丝瓜、苦瓜、金银花、菊花、薄荷、瘦肉、鸭子、西瓜、梨、奇异果、柿子、马蹄等。

忌食狗肉、牛肉、羊肉、杧果、榴梿、荔枝、龙眼及辛辣刺激性食物。

【小贴士】

症状轻者一般不需要做特殊处理，可采用清热降火的食疗方法调节；孩子体温高时，要采用物理降温，并鼓励小孩多喝水，一般天气凉爽或将孩子转移到较低温度的环境中，症状就自然消失。

食疗药膳① 沙参豆腐冬瓜汤

材料 北沙参10克，葛根10克，豆腐250克，冬瓜200克，盐适量。

做法 ①豆腐洗净，切小块；冬瓜洗净去皮后，切薄片；北沙参、葛根洗净，备用。②锅中加水，放入豆腐、冬瓜、北沙参、葛根同煮。③煮沸后加少量盐调味即可食用。

功效 本品能滋阴清热、生津止渴，对阴虚热盛、发热、口渴、汗少、尿多等症有食疗作用。

夏季养生小贴士

小儿夏热宜多补充水分，可用西瓜汁、绿豆汤等代茶饮用。注意营养，饮食宜清淡，忌油腻辛辣食物。常洗温水浴，避免着凉、中暑，防止并发症。

食疗药膳② 石斛清热甜粥

材料 麦门冬10克，石斛15克，西洋参5克，枸杞子5克，白米70克，冰糖50克。

做法 ①西洋参洗净，磨成粉末状；麦门冬、石斛分别洗净，放入棉布袋中包起；枸杞子洗净后用水泡软备用。②白米洗净，和800克水、枸杞子、药材包一起放入锅中，熬煮成粥，加入西洋参粉、冰糖。③煮至冰糖溶化后即可。

功效 本品可滋阴补虚、益气生津。

夏季养生小贴士

夏季小儿暑热容易引发热痉挛，要加强室内通风降温；让孩子多吃瓜果，多饮绿豆汤；出汗后及时给孩子喝淡盐开水。一旦发生热痉挛，要及时让孩子脱离高温环境，并喂服含盐液体。

食疗药膳③   雪梨银耳百合汤

◎材料 百合30克，雪梨1个，银耳40克，蜂蜜适量，枸杞、葱花各少许。

◎做法 ①将雪梨洗净，去核；百合、银耳洗净，泡发。②往锅内加入适量水，将雪梨、百合、银耳、枸杞放入锅中煮至熟透。③调入蜂蜜搅拌，撒上葱花即可。

◎功效 本品能养阴清热、润肺生津，用于小儿夏热、肺热燥咳、虚烦哭闹等症。

夏季养生小贴士

夏季有些小孩会出现不明原因的哭闹、烦躁，这种症状为小儿夏季脱水热，一旦出现这种情况，要及时给孩子补充足量的水分，使患儿的体温迅速下降。

食疗药膳④   苦瓜汁

◎材料 葛根粉30克，牛蒡10克，苦瓜1个，冰糖适量。

◎做法 ①苦瓜洗净，去皮和子，切块；牛蒡洗净，去皮，切段；将葛根粉用一小勺凉开水搅拌匀待用。②将搅拌好的葛根粉和牛蒡、苦瓜一同倒入榨汁机内打碎为汁。③倒入碗里放入冰糖搅拌即可食用。

◎功效 本品能清心泻火、解毒透疹，对小儿夏热、痱子、痤疮等症有食疗作用。

夏季养生小贴士

小儿夏热容易引发黄水疮，又称脓包疮，是一种皮肤病，极具传染性。对患该症的小儿应及时进行隔离，并将所用物品用酒精消毒，注意皮肤的清洁卫生。

小儿痱子 >>

痱子又名为痱疮，是夏季因汗出不畅所生的一种常见皮肤病。痱子是由汗孔阻塞引起的，多发生在颈、胸背、肘窝、腋窝等部位，小孩可发生在头部、前额等处。初起时皮肤发红，然后出现针头大小的红色丘疹或丘疱疹，密集成片，其中有些丘疹呈脓性。生了痱子后剧痒、疼痛，有时还会有一阵阵热辣的灼痛等。

【对症药材、食材】

●金银花、菊花、藿香、葛根、蒲公英、桑叶、马齿苋、薄荷等；绿豆、苦瓜、丝瓜、冬瓜、西瓜、柠檬、鸭肉、青菜、芥菜、海带、莲子等。

【本草药典——马齿苋】

●性味归经：性寒，味甘、酸。归心、肝、脾、大肠经。

●功效主治：清热解毒、消肿止痛。马齿苋对肠道传染病，如肠炎、痢疾等有独特的食疗作用。马齿苋还有消除尘毒、防止硅肺发生的功能。

●选购保存：要选择叶片厚实、水分充足、鲜嫩肥厚多汁的马齿苋。贮存马齿苋时，可用保鲜袋将其封好，放在冰箱中可以保存一周左右。

●食用禁忌：孕妇及脾胃虚寒者忌用。

【预防措施】

预防发生痱子，主要是注意皮肤卫生，勤洗澡、勤换衣服，保持皮肤干爽清洁。容易生痱子的人，洗完澡要擦干，然后涂上一点爽身粉或痱子粉。不要在烈日下活动，饮食不要过饱，少吃糖和高热量的食物，在炎夏和高温环境中，应注意通风和降温，这些措施都可以预防痱子。

【饮食宜忌】

宜食豆浆、豆腐花、苦瓜、丝瓜、西瓜、薏米、火龙果、梨等凉性食物。

忌食辛辣刺激性食物，如狗肉、羊肉、辣椒、花椒及浓茶、咖啡等；忌食虾、蟹等发物。

【小贴士】

孩子从外边回来后不要用冷水洗浴，因为经冷水一浇，原先张开的汗孔会突然闭塞、汗液潴留，极易引发痱子或加重病情；生了痱子后，切忌涂抹软膏或油类制剂，不要用手挤弄、搔抓患处；避免在烈日下暴晒；若出现大面积痱毒，应及时到医院治疗。

食疗药膳①

苦瓜甘蔗鸡肉汤

材料 黄芩10克，枇杷叶8克，鸡胸肉20克，甘蔗200克，苦瓜200克，盐适量。

做法 ①鸡肉切块，入沸水中氽烫，捞起冲净，再置净锅中，加800克水。②黄芩、枇杷叶洗净；甘蔗洗净，去皮，切小段；苦瓜洗净，切半，去子和白色薄膜，再切块。③甘蔗放入锅中，大火煮沸，转小火续煮1小时，放入黄芩、枇杷叶、苦瓜，再煮30分钟，加盐调味即可。

功效 本品能清热解毒、生津利尿。

夏季养生小贴士

痱子如果得不到及时治疗，可能会引发肾炎，严重的话还会引起败血症而危及生命。因此，夏季宜消暑降温，尽量保持皮肤清洁，勤洗澡、勤换衣服。

食疗药膳②

山药荷叶大米粥

材料 山药10克，荷叶15克，大米100克，盐3克，花豆适量。

做法 ①大米泡发，洗净；荷叶洗净，切小片；山药去皮，洗净，切小块；花豆洗净。②锅置火上，注水后，放入大米，用大火煮至米粒开花。③放入山药、荷叶、花豆，改用小火煮至粥浓稠时，加入盐调味即可。

功效 本品能消暑健脾、凉血消疹，对小儿痱子、中暑、小儿急性腹泻等有食疗作用。

夏季养生小贴士

在使用痱子粉之前，最好先试验一下孩子是否对其过敏。在使用痱子粉的过程中，如出现皮肤发红、瘙痒等不良反应，应立即停用，以温水洗净，并向医师咨询。

食疗药膳③

绿豆菊花饮

◎材料 菊花10克，蜂蜜少许，绿豆沙30克，柠檬汁10克。

◎做法 ①将菊花洗净，放入水中煮沸。②将柠檬汁和绿豆沙注入菊花水中搅拌。③最后加入蜂蜜调味，即可饮用。

◎功效 本品能解湿泻热、排毒祛痱，对小儿痱子、痤疮、疖肿、胃热便秘等有食疗作用。

夏季养生小贴士

夏季饮食宜清淡易消化，宜多补充富含蛋白质和维生素的食品，同时要让宝宝多喝水，及时补充水分，也可以多喝些绿豆汤、冬瓜汤、丝瓜汤、菊花水，或多吃西瓜等水果，有清热祛暑的作用。

食疗药膳④

桑叶清新茶

◎材料 大青叶、桑叶各5克，麦冬10克，蔬果酵素粉1包，冰糖、蜂蜜各少许。

◎做法 ①将大青叶、桑叶、麦冬分别洗净，沥干，备用。②砂锅洗净，加800克水，将大青叶、麦冬、桑叶放入砂锅，加入冰糖，搅拌均匀，以大火煮沸，煮到水约剩400克后，去渣取汁待冷。③在药汁中加入蔬果酵素粉、蜂蜜，拌匀即可。

◎功效 本品可滋阴清热、利尿解毒。

夏季养生小贴士

夏季忌经常让宝宝光着身子，这样皮肤少了一层保护，会更容易受不良刺激；也不宜怕宝宝着凉而套太多衣服，这样会使汗液排出更加不畅，加重痱子。

 腹泻 >>

腹泻是夏季一种较常见症状，多因饮食不节、冷热混食所造成的。主要症状为：排便次数明显超过平日习惯的频率，粪质稀薄，水分增加或含未消化食物或脓血、黏液。腹泻常伴有排便急迫感、肛门不适、失禁等症状。腹泻分急性腹泻和慢性腹泻两类。急性腹泻发病急剧，病程在2~3周之内。慢性腹泻指病程在两个月以上或间歇期在2~4周内的复发性腹泻。

【对症药材、食材】

●**寒湿型腹泻**：生姜、葱白、红糖、豆蔻、砂仁、山药、芡实；大蒜、花椒、胡椒、粳米等。

●**湿热型腹泻**：金银花、薏米、马齿苋、菊花、鱼腥草；绿豆、丝瓜、冬瓜、扁豆、苹果等。

【本草药典——豆蔻】

●**性味归经**：性温，味辛。归脾、胃、大肠经。

●**功效主治**：温中下气、消食固肠。治心腹胀痛、虚泻冷痢、呕吐、宿食不消。

●**选购保存**：选购豆蔻时，以个大、体重、坚实、表面光滑、油足、破开后香气强烈者为佳。置通风、干燥处保存，注意防蛀。

●**食用禁忌**：体内火盛、中暑热泄、肠风下血、齿痛及湿热积滞、滞下初起者，皆不宜服用。

【预防措施】

平时注意锻炼身体，增强体质，提高机体抵抗力，避免感染各种疾病。营养不良、佝偻病及病后体弱小儿应加强护理，注意饮食卫生，避免各种感染。避免长期滥用广谱抗生素，以免肠道菌群失调，招致耐药菌繁殖引起肠炎。

【饮食宜忌】

寒湿型腹泻宜食金樱子、山药、丁香、大蒜等，湿热型腹泻宜食绿豆、丝瓜、马齿苋、薏米等。

忌食冷饮、冰冻食物、肥肉、辣椒、酒及油脂含量高的食物，如花生、芝麻、豆类。

【小贴士】

腹泻发病初期，饮食应以能保证营养而又不加重胃肠道病变部位的损伤为原则，宜选择清淡流质饮食，如浓米汤、淡果汁和面汤等；急性水泻期需要暂时禁食，脱水过多者需要输液治疗；缓解期排便次数减少后可进食少油的肉汤、牛奶、豆浆、蛋花汤、蔬菜汁等流质饮食，以后逐渐进食清淡、少油、少渣的半流质饮食；恢复期腹泻完全停止时，食物应以细、软、烂、少渣、易消化为宜。

食疗药膳① ···················· • 补骨脂芡实鸭汤

◎材料 补骨脂15克,芡实50克,鸭肉300克,盐1小匙。

◎做法 ①将鸭肉洗净,放入沸水中氽去血水,捞出备用。②芡实、补骨脂分别洗净,与鸭肉一起盛入锅中,加入7碗水,大约盖过所有的材料。③用大火将汤煮开,再转用小火续炖约30分钟,快煮熟时加盐调味即可。

◎功效 本品具有补肾健脾、涩肠止泻的功效。

夏季养生小贴士

腹泻时应适当控制饮食,减轻胃肠负担,吐泻严重及伤食泄泻患者可暂时禁食6~8小时,以后随着病情好转逐渐增加食量。忌食油腻、生冷及不易消化的食物。

食疗药膳② ···················· • 蒜肚汤

◎材料 芡实、山药各50克,猪肚1000克,大蒜、生姜、盐各适量。

◎做法 ①将猪肚去脂膜,洗净,切块。②芡实洗净,备用;山药去皮,洗净,切片;大蒜去皮,洗净。③将所有材料放入锅内,加水煮2小时,至大蒜被煮烂、猪肚熟即可。

◎功效 本品能健脾止泻、涩肠抗菌,对饮食不洁引起的细菌性腹泻、大便次数增多、黏腻不爽等症有食疗作用。

夏季养生小贴士

当宝宝发生腹泻时,妈妈最好带宝宝到医院做对症治疗,不擅自给宝宝滥服药物。若药物使用不当,反而会杀死肠道内的"好"细菌,引起菌群紊乱,加重腹泻。

食疗药膳③

莲子薏米猪肠汤

材料 芡实、薏米各100克，茯苓30克，山药50克，猪小肠500克，干品莲子100克，盐2小匙，米酒30毫升。

做法 ①将猪小肠洗净，放入沸水中汆烫，捞出，剪成小段。②将其他材料洗净，与备好的小肠一起放入锅中，加水至盖过所有材料。③用大火煮沸，再用小火炖煮约30分钟，快熟时加入盐调味，淋上米酒即可。

功效 本品可养心益肾、补脾止泻。

夏季养生小贴士

寒湿型腹泻当选择温中散寒、祛风止泻的食物，勿食性凉生冷、荤腥油腻食物；温热型腹泻当选择具有温热化湿作用的食物，勿食性热滋腻、辛辣燥性的食物。

食疗药膳④

双花饮

材料 金银花、白菊花各20克，冰糖适量。

做法 ①将金银花、白菊花洗净。②将金银花、白菊花放入净锅内，加水煎煮。③最后调入冰糖，煮至溶化即可。

功效 本品能清热解毒、涩肠止泻，对细菌性肠炎引起的泄泻、流感、痢疾等有食疗作用。

夏季养生小贴士

伤食型腹泻应当选择消食化积、行气导滞的食物，勿食荤腥油腻、辛热温燥、黏滞酸涩之物；脾虚型腹泻应选择具有益气健脾、收敛止泻作用的食物，勿食生冷性凉、耗气破气的食物。

 痢疾 >>

痢疾，为急性肠道传染病之一，多发于夏季。临床以发热、腹痛、里急后重、大便脓血相兼、有秽臭为主要症状。若感染疫毒，发病急剧，伴突然高热、神昏、惊厥者，为疫毒痢。痢疾初期，先见腹痛，继而下痢，每日数次至数十次不等。多发于夏秋季节，由感染湿热之邪，内伤脾胃，导致脾失健运，使湿热蕴积肠道而成。

【对症药材、食材】

●秦皮、黄连、黄檗、木香、芍药、白术、苍术、厚朴、陈皮等；鸡蛋、石榴、柿子、苹果、山药、莲子、绿豆等。

【本草药典——苍术】

●**性味归经**：性温，味辛、苦。归脾、胃、肝经。
●**功效主治**：燥湿健胃、祛风湿。主治湿滞中焦证、外感风寒挟湿之表证。
●**选购保存**：南苍术以个大、坚实、无毛须、内有朱砂点，切开后断面起白霜者为佳；北苍术以个肥大、坚实、无毛须、气芳香者为佳。置阴凉、干燥处保存，注意防虫蛀。
●**食用禁忌**：阴虚内热、气虚多汗者忌服。

【预防措施】

搞好环境卫生，加强厕所及粪便管理，消灭苍蝇滋生地；做到饭前便后洗手，不饮生水，不吃变质和腐烂食物，不吃被苍蝇沾过的食物；不要暴饮暴食，以免胃肠道抵抗力降低；加强锻炼，增强体质。

【饮食宜忌】

宜食蔬菜、水果、大蒜、猪瘦肉、鸭肉、荷叶、薏米、茶叶、菊花等。
忌食肥肉、羊肉、狗肉、酒、辣椒等辛辣刺激性食物以及冰镇饮料等。

【小贴士】

急性期宜卧床休息，慢性期宜情绪稳定，寒温适宜，生活规律。腹痛时可用热水袋敷在肚脐周围；遵医嘱按时服药，急性痢疾患者应坚持服药7～10天，不要症状刚好一点就自动停药，这样容易转成慢性痢疾，给治疗带来困难。急性痢疾患者千万不要随意服用止泻药，便后要清洗肛门。注意消毒隔离痢疾患者使用的餐具，便器应与健康人分开，患者穿过的衣裤先用开水浸泡30分钟后再洗，并放在阳光下暴晒。

食疗药膳①

黄花菜马齿苋汤

材料 白术10克，黄檗、黄连各8克，黄花菜、马齿苋各50克。

做法 ①将黄花菜、马齿苋洗净，备用。②白术、黄檗、黄连洗净，备用。③将所有材料放入锅中，加适量水煮成汤即可。

功效 本品能清热解毒、祛湿止痢，对湿热型痢疾，症状见腹痛、泻下脓便、腥臭、里急后重、黏腻不爽、肛门灼痛等有食疗作用。

夏季养生小贴士

痢疾患者在治疗期间，应禁食生冷、坚硬、寒凉、油腻的食物，如凉拌菜、冷饮、酒类、瓜果等。食用这些食物，会加重病情。

食疗药膳②

大蒜白及煮鲤鱼

材料 白及15克，鲜马齿苋100克，鲤鱼1条（约350克），大蒜10克。

做法 ①将鲤鱼去鳞、鳃及内脏，洗净，切成段。②大蒜去皮，洗净，切片；鲜马齿苋洗净，备用。③鲤鱼与大蒜、白及、鲜马齿苋一同煮汤，鱼肉熟后即可食用。

功效 本品能解毒消肿、排脓止血，对细菌性痢疾，症见腹痛、泻下脓血便、恶臭有食疗作用。

夏季养生小贴士

痢疾高发季节不要吃生冷食物及不洁瓜果，因为痢疾杆菌在蔬菜、瓜果、腌菜中能生存1~2周，并可在葡萄、黄瓜、凉粉、西红柿、布丁等食品上繁殖。

食疗药膳③

马齿苋荠菜汁

材料 萆薢10克，鲜马齿苋、鲜荠菜各50克。

做法 ①萆薢洗净，备用；将鲜马齿苋、鲜荠菜洗净，温水浸泡30分钟，连根切碎，榨汁。②再将榨后的马齿苋、荠菜渣用适量温水浸泡10分钟，重复绞榨取汁，合并两次汁，用纱布过滤。③过滤后的汁液入锅，加入萆薢，小火煮沸即可。

功效 本品能泻火解毒、利湿止痢。

夏季养生小贴士

疲劳、受寒、饮食不当、营养缺乏、肠菌群失调等因素都可以让人体降低对痢疾的抵抗力，且人体感染痢疾后，免疫力不持久，容易再发。

食疗药膳④

赤芍菊花茶

材料 赤芍12克，黄菊花15克，秦皮10克，冬瓜皮20克，蜂蜜适量。

做法 ①将所有的药材和冬瓜皮清洗干净后备用。②将赤芍、黄菊花、秦皮、冬瓜皮一起放入锅中煎煮成药汁。③去除药渣后，调入蜂蜜即可。

功效 本品能清热解毒、活血凉血，对痢疾、荨麻疹、带状疱疹、急性肠炎等均有食疗作用。

夏季养生小贴士

将痢疾杆菌暴露在日光下半小时、60℃时10分钟，均可将其杀灭，而一般消毒剂、漂白粉、新洁尔灭、过氧乙酸等均可将痢疾杆菌灭活。

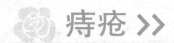

痔疮 >>

痔疮又名痔、痔核、痔病、痔疾，是指人体直肠末端黏膜下颌肛管皮肤下经脉丛发生扩张和屈曲所形成的柔软静脉团。痔疮包括内痔、外痔、混合痔。主要症状有大便时肛门疼痛，有肿物脱出，或肛门外周有肿物，便时有少点滴血、肛门直肠坠痛、流出分泌物，部分患者会出现肛门及肛周肌肤瘙痒症状。

【对症药材、食材】

●槐花、赤小豆、芦根、当归、茜草、荷叶、绿豆、金银花、菊花等；紫菜、红豆、黑芝麻、胡桃肉、竹笋、蜂蜜、青菜、核桃肉、香蕉等。

【本草药典——槐花】

●**性味归经**：性微寒，味苦。归肝、大肠经。

●**功效主治**：具有凉血止血、清肝泻火的功效。用于血热出血证、目赤头涨头痛及眩晕症。

●**选购保存**：槐花宜挑选那些含苞欲放的花朵，因花未全开放，比较嫩，闻上去香香的、吃起来脆脆甜甜的。鲜品宜冷藏，干品宜置通风干燥处，防潮、防蛀。

●**食用禁忌**：脾胃虚寒及阴虚发热而无实火者慎用。

【预防措施】

要节制进食辛辣刺激性食物，避免过多食用烧烤、肥腻、坚硬不易消化的食物，这些食物可使肠胃壅滞、经络不舒、血脉不畅，损伤肠管黏膜，从而造成痔疮。要积极地预防便秘，经常吃些粗杂粮、杂豆及含粗纤维多的新鲜蔬菜、水果，增加肠蠕动。咀嚼功能好的可多吃些凉拌菜，多饮水，多吃些果冻、肉冻之类的食物，以使粪便软而润滑，便于排出。

【饮食宜忌】

宜食菠菜、芹菜、茭白、西瓜、梨、香蕉、苹果、菊花、金银花等。
忌食榨菜、辣椒、辣酱、生姜、大葱、蒜头、茴香、烟、酒等。

【小贴士】

应多饮水和食用有润肠作用的饮料，如蜂蜜、果汁和青菜汁等，这样可以促进排尿和避免大便秘结；坐浴是清洁肛门，促进痔疮消肿和消炎的简便有效方式。每次便后都必须坐浴，坐浴时先用热气熏，待水温适中时，再将肛门会阴部放入盆内洗涤坐浴，每次20分钟左右。坐浴可用温热盐水、中药祛毒汤等。

食疗药膳① · ············· · **淮山土茯苓煲瘦肉**

材料 淮山30克，土茯苓20克，瘦猪肉450克，盐5克。

做法 ①将淮山、土茯苓洗净，沥干水，备用。②先将猪瘦肉汆烫去血水，再切成小块备用。③锅内加入2000克清水，放入淮山、土茯苓、猪瘦肉，待大火煮开后改用小火煲3小时，煲出药材的药性，即可加盐调味起锅。

功效 本品能清热解毒、除湿通络。

夏季养生小贴士

痔疮患者应加强体育锻炼，长期从事脑力劳动或久坐、久站及远行工作的人要经常参加各种运动，根据个人条件选择不同的方式，如太极拳、气功等。

食疗药膳② · ············· · **槐花大米粥**

材料 槐花适量，大米80克，白糖3克。

做法 ①大米淘洗干净，置于冷水中泡发半小时后，捞出沥干水分；槐花洗净，用纱布袋包好，下入锅中，加适量水熬取汁液备用。②锅置火上，倒入清水，放入大米，以大火煮至米粒开花。③加入槐花汁液熬煮至呈浓稠状，调入白糖拌匀即可。

功效 清热润肠、凉血止血，对便秘肛裂、痔疮出血及其他血热出血症有食疗作用。

夏季养生小贴士

痔疮患者应保持大便通畅，谨防便秘。合理调配饮食，多食蔬菜、水果、豆类等富含维生素的食物，少食辛辣刺激性食物，对于顽固性便秘或其他疾病引起的便秘，应尽量到医院诊治。

食疗药膳③

绿豆镶藕节

材料 绿豆2大匙,莲藕节6个,蜂蜜适量。

做法 ①绿豆洗净, 以清水浸泡1小时, 沥干。②莲藕节洗净, 沥干, 将绿豆塞入莲藕孔中。③放入锅中, 加水盖满材料, 以大火煮开后, 转中火煮约30分钟, 捞出, 待凉后切厚片, 淋上蜂蜜即可。

功效 本品能清热解毒、凉血利尿, 对痔疮出血、肠燥便秘、烦躁口渴、尿路感染等有食疗作用。

夏季养生小贴士

痔疮患者应保持肛门周围清洁, 每日用温水清洗, 勤换内裤。平时要养成定时排便的习惯, 最好每天排便一次, 不要强忍大便或蹲厕时间过长及过分用力。

食疗药膳④

鱼腥草茶

材料 鱼腥草（干）50克, 红枣5颗, 水适量。

做法 ①先将鱼腥草洗净; 红枣洗净, 切开去核。②将鱼腥草、红枣放入锅中, 加水3000克, 煮沸后转小火再煮20分钟。③最后滤渣即可。

功效 本品能清热解毒、排脓消肿, 对痔疮日久化脓、肛周胀肿、肺热痰稠等症有食疗作用。

夏季养生小贴士

痔疮患者应选择具有清热利湿、凉血消肿、润肠通便作用的食物, 选择含纤维素多的食物。久痔久虚时还应选择补气健脾的食物, 勿食辛辣刺激性食物, 勿食燥热肥腻等助热上火的食物。

流行性结膜炎 >>

俗称"红眼病",季节性传染病,经常发生在夏秋季,传染性极强,常可暴发流行。红眼病多是双眼先后发病,患病早期,病人感到双眼发烫、烧灼、畏光、眼红,自觉眼睛磨痛,像进入沙子般地疼痛难忍,紧接着眼皮红肿、眼眵多、怕光、流泪。早晨起床时,眼皮常被分泌物粘住,不易睁开。有的病人结膜上出现小出血点或出血斑,分泌物呈脓液性,严重的可伴有头痛、发热、疲劳、耳前淋巴结肿大等症状。

【对症药材、食材】

●桑叶、菊花、决明子、金银花、枸杞子、夏枯草、赤小豆、薄荷、玄参等;苦瓜、花生、蚌、田螺、西瓜、丝瓜、冬瓜、胡萝卜、莲子、茉莉花、绿豆、薏米等。

【本草药典——赤小豆】

●**性味归经**:性平,味甘、酸。归心、小肠经。

●**功效主治**:利水除湿、和血排脓、消肿解毒。治水肿、脚气、黄疸、泻痢、便血、痈肿。

●**选购保存**:以身干、颗粒饱满、色暗红者为佳。置于通风处保存。

●**食用禁忌**:不宜长时间食用。

【预防措施】

习惯常用温水和肥皂洗手,不与他人共用眼药水或眼膏;眼睛红肿时,不宜戴隐形眼镜,不宜眼部化妆;使用纸巾或一次性毛巾,避免反复感染;一旦发现眼部感染,应立即去医院诊治。

【饮食宜忌】

宜食凉性水果、绿叶蔬菜、蛋类、豆类、瘦肉类、鲫鱼等。

忌食茄子、虾、蟹、带鱼等发物以及辣椒、狗肉、羊肉等热性食物。

【小贴士】

得了流行性结膜炎后要及时、彻底并坚持治疗。症状完全消失后仍要继续治疗1周时间,以防复发。治疗时可冲洗眼睛,在患眼分泌物较多时,宜用适当的冲洗剂如生理盐水冲洗。个人要注意不用脏手揉眼睛,勤剪指甲,饭前便后洗手。应开放患眼,不能遮盖患眼,因为遮盖患眼后,眼分泌物不能排出,同时增加眼局部的温度和湿度,会使细菌或病毒繁殖,反而加重病情。

食疗药膳① ·········· · 板蓝根丝瓜汤

材料 板蓝根20克,丝瓜250克,盐适量。

做法 ①将板蓝根洗净;丝瓜洗净,连皮切片,备用。②砂锅内加适量水,放入板蓝根、丝瓜片。③大火烧沸,再改用小火煮15分钟至熟,去渣,加入盐调味即可。

功效 本品能清热解毒、泻火明目,对流感、流行性结膜炎、流行性脑脊髓膜炎、粉刺、痱子等症有食疗作用。

夏季养生小贴士

流行性结膜炎患者应当选择具有疏散风热作用的凉性食品和具有清泻肝火作用的凉肝食物。常吃些清淡的蔬菜瓜果,勿食性热上火、辛辣香燥以及肥腻助邪的食物。

食疗药膳② ·········· · 薏米茉莉粥

材料 薏米30克,干茉莉花8克,大米70克,白糖3克,葱8克。

做法 ①大米、薏米均泡发洗净;干茉莉花洗净;葱洗净,切花。②锅置火上,加入适量清水,放入大米、薏米,以大火煮至开花。③待煮至呈浓稠状时,放入茉莉花稍煮,调入白糖拌匀,撒上葱花即可。

功效 本品能清肝明目、泻热止渴,对结膜炎、肝火旺所致的烦躁等症有食疗作用。

夏季养生小贴士

流行性结膜炎患者忌与他人共用脸盆、毛巾等,并定期煮沸消毒;最好不要去游泳池、浴池、理发店等公共场所,以免传染他人。

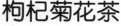

枸杞菊花茶

材料 白菊花10克，枸杞15克，薄荷5克，白开水1杯。

做法 ①将菊花、枸杞、薄荷洗净备用。②将上述3味放入保温杯，用沸水冲泡。③加盖焖10～15分钟即可。

功效 本品能清热泻火，滋阴明目，对结膜炎、白内障、高血压等症有食疗作用。

夏季养生小贴士

流行性结膜炎患者滴眼药水一般每1～2小时滴一次，滴药太频或太疏均不适宜，因为眼药水的药效一般维持30分钟，还可防止结膜分泌物粘着在结膜囊里。

茯苓清菊茶

材料 菊花5克，茯苓7克，绿茶2克。

做法 ①将茯苓磨粉，备用；菊花、绿茶洗净。②将茯苓粉、菊花、绿茶放入杯中，用300毫升左右的开水冲泡即可。

功效 本品能疏风清热、清肝明目。

夏季养生小贴士

流行性结膜炎患者应避免光和热的刺激，不要勉强自己看书或看电视，出门时可配戴太阳眼镜，能有效地避免阳光、风、尘等刺激。

病毒性肝炎 >>

病毒性肝炎是由多种不同肝炎病毒引起的一组以肝脏病为主的传染病，一般将肝炎病毒分为五种，即甲、乙、丙、丁、戊型肝炎病毒。病毒性肝炎主要通过粪-口、血液或体液传播。临床上以疲乏、食欲减退、肝肿大、肝功能异常为主要表现，部分病例出现黄疸，部分感染者无明显症状。

【对症药材、食材】

● 五味子、板蓝根、连翘、大黄、何首乌、灵芝、白术、薏米、红花、郁金等；西瓜、西红柿、苦瓜、豆芽、绿豆、猪肝、猪腰、藕粉、鸭子、西芹等。

【本草药典——何首乌】

● **性味归经**：性微温，味苦、甘、涩。归肝、肾经。

● **功效主治**：补肝益肾、养血祛风。治肝肾阴亏、发须早白、血虚头晕、腰膝软弱、筋骨酸痛、遗精、崩带、久疟久痢、慢性肝炎、痈肿、瘰疬、肠风、痔疾。

● **选购保存**：以个大、体重、质坚实、断面无裂隙、显粉性者为佳。置干燥处保存，注意防蛀。

● **食用禁忌**：大便溏泄及有湿痰者不宜食用。何首乌忌与葱、蒜、萝卜同食。

【预防措施】

切断传播途径，是预防本病的重要环节，注意饮食、水源及粪便的处理，养成良好的卫生习惯，饭前便后洗手，共用餐具消毒，最好实行分餐，生食与熟食切菜板、刀具和贮藏容器均应严格分开，防止污染。

【饮食宜忌】

宜食鸭子、乳鸽、猪瘦肉、豆制品、蔬菜、水果、板蓝根、五味子等。
忌食肥肉类、鹅肉、虾、蛋类、辣椒、胡椒、生姜、酒等。

【小贴士】

充足的休息、营养以及预防并发症是治疗各型肝炎的主要方法，患者应积极配合医生，接受隔离治疗的方法，防止疾病传播。不饮酒及含酒精饮料。辅以高碳水化合物、高蛋白、高维生素、低脂肪、易消化的饮食。建议病人以后避免献血，因为肝炎病人即使痊愈也可能携带病毒。

食疗药膳① · · · · · · · · · · · · · ● ### 茵陈甘草蛤蜊汤

◎**材料** 茵陈15克，甘草3克，红枣5枚，蛤蜊300克，盐适量。

◎**做法** ①蛤蜊冲洗干净，以淡盐水浸泡使其吐尽沙。②茵陈、甘草、红枣洗净，放入锅中加1200克水，熬至约剩1000克，去渣留汁。③将蛤蜊加入汤汁中煮至开口，加盐调味即成。

◎**功效** 本品能清肝解毒，利胆退黄，用于乙肝伴黄疸者，症见目黄、身黄、小便黄、乏力食少等症。

夏季养生小贴士

接种疫苗可有效地预防病毒性肝炎感染，乙型肝炎疫苗全程接种共3针，按照0、1、6个月程序，即接种第1针疫苗，间隔1个月及6个月注射第2及第3针疫苗，其有效期一般为5～7年。

食疗药膳② · · · · · · · · ● ### 苦瓜鸭肝汤

◎**材料** 决明子10克，女贞子10克，鸭肝200克，苦瓜50克，火腿10克，高汤、酱油各适量。

◎**做法** ①将鸭肝洗净，切块汆水；苦瓜洗净切块；火腿洗净，切块备用。②将决明子、女贞子装入纱布袋扎紧备用。③净锅上火倒入高汤，调入酱油，下入鸭肝、苦瓜、火腿、纱布袋煲至熟，捞起纱布袋丢弃即可。

◎**功效** 本品能清热解毒、补肝明目。

夏季养生小贴士

病毒性肝炎患者应避免紧张及对抗性强的剧烈运动，尤其是仰卧起坐等腹肌锻炼，同时也不宜做双杠、单杠、举重等运动。

食疗药膳③

垂盆草粥

材料 垂盆草（干品）20克，红枣5颗，大米100克，红糖5克。

做法 ①大米淘洗干净，用清水浸泡；垂盆草洗净备用；红枣洗净，去核备用。②锅置火上，加适量清水，放入大米、红枣，煮至五成熟。③最后放入垂盆草至粥煮好后，加红糖调匀便可。

功效 此粥可平肝清热、解毒利尿，对病毒性肝炎、尿道炎等症有食疗作用。

夏季养生小贴士

病情严重的病毒性肝炎患者胃黏膜水肿、小肠绒毛变粗变短、胆汁分泌失调等，消化吸收功能降低，如果吃太多蛋、甲鱼、瘦肉等高蛋白食物，会引起消化不良和腹胀等病症。

食疗药膳④

何首乌茶

材料 何首乌15克，泽泻、丹参各10克，绿茶适量。

做法 ①何首乌、泽泻、丹参均洗净备用。②把何首乌、泽泻、丹参、绿茶放入锅里，加水共煎15分钟。③滤去渣后即可饮用。

功效 此茶有补肝、益肾、补血、活血、乌发、明目、利水、渗湿的功效，可用于肝炎患病日久体虚者。

夏季养生小贴士

病毒性肝炎患者可补充硒。硒被称为重要的"护肝因子"，能让肝脏中谷胱甘肽过氧化物酶的活性达到正常水平，含硒丰富的食物有紫薯、蘑菇、鸡蛋、龙虾、沙丁鱼、金枪鱼等。

心律失常 >>

心律失常指心律起源部位、心搏频率与节律或冲动传导等发生异常，即心脏的跳动速度或节律发生改变。正常心律起源于窦房结，频率60~100次/分钟（成人）。此病可由冠心病、心肌病、心肌炎、风湿性心脏病等引起。另外，电解质或内分泌失调、麻醉、低温、胸腔和心脏手术、药物作用和中枢神经系统疾病等也是引起心律失常的原因。

【对症药材、食材】

●黄芪、田七、党参、当归、蒲黄、丹参、天麻、红花、绞股蓝、桂圆等；猪心、乌鸡、乳鸽、甲鱼、石斑鱼、洋葱、木耳、姜、白果、荞麦等。

【本草药典——丹参】

●**性味归经**：性微温，味苦。归心、肝经。

●**功效主治**：活血祛瘀、安神宁心、排脓、止痛。治心绞痛、月经不调、痛经、经闭、血崩带下、瘀血腹痛、骨节疼痛、惊悸不眠、恶疮肿毒。

●**选购保存**：以条粗、内紫黑色、有菊花状白点者为佳。置于干燥处保存。

●**食用禁忌**：出血不停的人慎用，服用后有不良反应者，减少用量。

【预防措施】

养成按时作息的习惯，保证睡眠；运动要适量，量力而行；洗澡时水不要太热，时间不宜过长；养成按时排便习惯，保持大便通畅；饮食要定时定量；节制性生活，不饮浓茶不吸烟；避免着凉，预防感冒；不从事紧张工作，不从事驾驶员工作。

【饮食宜忌】

宜食绿色蔬菜、鱼类、瘦肉类、鸡肉、豆类、奶类、水果类等。

伴血压血脂高者忌食肥肉、狗肉等肥腻热性食物，忌辣椒、咖啡、浓茶、烟酒等。

【小贴士】

病人心律失常发作引起心悸、胸闷、头晕等症状时，应保证病人充足的休息和睡眠；休息时避免左侧卧位，以防左侧卧位时感觉到心脏搏动而加重不适；宜食用富含纤维素的食物，以防便秘；避免摄入刺激性食物如咖啡、浓茶等；生活中随时准备一个氧气瓶，急性发作时利于急救；要戒烟戒酒。

食疗药膳①

灵芝猪心汤

材料 灵芝20克，猪心1个，姜片适量，盐、麻油各少许。

做法 ①将猪心剖开，洗净，切片；灵芝去柄，洗净切碎，同放于大瓷碗中。②加入姜片、盐和清水300克。③将瓷碗放入锅内盖好，隔水蒸至熟烂，下盐调味，淋入麻油即可。

功效 本品能益气养心、健脾安神，对心律失常、气短乏力、心悸等症有食疗作用。

夏季养生小贴士

心律失常患者的饮食原则是少食多餐，要避免过饥过饱，如果饮食过饱，会加重心脏负担，加重原有的心律失常。

食疗药膳②

黄芪小麦粥

材料 黄芪10克，小麦50克，冰糖适量。

做法 ①将小麦洗净，浸泡；黄芪洗净切成小段备用。②将黄芪与小麦一同放进锅内，加水煮成粥。③加冰糖，拌匀后早晚服食即可。

功效 本品能养心安神、补中益气，对心律不齐、急促喘息、食欲不振等症有食疗作用。

夏季养生小贴士

心律失常患者应保持平和稳定的情绪，精神放松，以平和的心态去对待人和事，避免过喜、过悲、过怒，少看或不看紧张刺激的电视、球赛等。

食疗药膳③

百合粳米粥

◎ 材料 干百合20克，粳米150克，冰糖适量。

◎ 做法 ①将百合洗净，用温水泡发；粳米洗净待用。②锅中加水烧开，先下入粳米煮至八成熟后，加入百合。③一起煮10分钟，再下冰糖煮至溶化即可。

◎ 功效 本品能滋阴养心、补气健脾，对心律失常、肺热咳嗽、胃痛腹胀等症有食疗作用。

夏季养生小贴士

心律失常患者应定期复查心电图、电解质、肝功能等，因为抗心律失常药会影响电解质及脏器功能。

食疗药膳④

绞股蓝养血茶

◎ 材料 绞股蓝15克，沸水适量。

◎ 做法 ①将绞股蓝洗净放入壶中。②往壶中注入沸水。③待凉后可饮，可反复冲泡至茶味渐淡。

◎ 功效 本品能养血补心、安神助眠，对血虚所致的心神不宁、疲乏气短、心悸失眠等症有食疗作用。

夏季养生小贴士

生活中可引发心律失常的药物有：红霉素、克拉霉素、螺旋霉素、特非那定、阿司咪唑、氯丙嗪、奋乃静、硫利哒嗪、三氟拉嗪、阿米替林、多塞平、氯米帕明、丙米嗪、地昔帕明等，应注意避免服用。

尿路结石 >>

　　凡在人体肾盂、输尿管、膀胱、尿道出现的结石，统称为泌尿系结石，亦称尿石症。主要症状为：结石处绞痛，为阵发性刀割样疼痛，疼痛剧烈难忍，疼痛从腰部或侧腹部向下放射至膀胱区，有时有大汗、恶心呕吐。结石并发感染时，有尿频、尿痛、脓血尿等症状。

【对症药材、食材】

　　●金钱草、车前子、海金沙、玉米须、鸡内金、茯苓、泽泻、桂枝、黄芪等；鲫鱼、胡萝卜、冬瓜、丝瓜、荠菜、芹菜、海带、田螺、牛蛙、瘦肉、西瓜等。

【本草药典——金钱草】

　　●**性味归经**：性凉，味苦、辛。归肝、胆、肾、膀胱经。

　　●**功效主治**：清热、利尿、镇咳，消肿、解毒，可治黄疸、水肿、膀胱结石、疟疾、肺痈、咳嗽、吐血、淋浊、带下、风湿痹痛、小儿疳积、惊痫、痈肿、疮癣、湿疹。

　　●**选购保存**：以植株完整、棕色、气微味淡者为佳。置干燥处保存。

　　●**食用禁忌**：凡阴疽诸毒、脾虚泄泻者，忌捣汁生服。

【预防措施】

　　多饮白开水，使尿液得到稀释可预防结石；要保持良好的心情，压力过重可能会导致酸性物质的沉积；保持生活规律，切忌熬夜，养成良好的生活习惯；改变饮食结构，多吃碱性食品，改善酸性体质；远离烟、酒等典型的酸性食品；适当地锻炼身体，一方面可增强抗病能力，另一方面，运动出汗有助于排出体内多余的酸性物质。

【饮食宜忌】

　　宜食牛奶、动物肝脏、南瓜、木耳、银耳、胡萝卜、西瓜、黄瓜、莲子等。
　　忌食豆类、芹菜、巧克力、葡萄、菠菜、禽类、烟酒等。

【小贴士】

　　养成多喝水的习惯以增加尿量，称为"内洗涤"，有利于体内多种盐类、矿物质的排出。当然，应该注意饮水卫生，注意水质，避免饮用含钙过高的水。经常做跳跃活动，或对肾盏内结石行倒立体位及拍击活动，也有利于结石的排出。

食疗药膳① 金钱草煲牛蛙

材料 金钱草30克，牛蛙2只（约200克），盐5克。

做法 ①金钱草洗净，投入砂锅，加入适量清水，用小火煲约30分钟后，倒出药汁，除去药渣。②牛蛙宰洗干净，去皮斩块，投入砂锅内。③加入盐与药汁，一同煲至熟烂即可。

功效 本品具有解毒消肿、利尿通淋、消炎排石的功效。

夏季养生小贴士

尿路结石患者平时应多活动，散步、慢跑、做体操等都是很好的选择，如果体力好，还可以做原地跳跃，有利于预防尿路结石复发。

食疗药膳② 鸡肉炖萹蓄

材料 萹蓄20克，车前子20克，海金沙8克，红枣5个，鸡肉200克，盐适量。

做法 ①鸡肉洗净，汆去血水，切块。②用纱布包好萹蓄、车前子、海金沙；红枣洗净。③把全部材料放入开水锅内，大火煮沸，改小火煲2小时，去除纱布袋，加盐调味即可食用。

功效 本品具有利水通淋、清热祛湿、化石散结的功效。

夏季养生小贴士

尿路结石患者应少吃菠菜、甜菜、橘子、巧克力及浓茶等，因为这些食物含草酸较高，容易导致尿路结石的形成。

桃仁海金粥

食疗药膳③

材料 海金沙15克，桃仁10克，粳米100克。

做法 ①桃仁捣碎；海金沙用布包扎好。②加水600克，煮20分钟后，将海金沙布包捞出丢弃，入粳米煮粥。③每日早、晚空腹温热服食即可。

功效 本品具有利尿通淋、化石排石的功效，对尿路结石、小便涩痛不出等症有食疗作用。

夏季养生小贴士

尿路结石在原发部位静止时，患者不适感较轻，人们不予重视，被发现的时候，结石直径已长至1厘米以上，所以如发现有腰部疼痛、尿液浑浊或偶见血尿等情况，应及时就诊检查。

车前草红枣汤

食疗药膳④

材料 车前草50克，红枣5颗，冰糖2小匙。

做法 ①将红枣洗净、泡发，备用；车前草洗净备用。②砂锅洗净，倒入1000克的清水，以大火煮开后，放入车前草，改为小火，慢熬40分钟。③待熬出药味后，加入红枣，待其裂开后，加冰糖，搅拌均匀即可食用。

功效 本品能清热祛湿、利水通淋。

夏季养生小贴士

尿路结石的复发率较高，即使采用手术碎石后，也往往有残石的遗留，因此，要积极地防止尿路结石复发。

第四章
秋季药膳养生

　　秋天阳气渐收，而阴气逐渐生长起来。万物收，是指万物成熟，到了收获之时。从秋季的气候特点来看，由热转寒，即为"阳消阴长"的过渡阶段。人体的生理活动，随"夏长"到"秋收"而相应改变。因此，秋季养生不能离开"收养"这一原则，也就是说，秋天养生一定要把保养体内的阴气作为首要任务。

秋季饮食养生宜与忌

秋季天气干燥阴冷，人体内的水分相对减少，若摄水量太少，会损耗体内的"阴分"。秋季如不注意调节，可能会引起心血管、肠胃消化系统疾病，故秋季进行平补很重要。平补即用甘平和缓的补益方药进补，以达到保健养生、治疗体虚久病等目的。

秋季养生饮食之宜

（1）秋季饮食宜"多酸少辛"

肺主辛味，肝主酸味，辛味能胜酸，所以要多摄入酸性食物，以加强肝脏功能。从食物属性来讲，少吃辛多吃酸食有助生津止渴，但也不能过量。

（2）秋季饮食宜重于养阴、讲究凉润

夏季的烘烤耗尽了人体预存的能量，加上秋季天气干燥阴冷，人体内的水分相对减少，若摄水量太少，会有损体内的"阴分"，可能会引起心血管、肠胃消化系统疾病。所以要多吃些既有清热作用又可滋阴润燥的食物，如野菊花、梨、蜂蜜、银耳等。

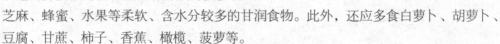

秋季宜采取平补与润补相结合的方法，以达到养阴润肺的目的。补肺润燥要多食用芝麻、蜂蜜、水果等柔软、含水分较多的甘润食物。此外，还应多食白萝卜、胡萝卜、豆腐、甘蔗、柿子、香蕉、橄榄、菠萝等。

（3）秋季去烦忧宜用饮食调理

情绪低落时可以吃些健脑活血、兴奋神经系统、改善血液循环的食物，如核桃、鱼类、鸡蛋、瘦肉和豆制品等，还有羊肉、巧克力等也有助于消除人的抑郁情绪。

（4）秋季饮食养生宜补充核黄素

秋天寒冷干燥，有的人感到脸庞紧绷，甚至连嘴唇都会出现干裂等。其主要原因是缺少核黄素。含核黄素较多的食物包括动物的肝、肾、心，奶及其制品，禽蛋类，豆类及其制品，谷类。

（5）秋季宜多吃柑橘类水果、苹果、板栗

柑橘含有叶黄素，对视网膜中的"黄斑"有很好的保护作用，秋天柑橘上市量最大，宜少量多吃。而苹果的保健作用是多方面的，其果酸可保护皮肤，并有助于治疗痤疮和老年斑，还可降低血压，其所含的鞣酸、有

机酸、果胶和纤维既能止泻，又能润肠通便。栗子能养胃健脾、壮腰补肾、活血止血，肾虚者不妨多吃。

（6）秋季保护眼睛宜喝菊花茶

秋季保护眼睛宜喝菊花茶。菊花对治疗眼睛疲劳、视物模糊有很好的疗效。自古以来，我们的祖先就知道菊花能保护眼睛的健康，除了涂抹眼睛可消除浮肿之外，平常也可以泡一杯菊花茶来喝，能使眼睛疲劳的症状消失。如果秋季每天喝3~4杯菊花茶，对恢复视力也有帮助。

菊花的种类很多，不懂门道的人会选择花朵白皙，且大朵的菊花。其实，又小又丑且颜色泛黄的菊花反而属上乘。菊花茶是不需加茶叶的，将干燥后的菊花放入茶壶内，用沸水泡或煮浓汁饮用。它是秋季一种很好的保健饮料。

（7）秋季宜多吃玉米、甘薯

"粗细粮搭配"是营养学家所提倡的合理主食结构。在粗粮中，玉米占有重要地位。从营养角度看，它所含蛋白质并不多，而合理食用却有益健康。因此，秋季健康饮食宜选吃玉米。玉米含糖类占70%以上，能给人体提供能量。玉米含有较多的膳食纤维，能促进肠蠕动，缩短食物残渣在肠中滞留的时间，减少人体对毒素的吸收，有通便和抑制肠癌的作用。此外，玉米中的镁、钙和胡萝卜素的含量比一般谷物多，它能舒张血管，防止高血压和清除自由基，对延缓衰老十分有益。

此外，要多吃甘薯。甘薯含有丰富的淀粉、维生素、纤维素等人体必需的营养成分，还含有丰富的镁、磷、钙等微量元素和亚油酸等。这些物质能保持血管弹性，对防治老年习惯性便秘十分有效。

秋季养生饮食之忌

（1）秋季养生忌乱进补

一忌无病进补，无病进补，既增加开支，又害其身，如长期服用葡萄糖会引起发胖。二忌慕名进补，认为价格越高的药物越能补益身体，但如果滥服补药会导致兴奋过度、烦躁激动、血压升高及鼻孔流血。三忌虚实不分。中医的治疗原则是虚者补之，不是虚证病人就不宜用补药。四忌多多益善。任何补药服用过量都有害。

（2）秋季进补品忌与含鞣酸类水果同食

含鞣酸类水果主要包括柿子、葡萄、山楂、青果等，与进补品同食，不仅会降低进补品中蛋白质和钙等矿物质的吸收率，甚至还可能与蛋白质等结合成一种不易被人体消化的名叫鞣酸蛋白质的物质，然后和钙一起刺激肠胃，导致人体消化不良，甚至发生过敏反应。

（3）秋季忌生食鲜藕、花生、白果

秋季是疾病的高发季节，尤其是寄生虫病，而秋藕就是水生寄生虫如姜片虫的佳所。若食用生藕，姜片虫就会寄生在人体小肠中，其卵发育至成虫，附在肠黏膜上，造成肠损伤和溃疡，使人发生腹痛、腹泻、消化不良等病。若小孩食入后果更严重，不仅患儿会出现面部浮肿，还会影响小孩的身体发育和智力。花生在生长过程中可能被鼠类、寄生虫卵污染，生吃易感染流行性出血热或寄生虫病。白果外种皮含有毒成分，生食和多食会引起中毒。

（4）忌用单喝水的方法缓解秋季干燥

进入秋季，天气渐渐转凉，不少人觉得口干舌燥。专家认为，这是秋燥的一种表现，要缓解这种现象，应从饮食、生活作息和情绪调节三步入手，忌用单喝水的方法。

在经历过夏天的暑热后，进入秋天暑热未尽，再加上多风、多雨，人体很容易出现燥热。所以，入秋后天气仍然很热，体内的热遇风寒，就会出现外感，肺胃受邪时，容易出现口干、咳嗽、口鼻干燥、有痰咳不出、口苦、大便干燥等现象，有的人还会出现口腔溃疡。这些都和内火有关，喝水只能起到部分作用，还需要用清热、养阴、润燥的方式来应付。

第一步是饮食调节。忌食用辛辣、刺激、油腻的食物，因为这些食物会起到剩湿生热的作用，对于秋燥来说，正好是"火上浇油"。应多吃养阴润肺的食物，如梨、猕猴桃、西瓜等。蔬菜中绿叶菜是最好的，可以帮助保持大便通畅。针对秋季的天气，可多喝冬瓜汤、冰糖梨水，对缓解口干会有一些好处。第二步是生活节奏的调整。入秋后，天气渐渐转凉，对睡眠有好处，正好用来好好"补觉"。应该顺应自然规律，按时睡觉、起床，不熬夜，减少对身体的伤害。第三步是调适情绪。经常生气、工作压力大，也会变成秋燥的"帮凶"，会加重不舒服的程度。所以，保持乐观的情绪，也能减轻燥热的不适之感。

（5）秋季生吃水果忌不削皮

秋季是一个丰收的季节，水果也不例外。有些人认为，果皮中维生素含量比果肉高，因而生吃水果时连皮一起吃。其实，这种做法很不科学。

因为，在水果的表皮有一层蜡质，农药可渗透其中，并残留在蜡质中。如果长期连皮一起生吃水果，农药残毒在人体内就可能积蓄，引起慢性中毒，损害神经系统，破坏肝功能，影响人的生殖功能与遗传。

秋季药膳养生首选原料

秋季天气干燥，应适当饮水，多摄入五谷杂粮、水果和蔬菜。饮食应以滋阴润燥、补肝清肺为主，以甘润为大发，寒凉调配为要，既可顾护脾胃，还可蓄积阳气，增强体质，减少患病。

桔梗

● **别名**
苦梗、苦桔梗、大药

● **性味**
性平，味苦、辛

● **归经**
归肺经

桔梗为桔梗科植物桔梗的根，其嫩茎叶和根均可供蔬食。盛产于中国东北部地区，是朝鲜族的特色菜。具有宣肺、祛痰、利咽、排脓、利五脏、补气血、补五劳、养气的功效，主治咳嗽痰多、咽喉肿痛、肺痛吐脓、胸满胁痛、痢疾腹痛、口舌生疮、目赤肿痛、小便癃闭等症，用于咳嗽痰多，胸闷不畅，咽痛，音哑，肺痛吐脓，疮疡脓成不溃。此外，桔梗具有祛痰镇咳、降低血糖、降低血压的药理作用。作为肺经药的桔梗，也常用于调整大肠的功能状态。秋燥伤肺，桔梗是秋季养肺的良药。

◎应用指南

组合				用法	功效
桔梗	+菊花	+雪梨		▶ 炖熟服用	可治疗肺热咳嗽
桔梗	+鱼腥草	+蒲公英		▶ 煎水饮用	可治疗肺脓肿
桔梗	+玉竹	+石斛		▶ 煎汁当茶饮用	可治疗糖尿病
桔梗	+金银花	+薄荷		▶ 煎水饮用	可治疗咽喉肿痛
桔梗	+马齿苋	+秦皮		▶ 煎水饮用	可治疗湿热痢疾
桔梗	+玄参	+麦冬		▶ 煎汁当茶频饮	可治疗慢性咽炎
桔梗	+川贝	+甘草		▶ 煎水饮用	可治老年慢性支气管炎

食用建议 该品性升散。凡气机上逆、呕吐、呛咳、眩晕、阴虚火旺、咳血等患者不宜服用；胃及十二指肠溃疡者慎服。用量过大易致恶心呕吐。桔梗不宜与白及、龙眼、龙胆同食。

玉竹

● 别名
尾参、玉术、山玉竹

● 性味
性平，味甘

● 归经
归肺、胃经

玉竹具有养阴润燥、除烦止渴的功效，主治热病阴伤、咳嗽烦渴、虚劳发热、消谷易饥、小便频数。此外，玉竹具有延缓衰老、延长寿命的作用，还能双向调节血糖，加强心肌收缩力，提高抗缺氧能力，抗心肌缺血，降血脂等药理作用。阴虚体质者可经常食用玉竹，尤其是阴虚咯血、肺结核、干燥性咽炎、出虚汗、糖尿病、冠心病、高血脂等患者宜经常食用。

◎应用指南

玉竹 +沙参 +老鸭 ▶ 煲汤食用		可辅助治疗肺结核
玉竹 +五味子 +浮小麦 ▶ 煎水服用		可辅助治疗潮热盗汗
玉竹 +丹参 +猪心 ▶ 煲汤食用		可辅助治疗冠心病
玉竹 +枸杞 +玉米须 ▶ 煎水服用		可辅助治疗糖尿病

食用建议 痰湿气滞者禁服，脾虚便溏者慎服玉竹。阴病内寒，此为大忌。玉竹不宜与咸卤菜类同食。

菊花

● 别名
寿客、金英、黄华、秋菊

● 性味
性微寒，味辛、甘、苦

● 归经
归肺、肝经

菊花属于被子植物门双子叶植物纲菊目菊科菊属，多年生菊科草本植物。具有疏散风热、平抑肝阳、清肝明目、清热解毒的功效，主治风热感冒，肺热咳嗽，肝阳上亢所致的头晕头痛、目赤昏花肿痛，疮痈肿毒。此外，菊花还有降低血压、扩张冠脉的作用，对高血压、冠心病也有一定的疗效。早秋气候燥热，易出现肺热咳嗽、咽干、目赤等现象，常饮菊花茶可得到改善。

◎应用指南

菊花 +桔梗 +桑叶 ▶ 煎水服用		可治疗风热感冒
菊花 +荷叶 +枸杞 ▶ 泡茶饮用		可治疗高血压
菊花 +天麻 +桑叶 ▶ 煎水服用		可治疗肝阳上亢头晕头痛
菊花 +决明子 +车前子 ▶ 煎水服用		可治疗流行性结膜炎

食用建议 风寒感冒患者、脾胃虚寒者不宜服用。此外，菊花不能与芹菜、鸭肉同食。

橄榄

●别名
青果

●性味
性平，味甘、酸

●归经
归肺、胃经

橄榄为橄榄科植物橄榄的成熟果实，具有清热解毒、利咽、生津的功效。常用于治疗风热上袭或热毒蕴结而致咽喉肿痛，烦渴音哑，咳嗽痰黏等症。橄榄还可解鱼蟹中毒。此外，橄榄能兴奋唾液腺，使唾液分泌增加，故有助消化作用。橄榄果肉含有丰富的营养物质，鲜食有益人体健康，特别是含钙较多，对儿童骨骼发育有帮助。初秋易受风热侵袭，常食橄榄，可缓解咽喉干燥、干咳等症状。

◎应用指南

橄榄＋玄参	▶水煎代茶饮	治急性扁桃体炎
橄榄＋郁金＋白矾	▶煎汁服用	用于癫痫
橄榄＋白萝卜	▶煎汁服用	可治疗急慢性咽炎
橄榄＋刺五加根	▶泡酒2个月后服用	可治消化道肿瘤

【食用建议】脾胃虚寒及大便秘结者慎服橄榄。色泽变黄且有黑点的橄榄说明已不新鲜，食用前要用水洗净。

旋覆花

●别名
金佛花、
金佛草、
六月菊

●性味
性微温，味苦、辛、咸

●归经
归肺、胃、大肠经

旋覆花为常用中药，中医常用于祛痰。旋覆花具有降气、消痰、行水、止呕等功效，可用于治疗风寒咳嗽、痰饮蓄结、胸膈痞满、喘咳痰多、呕吐噫气。此外，旋覆花还有镇咳化痰、增加胃酸分泌等药理作用；旋覆花入药宜包煎（纱布包煎或滤去毛）。治寒痰咳喘，常配苏子、半夏；若属痰热者，则须配桑白皮、瓜蒌以清热化痰。秋季适当服用旋覆花，可疏肝降气。

◎应用指南

旋覆花＋半夏＋生姜	▶煎水服用	可治疗呃逆、呕吐
旋覆花＋茜草＋葱	▶煎水服用	可治疗胁下疼痛胀满，有硬块感
旋覆花＋桑白皮＋瓜蒌	▶煎水服用	可治疗痰热咳嗽
旋覆花＋海浮石＋海蛤壳	▶煎水服用	可治疗顽痰胶结，胸中满闷

【食用建议】阴虚劳嗽、津伤燥咳者忌用；大便溏稀以及气虚阳衰之人，也不宜服用旋覆花。

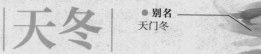

天冬

● 别名
天门冬

● 性味
性寒, 味甘、苦

● 归经
归肺、肾经

天冬为百合科植物天冬 (天门冬) 的块根。具有养阴生津、润肺清心的功效, 用于肺燥干咳、虚劳咳嗽、津伤口渴、心烦失眠、内热消渴、肠燥便秘、白喉等症。此外, 天冬还具有抗菌、抗肿瘤的作用。天冬适合阴虚体质者食用, 也适合干燥的秋季食用, 尤其是肺燥干咳、咽炎、糖尿病、白喉病、习惯性便秘、失眠、皮肤干燥等患者食用。

● 应用指南

天冬 +百合 +雪梨	▶ 煮汤食用	可治疗肺燥干咳
天冬 +枸杞 +淮山	▶ 煎水服用	可治疗糖尿病
天冬 +芝麻 +核桃仁	▶ 打成糊食用	可治疗习惯性便秘
天冬 +银耳 +玉竹	▶ 煮汤食用	可治疗皮肤干燥

食用建议 脾胃虚寒和便溏者不宜服用天冬。

五味子

● 别名
山花椒、秤砣子、药五味子

● 性味
性温, 味酸

● 归经
归肺、心、肾经

五味子具有敛肺止咳、生津止渴、敛阴止汗、固肾涩精的功效, 主治肺虚喘咳、口干作渴、自汗盗汗、劳伤羸瘦、梦遗滑精、久泻久痢等症。此外, 五味子还有催眠、抗惊厥、抑制胃溃疡等作用。五味子适合阴虚自汗、盗汗、消渴病、遗精早泄、肺虚咳嗽咯血等患者食用。秋季干燥易伤阴液, 五味子是敛阴佳品, 可适当服用。

● 应用指南

五味子 +浮小麦 +牡蛎	▶ 煮汤食用	可治疗潮热盗汗
五味子 +三七 +白术	▶ 煎水服用	可治疗胃溃疡
五味子 +干姜 +紫菀	▶ 煎水服用	可治疗虚寒性咳嗽
五味子 +生地 +熟地	▶ 煎水饮用	可治疗糖尿病

食用建议 外有表邪、内有实热, 或咳嗽初起、痧疹初发者忌服。较显著的高血压病和动脉硬化的患者慎用五味子。

桂枝

● 别名
柳桂

● 性味
性温，味辛、甘

● 归经
归心、肺、膀胱经

　　桂枝具有发汗解肌、温经通脉、化气利水的功效。主治风寒表证、肩背肢节酸疼、胸痹痰饮、腹水、闭经症瘕。此外还能抑制大肠杆菌、枯草杆菌及金黄色葡萄球菌等，对流感病毒也有强力的抑制作用，还可使皮肤血管扩张，调整血液循环。晚秋易感风寒，且天气一寒冷，血管收缩，老年人易出现心脑血管疾病，如脑梗死、心肌梗死等症，所以桂枝适合在晚秋服用。

◎应用指南

桂枝 +桃仁 +川芎	▶ 煎水服用	可治疗经闭、痛经
桂枝 +茯苓 +白术	▶ 煎水服用	可治疗肝腹水
桂枝 +苏木 +红花	▶ 煎水服用	可治疗跌打损伤
桂枝 +威灵仙 +鳝鱼	▶ 炖汤食用	可治疗风湿性关节炎

食用建议 有口渴、唇燥、咽喉肿痛等热证、血证者不宜服用。孕妇忌服，月经过多时也不宜服用。

麻黄

● 别名
龙沙、狗骨、卑相、卑盐

● 性味
性温，味辛、苦

● 归经
归肺、膀胱经

　　麻黄具有发汗、平喘、利水的功效。主治伤寒表实、发热恶寒无汗、头痛鼻塞、骨节疼痛、咳嗽气喘、风水浮肿、小便不利、风邪顽痹、皮肤不仁、风疹瘙痒。此外，麻黄对流感病毒有一定的抑制作用，适合风寒感冒、无汗、咳嗽气喘、寒湿性浮肿等患者服用。晚秋气候寒燥，风邪较盛，体虚者易感风寒，麻黄是发汗固表良药，对风寒感冒、无汗身重者有良效。

◎应用指南

麻黄 +桂枝 +杏仁	▶ 煎水服用	可治疗风寒表实证
麻黄 +杏仁 +石膏 +甘草	▶ 煎水服用	可治疗表寒里热型感冒
麻黄 +防己 +甘草	▶ 煎水服用	可治疗外感风寒引起的水肿
麻黄 +白萝卜 +蜂蜜	▶ 煎水服用	可治疗风寒咳嗽

食用建议 该品发汗力较强，故表虚自汗及阴虚盗汗，喘咳由于肾不纳气的虚喘者均应慎用。本品能兴奋中枢神经，多汗、失眠患者慎用。

佛手

●别名
九爪木、
五指橘、
佛手柑

●性味
性温,味辛

●归经
归肝、脾、胃经

　　佛手具有疏肝理气、健胃止呕、消食除胀、化痰止咳的功效,可用于消化不良、舌苔厚腻、胸闷气胀、呕吐咳嗽以及神经性胃痛等症。佛手全身都是宝,其根、茎、叶、花、果均可入药,有多种药用功能。尤其适合消化不良、腹胀、食欲不振、胃病患者食用。秋天应该重视调理脾胃,佛手是秋季疏肝健脾的良药。

◎应用指南

佛手 +川楝子 +香附 ▶ 煎水服用		可治疗乳腺增生
佛手 +田七 +山楂 ▶ 煎水服用		可治疗冠心病
佛手 +茯苓 +半夏 ▶ 煎水服用		可治疗慢性支气管炎
佛手 +猪蹄 +通草 ▶ 炖汤食用		可治疗产后乳汁不下

食用建议 阴虚有火、无气滞症状者慎服。

枳实

●别名
鹅眼枳实

●性味
性寒,味苦

●归经
归脾、胃、肝、心经

　　枳实具有破气散痞、泻痰消积的作用,主治胸腹胀满、心绞痛、咳嗽痰饮、水肿、食积腹胀、便秘、产后腹痛、胃下垂、子宫下垂、脱肛等症。枳实能兴奋子宫,作用显著,有一定的催产作用。适合心绞痛、哮喘、肺气肿、胸腔积液、腹水、消化不良、便秘、产后腹痛、胃下垂、子宫下垂、脱肛等症的患者食用。秋季应疏肝和胃,肝旺易犯胃克脾,因此秋季养生可适当选用枳实。

◎应用指南

枳实 +薤白 +桂枝 ▶ 煎水服用		可治疗寒凝血瘀性心绞痛
枳实 +白芍 +吴茱萸 ▶ 煎水服用		可治疗胃脘冷痛
枳实 +猪肚 +黄芪 ▶ 炖汤食用		可治疗胃下垂
枳实 +山楂 +陈皮 ▶ 煎水服用		可治疗食积腹胀

食用建议 脾胃虚弱及孕妇慎服枳实。虚而久病,不可误服。大损真元,非邪实者,不可误用。

人参

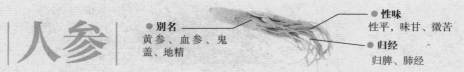

● **别名**
黄参、血参、鬼盖、地精

● **性味**
性平，味甘、微苦

● **归经**
归脾、肺经

　　人参具有大补元气、复脉固脱、补脾益肺、生津安神的功效。主治体虚欲脱、肢冷脉微、脾虚食少、肺虚喘咳、津伤口渴、内热消渴、久病虚羸、惊悸失眠、阳痿宫冷、心力衰竭、心源性休克等症。人参适合气虚者以及糖尿病、心力衰竭、心源性休克、心悸失眠、肺气肿、肺结核、哮喘、内脏下垂、阳痿精冷、宫寒不孕、久病体虚等患者食用。体质非常虚弱者可在秋季选用人参调补。

◎应用指南

人参 +制附子	▶ 煎水服用	治心力衰竭或心源性休克
人参 +五味子 +沙参	▶ 煎水服用	可治疗2型糖尿病
人参 +黄芪 +猪肚	▶ 炖汤食用	可治疗子宫脱垂
人参 +羊肉 +巴戟天	▶ 炖汤食用	可治疗阳痿精冷

食用建议 人参不能与藜芦、五灵脂制品同服，服药期间不宜同吃萝卜或喝浓茶。感冒患者、有实火者以及阴虚阳亢者也不宜服用。

灵芝

● **别名**
灵芝草、神芝、芝草、仙草、瑞草

● **性味**
性温，味淡、苦

● **归经**
归心、肺、肝、脾经

　　灵芝具有补气安神、止咳平喘的功效。主治眩晕不眠、心悸气短、虚劳咳喘等症。此外，灵芝还有抗肿瘤和抗衰老作用，能增加血浆胰岛素的浓度，加速葡萄糖的代谢，对糖尿病有效。 灵芝适合体虚者服用，尤其适合肺虚喘咳、心律失常、肿瘤、糖尿病等患者食用。秋气通于肺，秋季是肺部疾病的高发季节，肺虚者在秋季可选择灵芝以养肺气。

◎应用指南

灵芝 +猪心 +酸枣仁	▶ 炖汤食用	可治疗心悸失眠
灵芝 +白果 +鸽子	▶ 炖汤食用	可治疗肺虚喘咳
灵芝 +玉竹 +枸杞	▶ 煎水当茶饮	可治疗糖尿病
灵芝 +党参 +土鸡	▶ 炖汤食用	可治疗虚劳气短

食用建议 灵芝在临床应用不良反应少，有少数病人在食用的时候出现头晕、口鼻及咽部干燥、便秘等副作用，在这种情况下要咨询医师或者停用一段时间，无不良反应再服用。

芡实

● **别名**
鸡头米、鸡头苞、鸡头莲、肇实

● **性味**
性平，味甘、涩

● **归经**
归脾、肾经

　　芡实药食两用，具有固肾涩精、补脾止泄、利湿止带的功效。主治遗精、夜尿、小便频数。用于祛湿，可治妇女白带由湿热所致而略带黄色者。秋凉后人体的脾胃功能尚差，本品既能健脾益胃，又能补充营养。一般人皆可食用芡实，尤其适合遗精早泄、夜尿频多、妇女带下异常、脾虚腹泻等患者食用。秋季健脾固肾，首选芡实。

◎应用指南

芡实 +沙苑子 +煅牡蛎	▶ 搅打成粉，兑水服用	可治疗肾虚遗精、滑精
芡实 +车前子 +马齿苋	▶ 煎水服用	可治疗妇女带下绵绵、色黄腥臭
芡实 +粳米 +莲子	▶ 煮粥食用	可治疗脾虚腹泻
芡实 +覆盆子 +金樱子	▶ 煎水服用	可治疗夜尿频多

食用建议 外感疟痢、痔疮、气郁痞胀、尿赤便秘、食不运化及产后妇女皆忌服用芡实。

猪肉

● **别名**
豕、豚

● **性味**
性温，味甘、咸

● **归经**
归脾、胃、肾经

　　猪肉含蛋白质、脂肪、碳水化合物、磷、钙、铁、维生素B_1、维生素B_2、烟酸等成分。具有滋阴润燥、补虚养血的功效，对消渴赢瘦、热病伤津、便秘、燥咳等病症有食疗作用。猪肉既可提供血红素（有机铁）和促进铁吸收的半胱氨酸，又可提供人体所需的脂肪酸，所以能从食疗方面来改善缺铁性贫血。秋季平补，猪肉是较好的选择。

◎应用指南

猪肉 +猪肝 +龙眼肉	▶ 煮汤食用	可治疗缺铁性贫血
猪肉 +党参 +红枣	▶ 煮汤食用	可治疗病后体虚
猪肉 +玉竹 +石斛	▶ 煮汤食用	可治疗阴虚燥咳
猪肉 +山药 +山楂	▶ 煮汤食用	可治疗营养不良

食用建议 体胖、多痰、舌苔厚腻者不宜多食，冠心病、高血压、高血脂等患者以及风邪偏盛者忌食肥猪肉。

猪肺

● **性味**
性平，味甘

● **归经**
归肺经

猪肺含蛋白质、脂肪、钙、磷、铁、维生素（维生素B₁、维生素B₂）、烟酸等。具有补肺、止咳、止血的功效，主治肺虚咳嗽、咯血等症。凡肺气虚弱如肺气肿、肺结核、哮喘、肺痿等病人，以猪肺作为食疗之品，最为有益。一般人群皆可食用猪肺，中医有以脏养脏之说，而秋燥易伤肺，宜多食猪肺补养肺气，缓解肺虚、肺燥症状。

◎应用指南

猪肺 +白及 +白果 ▶ 煮汤食用		可治疗肺结核
猪肺 +杏仁 +桔梗 ▶ 煮汤食用		可治疗肺热咳痰
猪肺 +五味子 +冬虫夏草 ▶ 煮汤食用		可治疗肺虚咳嗽
猪肺 +莲藕 +白茅根 ▶ 煮汤食用		可治疗干咳咯血

食用建议 适宜一般人群，尤适宜肺虚久咳、肺结核、肺痿咯血者食用。便秘，痔疮者不宜多食。

猪腰

● **别名**
猪肾

● **性味**
性平，味甘、咸

● **归经**
归肾经

猪腰含有蛋白质、脂肪、碳水化合物、钙、磷、铁和维生素等，具有健肾壮腰、补虚固精、利水消肿的功效，主治肾虚腰痛、遗精盗汗、产后虚羸、身面浮肿等症。一般人群皆可食用猪腰，尤其适合腰酸背痛、肾虚阳痿遗精、盗汗者，肾虚性欲较差的女性以及肾虚耳鸣耳聋的老年人。秋季可常食猪腰以补肾固精，效果很不错。

◎应用指南

猪腰 +杜仲 +桑寄生 ▶ 炖汤食用		可治疗腰膝酸痛
猪腰 +韭菜 +核桃仁 ▶ 炒食		可治疗肾虚阳痿
猪腰 +车前子 +茯苓 ▶ 炖汤食用		可治疗慢性肾炎
猪腰 +熟地 +枸杞 ▶ 炖汤食用		可治疗肾虚耳聋耳鸣

食用建议 高胆固醇、高血压、高血脂患者不宜食用猪腰。此外，猪腰不宜与茶树菇同食，否则会影响营养吸收。

鸭肉

● 别名
鹜、家凫、
舒凫

● 性味
性凉, 味甘、咸

● 归经
归脾、胃、肺、肾经

鸭肉具有养胃滋阴、清肺解热、大补虚劳、利水消肿之功效, 用于治疗咳嗽痰少、咽喉干燥、阴虚阳亢之头晕头痛、水肿、小便不利。鸭肉不仅脂肪含量低, 且所含脂肪主要是不饱和脂肪酸, 能起到保护心脏的作用。尤其适合肺虚咳嗽、上火、营养不良、体内有热、水肿、虚弱食少、糖尿病、肝硬化腹水、肺结核、慢性肾炎水肿等患者食用。秋季宜润补, 鸭肉清热滋阴, 是秋季不可多得的滋补佳品。

◎ 应用指南

鸭肉 +山药 +胡萝卜 ▶ 炖汤食用		可治疗营养不良
鸭肉 +车前子 +赤小豆 ▶ 炖汤食用		可治疗肾炎水肿
鸭肉 +党参 +淮山 ▶ 炖汤食用		可改善体质虚弱症状
鸭肉 +蛤蚧 +玉竹 ▶ 炖汤食用		辅助治疗肺气肿和慢性支气管炎

食用建议 阳虚脾弱、外感未清、便泻肠风者应慎食鸭肉。此外, 鸭肉与鳖肉同食, 易导致水肿泄泻; 与栗子同食, 易引起中毒。

甲鱼

● 别名
鳖、水鱼、
团鱼、王八

● 性味
性平, 味甘

● 归经
归肝经

甲鱼具有益气补虚、滋阴壮阳、益肾健体、净血散结等功效, 能降低胆固醇, 对高血压、冠心病具有一定的辅助疗效。此外, 甲鱼肉及其提取物还能提高人体的免疫功能, 对预防和抑制胃癌、肝癌、急性淋巴性白血病和防治因放疗、化疗引起的贫血、虚弱、白细胞减少等症功效显著。秋季是慢性消耗性疾病的高发季节, 甲鱼是此类疾病患者不错的选择。

◎ 应用指南

甲鱼 +五味子 +芡实 ▶ 炖汤食用		可治疗阴虚潮热盗汗
甲鱼 +白芍 +花茱 ▶ 煮汤食用		可辅助治疗胃癌
甲鱼 +沙参 +百部 ▶ 炖汤食用		可辅助治疗肺结核
甲鱼 +乌鸡 +当归 ▶ 炖汤食用		可调理月经, 改善女性贫血

食用建议 孕妇、产后泄泻、脾胃阳虚、失眠者, 肠胃炎、胃溃疡、胆囊炎等消化系统疾病患者应慎食。

● 别名
花鲈、寨
花、鲈板、
四肋鱼

● 性味
性平、味甘、淡

● 归经
归肝、脾、肾经

　　鲈鱼具有健脾益肾、补气安胎、健身补血等功效，对慢性肠炎、慢性肾炎、习惯性流产、胎动不安、妊娠期水肿、产后乳汁缺乏、手术后伤口难愈合等有食疗作用。尤其适合体虚易感冒、贫血头晕、慢性肾炎、习惯性流产、妊娠水肿、胎动不安、产后乳汁缺乏等患者食用。秋季补养，鲈鱼是不错的选择，可增强体质，为冬季御寒打下牢固的基础。

◎ 应用指南

鲈鱼 +砂仁 +白术	▶ 煮汤食用		可治疗胎动不安
鲈鱼 +黄豆	▶ 煮汤食用		可改善骨质疏松
鲈鱼 +王不留行 +木瓜	▶ 炖汤食用		可治疗产后缺乳
鲈鱼 +川芎 +白芷	▶ 煮汤食用		可治疗体虚易感冒

食用建议　皮肤病疮肿患者忌食。此外，鲈鱼忌与奶酪同食，以免影响钙的吸收；忌与蛤蜊同食，否则会导致铜、铁的流失。

银耳

● 别名
白木耳、雪
耳、银耳子

● 性味
性平、味甘

● 归经
归肺、胃、肾经

　　银耳既是名贵的营养滋补佳品，又是扶正强壮的补药，具有滋补生津、润肺养胃的功效。主要用于治疗虚劳、咳嗽、痰中带血、津少口渴、病后体虚、气短乏力等症。此外，银耳还能保护血管、降血压、降血脂，提高人体的免疫力及对肿瘤的抵抗力。秋季较干燥，银耳是滋阴润燥的佳品，可缓解秋季咽干口燥、肺燥咳嗽症状。

◎ 应用指南

银耳 +玉竹 +薄荷	▶ 煮汤食用		可治疗干燥性咽炎
银耳 +百合 +麦冬	▶ 煮汤食用		可治疗糖尿病
银耳 +黑木耳 +甜椒	▶ 泡发后炒食		可治疗高血压
银耳 +莲子 +龙眼肉	▶ 煮汤食用		可治疗心悸失眠症状

食用建议　外感风寒者忌用。此外，银耳与菠菜同食，会破坏维生素C；忌与蛋黄、动物肝脏同食，否则不利于消化。

金针菇

● **别名**
毛柄小火菇、构菌、朴菇

● **性味**
性凉，味甘滑

● **归经**
归脾、大肠经

　　金针菇具有热量低、高蛋白、低脂肪、多糖、多维生素的营养特点，具有补肝、益肠胃、抗癌之功效，对肝病、胃肠道炎症、溃疡、肿瘤等病症有食疗作用。金针菇中锌含量较高，对预防男性前列腺疾病较有助益。金针菇还是高钾低钠食品，可防治高血压，对老年人也有益。晚秋因受冷空气影响，胃肠易发生痉挛性收缩而引发肠胃疾病，这时金针菇是不可多得的良药。

◎ 应用指南

金针菇 + 黑木耳	▶ 清炒食用	可治疗高血压
金针菇 + 蛤蜊 + 马蹄	▶ 煮汤食用	可治疗前列腺炎
金针菇 + 猪肚 + 莲子	▶ 煮汤食用	可治疗胃溃疡
金针菇 + 海参 + 花菜	▶ 焖烧食用	适合各种癌症患者食用

食用建议 脾胃虚寒者不宜常食金针菇。此外，金针菇不宜与驴肉同食，否则易引起心痛。

香菇

● **别名**
花蕈、香信、椎茸、冬菰、花菇

● **性味**
性平、味甘

● **归经**
归脾、胃经

　　香菇具有化痰理气、益胃和中、透疹解毒之功效，对肝病、食欲不振、身体虚弱、小便失禁、大便秘结、形体肥胖、肿瘤疮疡等病症有食疗功效。一般人群皆可食用，尤其适合肝硬化、高血压、糖尿病、肥胖症、癌症、肾炎、气虚、贫血、痘疹透发不畅、佝偻病患者食用。香菇是秋季滋补佳品，既能止咳润肺、健脾益胃，还能抗癌防癌。

◎ 应用指南

鲜香菇 + 土豆 + 胡萝卜	▶ 清炒食用	可治疗习惯性便秘
鲜香菇 + 芹菜 + 木耳	▶ 清炒食用	可降低血压
干香菇 + 土鸡 + 大枣	▶ 炖汤食用	可改善体质虚弱
鲜香菇 + 南瓜	▶ 清炒食用	可辅助治疗糖尿病

食用建议 痘疹初发之人不宜食用香菇。香菇与鹌鹑、鹌鹑蛋同食，易导致面生黑斑；与野鸡同食，易引发痔疮；与螃蟹同食，易引起结石。

胡萝卜

● **别名**
甘荀

● **性味**
性平、味甘、涩

● **归经**
归心、肺、脾、胃经

　　胡萝卜具有降气止咳、健脾和胃、补肝明目、清热解毒、壮阳补肾、透疹等功效，对于百日咳、肠胃不适、便秘、夜盲症、性功能低下、麻疹、小儿营养不良、癌症等病症有食疗作用。一般人群皆可食用，尤其适合癌症、高血压、夜盲症、干眼症、营养不良、食欲不振、皮肤粗糙者食用。秋季肺虚易发咳嗽者，可常食胡萝卜。

◎ 应用指南

胡萝卜 +猪肝 +枸杞	▶ 煎炒食用	可辅助治疗夜盲症
胡萝卜 +山药 +鸡肉	▶ 炖汤食用	可改善小儿营养不良
胡萝卜 +火龙果 +香蕉	▶ 打成果汁，每日饮用一杯	可治疗习惯性便秘
胡萝卜 +白果 +猪肺	▶ 煮汤食用	可治疗小儿百日咳

食用建议 脾胃虚寒者不宜多食。此外，胡萝卜不宜与白萝卜、山楂、柑橘、柠檬、红枣、桃子、草莓等食物同食，否则会破坏维生素C，降低营养价值。

梨

● **别名**
雪梨、沙梨

● **性味**
性寒，味甘、微酸

● **归经**
归肺、胃经

　　梨具有止咳化痰、清热降火、养血生津、润肺去燥、润五脏、镇静安神等功效，主治口渴便秘、肺热咳嗽、咽喉干痒肿痛、肝阳上亢所致的头昏目眩、失眠多梦。一般人群均可食用，尤其适合咽炎、急慢性支气管炎、肺结核、高血压、心脏病、肝炎、肝硬化、鼻咽癌、喉癌、肺癌患者，饮酒之后或宿醉未解者及演唱人员食用。秋季常食梨，可缓解秋燥症状。

◎ 应用指南

雪梨 +川贝 +冰糖	▶ 用炖盅炖熟食用	可辅助治疗肺热咳嗽咳痰
梨 +薄荷 +金银花	▶ 煮水食用	可治疗咽喉肿痛
梨 +猕猴桃 +胡萝卜	▶ 榨汁饮用	可治疗高血压
梨 +火龙果 +香蕉	▶ 榨汁饮用	可治疗便秘

食用建议 脾虚便溏、慢性肠炎、胃寒病、风寒咳嗽及糖尿病患者应慎食。

核桃

● 别名
胡桃仁、胡桃肉

● 性味
性温，味甘

● 归经
归肺、肾经

核桃仁具有滋补肝肾、强健筋骨之功效。核桃油中油酸、亚油酸等不饱和脂肪酸含量高于橄榄油，饱和脂肪酸含量极微，是预防动脉硬化、冠心病的优质食用油。核桃能润肌肤、乌须发，并有润肺强肾、降低血脂的功效，长期食用还对癌症具有一定的预防效果。核桃尤其适合肾亏腰痛、肺虚久咳、气喘、便秘、健忘怠倦、食欲不振、腰膝酸软、气管炎、便秘、神经衰弱、心脑血管疾病患者食用。秋季补肾健脑养肺，宜食用核桃。

◎ **应用指南**

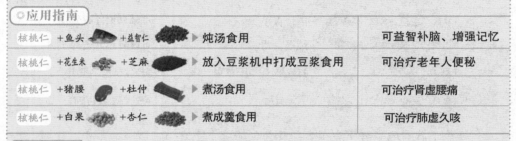

核桃仁 +鱼头 +益智仁 ▶ 炖汤食用			可益智补脑、增强记忆
核桃仁 +花生米 +芝麻 ▶ 放入豆浆机中打成豆浆食用			可治疗老年人便秘
核桃仁 +猪腰 +杜仲 ▶ 煮汤食用			可治疗肾虚腰痛
核桃仁 +白果 +杏仁 ▶ 煮成羹食用			可治疗肺虚久咳

食用建议 慢性肠炎患者不宜食用核桃。

蜂蜜

● 别名
石蜜、石饴、白沙蜜

● 性味
性平，味甘

● 归经
归脾、肺、大肠经

蜂蜜富含多种维生素以及钙、铁、铜、锰、磷、钾等矿物质。内服可治疗脘腹虚痛、肺燥干咳、肠燥便秘、皮肤暗黄等症状，外用治疮痈不敛、水火烫伤。蜂蜜一般人皆可食用，尤其适合营养不良、气血不足、食欲不振、年老体虚者。但糖尿病者、过敏体质者、腹泻者均不宜食用。秋季适量饮蜂蜜，可滋阴润燥，既可改善皮肤干燥现象，还可润肺止咳，增强抵抗力。

◎ **应用指南**

蜂蜜 +乳香 +没药 ▶ 研磨调成糊状，外涂			可治疗轻度烧烫伤
蜂蜜 +芝麻 +香蕉 ▶ 放入豆浆机中打成糊食用			可改善肠燥便秘
蜂蜜 +雪梨 +杏仁 ▶ 煮汤食用			可治疗肺燥咳嗽
蜂蜜 +白芷 +白及 ▶ 研末，调成糊状，敷脸			常用可改善皮肤暗黄

食用建议 糖尿病以及腹泻者不宜食用蜂蜜。此外，蜂蜜不宜与大蒜、韭菜、洋葱同食。

秋季养生药膳

　　根据秋季干燥的气候特点，日常可多制作一些滋阴润燥的药膳来缓解秋燥，让您和家人吃得健康，又能享受美味！

秋季养生药膳①

白玉苦瓜

◎**材料**　玉竹10克，桔梗6克，苦瓜200克，花生粉1茶匙，山葵少许，酱油适量。

◎**做法**　①苦瓜洗净，对切，去子，切薄片，泡冰水，冷藏10分钟。②将玉竹、桔梗洗净打成粉末。③再加入花生粉、山葵、酱油拌匀，淋在苦瓜上即可。

◎**功效**　本品具有清肺润燥、止咳化痰、生津止渴的功效。

秋季养生药膳②

银耳雪梨煲鸭

◎**材料**　银耳30克，老鸭300克，雪梨1个，盐5克，味精3克，鸡精2克，姜片适量。

◎**做法**　①鸭斩件，洗净；雪梨洗净去皮，切块；银耳泡发后切小朵。②锅中加水烧沸后，下入鸭块稍汆去血水，捞出。③将鸭块、雪梨块、银耳、姜片一同装入碗内，加入适量清水，放入锅中炖40分钟后调入盐、味精、鸡精即可。

◎**功效**　清肺润燥，生津止渴，降低血压。

秋季养生小贴士

　　秋季是很多野果成熟的季节，其营养价值比其他果蔬要高，宜多吃。如沙棘果，每100克中含维生素C高达88～850毫克，含维生素E达15～220毫克，有"维生素宝库"之称。

秋季养生药膳③

青橄榄炖水鸭

材料 青橄榄8粒，水鸭1只，猪腰肉250克，金华火腿30克，花雕酒3克，生姜2片，食盐2克，鸡精15克，浓缩鸡汁2克，味精4克。

做法 ①将水鸭洗净，在背部开刀；猪腰肉和金华火腿都洗净切成粒状。②将猪腰肉、水鸭汆水去净血污，洗净后加入金华火腿、青橄榄、生姜、花雕酒，装入盅内炖4小时。③将炖好的汤加入食盐、鸡精、浓缩鸡汁、味精即可。

功效 清热利咽，生津止渴，润肺止咳。

秋季养生小贴士

秋季吃水果，带皮吃也健康。如橘皮，含有维生素E，有抗衰老的功效；其含有的挥发油能刺激消化道，健胃祛风，也能促进排痰；水果中的纤维素更有预防便秘、肠癌等功效。

秋季养生药膳④

熟地百合鸡蛋汤

材料 百合、熟地各50克，熟鸡蛋2只，蜂蜜适量。

做法 ①将熟地、百合洗净；鸡蛋去皮，用碗装。②置锅于火上，将熟地、百合、鸡蛋一起放入锅内，加适量的水煮15分钟。③再调入蜂蜜即可。

功效 此汤有养阴润肺、清心安神的作用，秋季食用可治疗阴虚久咳、虚烦惊悸、失眠多梦等症。

秋季养生小贴士

香菇营养丰富，具有延缓衰老，帮助消化，降血脂、血糖，增强免疫力，增强人体活力等功效。秋季经常食用香菇，对健康大有裨益，其可作为主料，也可搭配荤食做菜，味美可口。

秋季养生药膳⑤

百合南瓜大米粥

◎ **材料** 百合20克，南瓜20克，大米90克，盐2克。

◎ **做法** ①大米洗净，浸泡半小时后捞起沥干；南瓜去皮洗净，切成小块；百合洗净，削去边缘黑色部分备用。②锅置火上，注入清水，放入大米、南瓜，用大火煮至米粒开花。③再放入百合，改用小火煮至粥浓稠时，调入盐入味即可。

◎ **功效** 清火润肺，养心安神,润肠通便。

秋季养生小贴士

秋季吃玉米可选用以下吃法：①每天啃一个煮熟的玉米。②用来熬粥，熬粥时加一小匙小苏打或纯碱，每天喝一两碗。③以玉米面和大豆粉按3：1的比例混合食用。

秋季养生药膳⑥

白梨鸡蛋糯米粥

◎ **材料** 蜂蜜15克，白梨50克，鸡蛋1个，糯米80克，葱花少许。

◎ **做法** ①糯米洗净，用清水浸泡；白梨洗净切小块；鸡蛋煮熟切碎。②锅置火上，注入清水，放入糯米煮至七成熟。③放入白梨煮至米粒开花，再放入鸡蛋，加蜂蜜调匀，撒上葱花即可。

◎ **功效** 此粥具有清热润肺、生津止渴、止咳的作用。

秋季养生小贴士

秋季吃鳝鱼宜同时吃些藕。鳝鱼能促进蛋白质的吸收与合成，并且含有大量氨基酸、维生素和钙等，但是其属于酸性食品，而藕属于碱性食品，且营养丰富，两者合吃，有助于保持酸碱平衡，更有益于健康。

秋季养生药膳⑦

银耳木瓜羹

材料 红枣8颗，银耳50克，木瓜50克，西米100克，白糖20克。

做法 ①西米泡发洗净，入电饭锅中，加入适量水。将银耳泡发，洗净摘成小朵，放入锅中。②加进白糖和红枣，拌匀；木瓜去皮、子，洗净，切块，放入锅中。③设定开始键，煮至开关跳起即可。

功效 本品具有补血养阴、润肺止渴、美颜润肤的功效。

秋季养生小贴士

秋季口干舌燥可试试舌抵上腭。秋天口干舌燥，多是由于津液虚耗或热盛伤阴引起，此时用舌抵上腭，可沟通任督二脉，转督脉上升之气为津液。经常舌抵上腭，可有效地改善口干舌燥的症状。

秋季养生药膳⑧

罗汉三宝茶

材料 贡菊10朵，枸杞子8粒，罗汉果一个，蜜枣3颗，红茶包1包，冰糖适量。

做法 ①将贡菊、枸杞子洗净；罗汉果洗净，掰成小块。②将贡菊、枸杞子、罗汉果、蜜枣、红茶包、冰糖一起放入锅中，加水后煲20分钟。③将煮好的茶倒入茶杯即可饮用。

功效 本品具有清热润肺、止咳利咽、清肝明目等功效。

秋季养生小贴士

秋季天气慢慢变凉，很多家长唯恐孩子会受凉而患上伤风感冒，急于给孩子多加衣服，殊不知这样孩子更易患热伤风，所以，不需要早早就给孩子添衣，应该先让机体慢慢地适应变凉的环境。

秋季养生药膳⑨

猪肚银耳花旗参汤

材料 花旗参（即西洋参）25克，乌梅3粒，猪肚250克，银耳100克，盐适量。

做法 ①银耳以冷水泡发，去蒂；乌梅、花旗参洗净备用。②猪肚刷洗干净，氽水，切片。③将猪肚、银耳、花旗参加乌梅和水以小火煲2小时，再加盐调味即可。

功效 此汤有补气养阴、清火生津的作用，秋季食用可治疗阴虚火旺、内热消渴等症。

秋季养生小贴士

秋季如消化不良、食欲不振，可于饭前30分钟以热水入浴，待身体暖和后，再用热水喷淋胸口周围，冲5秒休息1分钟，反复5次；如用池浴，热水温度宜在40℃以下，泡20~30分钟，同时进行腹式呼吸，再用稍冷的水刺激腹部。

秋季养生药膳⑩

干贝鸭粥

材料 大米120克，鸭肉80克，干贝10克，枸杞12克，盐3克，味精1克，香菜少许。

做法 ①大米淘净，浸泡半小时后捞出沥干水分；干贝泡发，撕成细丝；枸杞洗净；鸭肉洗净，切块。②油锅烧热，放入鸭肉过油后盛出备用；锅中加入清水，放入大米和干贝、枸杞熬煮至米粒开花。③再下入鸭肉，将粥熬好，调入盐、味精调味，淋香油，撒入香菜即可。

功效 此汤可滋阴补肾、固精止遗。

秋季养生小贴士

秋季如因体重或受撞击而导致急性腰痛，不宜马上洗澡，否则会使疼痛加剧。待疼痛有所缓解后，再进入42℃左右的热水中，浸泡10~20分钟，有消炎、止痛的功效。

秋季养生药膳⑪

天冬桂圆参鲍汤

材料 天冬50克，太子参50克，鲍鱼100克，猪瘦肉250克，桂圆肉25克，盐8克，味精适量。

做法 ①鲍鱼用开水烫4分钟，洗净；猪瘦肉洗净，切块。②天冬、太子参、桂圆肉洗净。③把天冬、太子参、桂圆肉、鲍鱼、猪瘦肉放入炖盅内，加开水适量，盖好，隔水文火炖3小时，放入盐、味精调味即可。

功效 补气养阴，生津止渴，补血养心。

秋季养生小贴士

秋季人们食欲大增，可能会导致"秋胖"，可以试试在进餐前20~40分钟吃一些水果，或者饮1杯果汁，其中的单糖可被机体快速吸收利用，以免因为饥饿而进食过多。

秋季养生药膳⑫

参麦五味乌鸡汤

材料 人参片8克，麦冬25克，五味子10克，乌鸡腿1只，盐1匙。

做法 ①将乌鸡腿洗净，剁块，放入沸水汆烫，去掉血水；人参片、麦冬、五味子洗净备用。②将乌鸡腿及人参片、麦冬、五味子盛入煮锅中，加适量水（7碗水左右）直至盖过所有的材料。③以武火煮沸，然后转文火续煮30分钟左右，快熟前加盐调味。

功效 养阴生津，益气补虚，润肺清心。

秋季养生小贴士

秋天容易发生唇裂，可清洗干净后，用消炎软膏或其他油类涂擦口唇裂缝处，每天2~3次；还可内服维生素$B_2$10毫克、维生素C 300毫克及鱼肝油丸2粒，均每日3次。

秋季养生药膳⑬

黄精陈皮粥

◎**材料** 黄精5克，陈皮3克，大米100克，白糖8克，葱花适量。

◎**做法** ①黄精洗净；陈皮洗净，浸泡发透后，切成细丝；大米泡发洗净。②锅置火上，注入适量清水后，放入大米，用大火煮至米粒完全绽开。③放入黄精、陈皮，用小火熬至粥成闻见香味时，放入白糖调味，撒上葱花即可。

◎**功效** 此粥具有滋阴补肾、补润心肺、行气健脾的功效。

秋季养生小贴士

秋季多吃柑橘类水果，可有效地保护眼睛。因为叶黄素对视网膜有重要的保护作用，缺乏叶黄素，可引起黄斑退化及视力模糊。而柑橘类水果含叶黄素量丰富，多吃可预防视力退化。

秋季养生药膳⑭

沙参竹叶粥

◎**材料** 沙参15克，竹叶10克，大米100克，白糖10克。

◎**做法** ①竹叶冲净，倒入一碗水熬至半碗，去渣待用；沙参洗净；大米泡发洗净。②锅置火上，注水后，放入大米用大火煮至米粒绽开。③倒入熬好的竹叶汁，放入沙参，改用小火煮至粥成闻见香味时，放入白糖调味即可。

◎**功效** 滋阴润肺，清心火，利小便。

秋季养生小贴士

秋季晒太阳有讲究，每次以30～60分钟为宜。时间上可选择在上午6～10时，此时红外线较多，阳光温暖柔和，可活血化瘀；或选择在下午4～5时，此时紫外线偏多，有助于促使骨骼正常钙化。

秋季养生药膳⑮

竹叶地黄粥

材料 竹叶、生地黄各适量，枸杞子10克，大米100克，盐2克。

做法 ①大米泡发洗净；竹叶、生地黄均洗净，加适量清水熬煮，滤出渣叶，取汁待用；枸杞子洗净备用。②锅置火上，加入适量清水，放入大米，以大火煮开，再倒入已经熬煮好的汁液、枸杞子。③以小火煮至粥呈浓稠状，调入盐拌匀即可。

功效 此粥可清热凉血、养阴生津。

秋季养生小贴士

秋季养生可用自制药枕：将五味子、瓜蒌仁、旋覆花、桔梗、射干各等份晒干并粉碎为绿豆大的粗粒，混合后作为枕芯，舒适之余，对肺气阻滞而引发的咳嗽和胸闷有很好的治疗效果。

秋季养生药膳⑯

芝麻糯米羹

材料 杏仁30克，黑芝麻50克，糯米300克，冰糖适量。

做法 ①糯米、杏仁均泡发洗净；杏仁洗净下锅小火炒香，然后碾碎。②糯米洗净冷水下锅大火熬10分钟，之后放黑芝麻慢慢搅拌。③20分钟后放冰糖，撒杏仁碎即可。

功效 本品具有滋阴补虚、健脾益胃、止咳化痰、润肠通便等功效。

秋季养生小贴士

秋季做运动前，必须做好准备活动。因为秋天气温较低，血管收缩、黏滞性增加，韧带的伸展度降低，神经系统对肌肉的指挥能力也下降，如不做好准备活动，很容易导致韧带和肌肉的拉伤。

秋季养生药膳⑰

西洋参红枣汤

材料 西洋参3片，红枣5颗，冰糖适量。

做法 ①将红枣、西洋参洗净，沥水，备用；红枣切开枣腹，去掉枣核，备用。②红枣、西洋参放入锅中，加800克水，煮滚后，用文火再煮20分钟，直到红枣和西洋参的香味都煮出来。③用滤网将汤汁中的残渣都滤掉，起锅前，加入适量冰糖煮至溶化即可。

功效 本品可益气生津、养血安神。

秋季养生小贴士

秋冬之交，患有高血压的中老年人血压往往比夏季高20毫米汞柱左右，容易发生血流障碍，引发心肌梗死。此类人群可在晨起时喝杯白开水，冲淡血液，并且选择舒缓的运动，避免发生心血管意外。

秋季养生药膳⑱

沙参菊花枸杞汤

材料 沙参20克，菊花15克，枸杞5克，冰糖适量。

做法 ①沙参、菊花、枸杞分别洗净，红枣泡发1小时。②沙参、枸杞盛入煮锅，加3碗水，煮约20分钟，至汤汁变稠，加入菊花续煮5分钟。③汤味醇香时，加冰糖煮至溶化即可。

功效 本品具有滋阴润肺、生津止渴、养心安神等功效。

秋季养生小贴士

秋季洗冷水浴，一方面可增强人体对疾病的抵抗能力，另一方面还可以加强神经系统的兴奋性，也能增强消化功能，改善食欲。所以，秋季养生，不妨尝试一下用5～20℃的冷水洗澡。

秋季养生药膳⑲

萝卜大蒜鸡蛋汤

材料 白萝卜250克，鸡蛋2个，蒜15克，麻油、葱末、味精、淀粉及盐适量。

做法 ①白萝卜洗净切丝；鸡蛋打入碗内，搅匀；蒜洗净拍破，剁成蓉。②植物油烧热，爆香蒜蓉，加入萝卜丝略炒，加水煮沸5分钟，再入蛋液。③然后加盐、味精，勾薄芡，淋入麻油，撒上葱末即可食用。

功效 本品有疏风解表、解毒消炎的功效。

秋季养生小贴士

秋季吃蟹，忌同时吃柿子。柿子中含有鞣酸等成分，这些成分可使蟹肉中的蛋白质凝固，这些凝固物质长时间停留在肠道内，一段时间后会发酵腐烂，从而引起呕吐、腹痛、腹泻等症状。

秋季养生药膳⑳

杏仁萝卜肉汤

材料 白萝卜200克，罗汉果1个，杏仁25克，猪腱肉200克，姜2片，盐适量。

做法 ①猪腱肉切块，放入开水锅中余一下，捞出冲洗干净；罗汉果、杏仁洗净备用。②白萝卜洗净去皮，切块。③锅内烧开适量水，加入猪腱肉、白萝卜、罗汉果、杏仁、姜片，待开后改文火煲约2小时，放盐调味即成。

功效 宣肺止咳，健脾消食，利水消肿。

秋季养生小贴士

秋季吃大枣，不宜与黄瓜和胡萝卜一起食用。因为红枣含有丰富的维生素，被誉为"天然的维生素丸"，而胡萝卜和黄瓜分别含有抗坏血酸酶酶和维生素C分解酶，这些成分都会破坏红枣中的维生素C。

秋季养生药膳㉑

黄芪山药鱼汤

材料 山药60克，黄芪15克，石斑鱼1条，姜、葱、盐、米酒各适量。

做法 ①石斑鱼洗净，在双面鱼背各斜划一刀；姜洗净，切片；葱洗净，切丝；黄芪洗净，切片；山药去皮洗净，切片。②黄芪、山药放入锅内，加水以大火煮开，转小火熬高汤；熬约15分钟后，转中火，放入姜片和石斑鱼，煮8~10分钟。③待鱼熟，加盐、米酒调味，撒上葱丝。

功效 补脾益气，固表止汗，调畅情绪。

秋季养生小贴士

秋季吃螃蟹，1小时内忌饮茶水。一方面茶水会冲淡胃酸，另一方面茶还会使螃蟹的某些成分凝固，如果边吃螃蟹边饮茶水或者吃完不多久就喝茶水，都会影响消化吸收，引发腹痛、腹泻等。

秋季养生药膳㉒

桂枝莲子粥

材料 桂枝20克，莲子30克，大米100克，白糖5克，葱花适量。

做法 ①大米淘洗干净，用清水浸泡；桂枝洗净后切成小段；莲子洗净备用。②锅置火上，注入清水，放入大米、莲子、桂枝熬煮至米烂。③放入白糖稍煮，撒上葱花。

功效 此粥具有助阳解表、温通经络的作用。

秋季养生小贴士

秋季大枣色彩鲜艳，美味可口，但是小儿要忌生吃。一方面由于大枣晒在地上的时候，可能藏匿虫卵，小儿吃了可致寄生虫病；另一方面，大枣生吃容易导致腹胀、腹泻，而小儿还常贪吃，故要特别注意。

秋季养生药膳㉓

花椒生姜粥

材料 花椒、生姜、葱花各适量，大米100克，盐2克。

做法 ①大米浸泡半小时后捞出沥干水分，备用；生姜去皮，洗净，切丝；花椒稍微冲洗一下备用。②锅置火上，倒入清水，放入大米，以大火煮开，再用中火慢煮至浓稠。③加入花椒、姜丝同煮至各材料均熟且粥稠冒泡时，调入盐拌匀，撒上葱花即可。

功效 健胃宣肺，发汗解表，解热止痛。

秋季养生小贴士

秋季吃栗子要注意，有洞无虫的也不能吃。因为这些栗子里的虫是被敌敌畏等有毒的杀虫剂驱走的，虽然虫子没有了，但是却残留了很多的农药，人吃多了可引起中毒。

秋季养生药膳㉔

豆豉鲫鱼粥

材料 豆豉20克，鲫鱼500克，大米95克，盐、味精、葱花、姜丝、料酒、香油各适量。

做法 ①大米淘洗干净，用清水浸泡；鲫鱼洗净后，去骨，取肉切片，用料酒腌渍去腥。②锅置火上，放入大米，加适量清水煮至五成熟。③再放入鱼肉、豆豉、姜丝煮至米粒开花，加盐、味精、香油调匀，撒上葱花便可。

功效 散寒解表，健脾暖胃，通脉下乳。

秋季养生小贴士

秋季保存水果应注意：未成熟的水果应该放在常温下保存，待其逐渐成熟后再放入冰箱。这是因为冰箱中的低温会抑制水果的新陈代谢和成熟，使部分营养物质不能完全合成，一来丧失了部分营养成分，二来也不利于健康。

秋季养生药膳㉕

红薯杏仁羹

材料 杏仁10克，红薯50克，菜心10克，大米45克，盐、香油、姜丝各适量。

做法 ①红薯去皮洗净切粒；菜心洗净切粒；大米、杏仁洗净。②砂锅上火，注入清水，放入姜丝、大米，煮沸后转用小火慢煲。③煲至米粒熟烂，放入杏仁、红薯粒，小火继续煲至成糊，调入盐、菜心粒拌匀，淋入香油即可。

功效 宣肺散寒，润肠通便，温暖脾胃。

秋季养生小贴士

　　秋季吃完水果要记得漱口。因为部分水果中含有柠檬酸、苹果酸、酒石酸等物质，这些物质会腐蚀牙齿，损害牙齿，甚至引起龋齿，所以吃完水果后应及时漱口。

秋季养生药膳㉖

奶香杏仁露

材料 杏仁粉1大匙，鲜奶200克，砂糖适量。

做法 ①将鲜奶以微波炉加热1分钟。②杏仁粉加入奶中，酌加糖拌匀。③待温度适中，即可饮用。

功效 本品具有敛肺止咳、滋阴润燥、安神助眠的功效。

秋季养生小贴士

　　中秋是团圆的好时节，赏月吃月饼最应景。但是有以下疾病者要忌吃或慎吃：糖尿病、高血压、高血脂、冠心病、消化性溃疡、腹泻、胆囊炎、胆石症、肾炎、脂溢性皮炎、久病初愈等。

秋季养生药膳㉗ ·

紫苏止咳茶

材料 紫苏叶15克，红糖10克。

做法 ①将紫苏叶清洗干净放入锅中，加适量水至淹过叶子。②以大火煮沸后再转小火煮10分钟左右。③加入红糖即可饮用。

功效 本品具有散寒解表、温中理气、增强免疫等功效。

秋季养生小贴士

秋季头皮屑增多，是各方面因素综合作用的结果，应特别注意：改变不良的作息习惯，尽量不熬夜；给自己的心理减压；在饮食上要注意多摄入碱性食物，忌吃刺激性的食物。

秋季养生药膳㉘ ·

麻黄饮

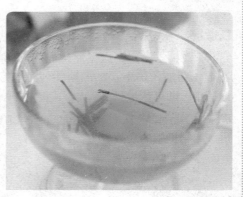

材料 麻黄9克，生姜30克。

做法 ①麻黄加适量的水煎煮半小时。②去渣取汁。③生姜洗净榨汁，两种汁兑服即可。

功效 本品具有发散风寒、辛温暖胃、宣肺止咳等功效。适用于肺气喘急患者。

秋季养生小贴士

秋季晒衣服、被子要避开落叶树旁。因为秋天也是附着在树上的各种毛虫的成熟期。部分毛虫的体毛含有毒性很强的毒液，这些体毛随风飘落，如落在衣被上，人体接触后就会出现红斑、肿胀等毒性反应。

秋季养生药膳㉙

甲鱼芡实汤

材料 芡实30克，枸杞子10克，红枣5颗，甲鱼300克，盐6克，姜片2克。

做法 ①将甲鱼洗净斩块，汆水。②芡实、枸杞子、红枣洗净备用。③净锅上火倒入水，调入盐、姜片，下入甲鱼、芡实、枸杞子、红枣煲至熟即可。

功效 此汤具有滋阴清虚热、补肾固精、缩尿止遗等功效。

秋季养生小贴士

秋季，特别是夏秋交际之时，老年人切忌饭后立即睡午觉。因为午饭后，人大脑的血流量会相对减少，血压降低，供氧也相对减少，这时候睡午觉，容易因大脑相对缺血而引发中风。

秋季养生药膳㉚

鸡肉香菇干贝粥

材料 熟鸡肉150克，香菇60克，干贝50克，大米80克，盐3克，香菜段适量。

做法 ①香菇泡发，洗净，切片；干贝泡发，撕成细丝；大米淘净，浸泡半小时；熟鸡肉撕成细丝。②大米放入锅中，加水烧沸，下入干贝、香菇，转中火熬煮至米粒开花。③下入熟鸡肉，转文火将粥焖煮好，加盐调味，撒入香菜段即可。

功效 本品具有滋补肝肾、助阳固精、缩尿止遗的功效。

秋季养生小贴士

秋季按摩皮肤需要注意：按摩的时候，要顺着肌肉纤维的方向，动作要柔和、缓慢，切忌过快和用力过大，尤其是按摩眼周的皮肤时，更需要小心。

秋季养生药膳 ㉛

海螵蛸鱿鱼汤

◎ **材料** 海螵蛸50克，桑螵蛸10克，鱿鱼100克，补骨脂30克，大枣10克，盐、味精、葱花、姜末各适量。

◎ **做法** ①鱿鱼泡发，洗净，切丝；海螵蛸、桑螵蛸、补骨脂、大枣洗净。②将海螵蛸、桑螵蛸、补骨脂水煎取汁，去渣。③放入鱿鱼、大枣，同煮至鱿鱼熟后，加盐、味精、葱花、姜末等调味即可。

◎ **功效** 本品可温肾益气、固涩止遗。

秋季养生小贴士

秋末晨雾增多，最好不要出门锻炼。因为晨雾容纳了各种酸、碱及铅、胺、苯、酚、病原体和微生物等有害物质，这些物质被人体吸入后，可能诱发气管炎、咽喉炎、鼻炎等，还可能引发眼结膜炎。

秋季养生药膳 ㉜

芡实莲须鸭汤

◎ **材料** 蒺藜子10克，芡实50克，莲须100克，龙骨10克，鸭肉1000克，牡蛎10克，鲜莲子100克，盐8克。

◎ **做法** ①将蒺藜子、莲须、龙骨、牡蛎洗净放入棉布袋后，扎紧袋口。②鸭肉放入沸水中汆烫，捞出洗净；莲子、芡实洗净，沥干。③将鸭肉、棉布袋、芡实、莲子放入锅中，加7碗水以大火煮开，转小火续炖40分钟。④加盐调味即成。

◎ **功效** 此汤具有补肾固精的功效。

秋季养生小贴士

秋季晨练，要选广阔的绿地，切勿选择树木茂密的地方。因为树木夜间不进行光合作用，因此早晨在树木茂密的地方，积存有大量的二氧化碳，而广阔的绿地恰恰相反，空气清新，氧气充足。

秋季养生药膳㉝

冬瓜白果姜粥

◎ **材料** 白果30克,芡实30克,大米100克,冬瓜80克,高汤半碗,盐、胡椒粉、姜末、葱各适量。

◎ **做法** ①白果去壳、皮,洗净;芡实洗净;冬瓜去皮洗净,切块;大米洗净,泡发;葱洗净,切花。②锅置火上,注入水后,放入大米、白果、芡实,用旺火煮至米粒完全开花。③再放入冬瓜、姜末,倒入高汤,改用文火煮至粥成,调入盐、胡椒粉入味,撒上葱花即可。

◎ **功效** 补肾固精,敛肺止咳,缩尿止遗。

秋季养生小贴士

秋季是桑葚采摘的季节,其味甜、略酸,备受小朋友喜爱,但是小朋友切忌食用太多。因为儿童肠胃功能还没健全,桑葚含有的胰蛋白酶抑制物容易在体内阻碍蛋白质的消化吸收,并引起恶心、呕吐、腹痛、腹泻现象。

秋季养生药膳㉞

桂圆莲芡粥

◎ **材料** 桂圆肉、莲子、芡实各适量,大米100克,盐2克,葱少许。

◎ **做法** ①大米洗净泡发;芡实、桂圆肉洗净;莲子洗净,挑去莲心;葱洗净,切圈。②锅置火上,注水后,放入大米、芡实、莲子,用大火煮至米粒开花。③再放入桂圆肉,改用小火煮至粥成闻见香味时,放入盐入味,撒上葱花即可。

◎ **功效** 养心安神,补肾健脾,缩尿止遗。

秋季养生小贴士

秋季正是山楂当令,其含有丰富的维生素C,但切忌与猪肝同吃。因为猪肝中含有的金属离子会加速氧化山楂中的维生素C,使维生素C遭到破坏,从而降低了食物的营养价值。

秋季养生药膳 ㉟

韭菜汁

材料 韭菜子8克，韭菜、芹菜各100克，苹果1个，水100克，柠檬汁少许。

做法 ①将苹果洗净，去皮，去核；韭菜洗净切段；韭菜子洗净备用；芹菜洗净，摘掉叶子，以适当大小切块。②将韭菜子、韭菜、芹菜、苹果、水、柠檬汁放入榨汁机一起搅打成汁。③滤出果肉即可。

功效 本品具有补肾壮阳、降低血压的作用，可用于肾虚型遗精、早泄等症。

秋季养生小贴士

秋季洗脸最好用凉开水。因为凉开水与人体细胞内的水分"亲和性"较好，更加容易渗透到皮肤内，滋润皮肤，同时，还能使脂肪成为"半液态"，从而改善面部皮肤干燥的状况。

秋季养生药膳 ㊱

五味山萸茶

材料 五味子5克，山茱萸、何首乌各5克，山楂3克，白砂糖少许。

做法 ①将五味子、山茱萸、何首乌、山楂洗净，放入砂锅，加水1000克。②煎沸15分钟，取汁倒入茶杯。③加放白糖，搅匀待温饮用。每日1剂，分2次。

功效 本品具有补肾健脾、固精敛汗、缩尿止遗、增强免疫等功效。

秋季养生小贴士

秋季宜每天吃3个核桃。核桃仁不仅营养丰富，而且有健脑益智、补肾健体的功效，且核桃中含有的油酸有70%为不饱和脂肪酸，其能阻止胆固醇被吸收并且能将胆固醇排出体外，从而有效地预防心脏病。

秋季养生药膳㊲ 香菇豆芽猪尾汤

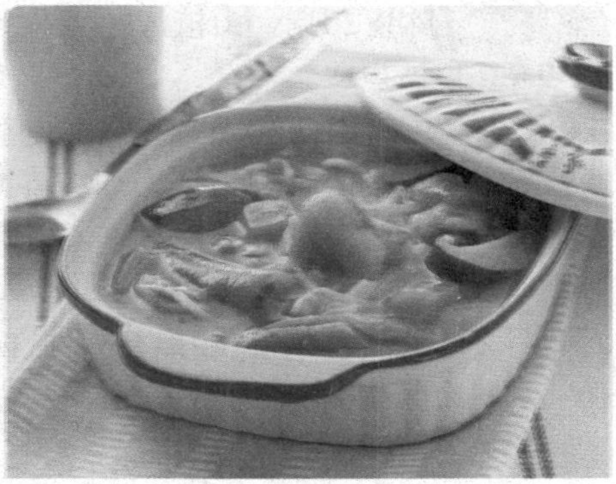

材料 枳实8克，鲜香菇200克，黄豆芽200克，胡萝卜1根，猪尾500克，盐5克。

做法 ①猪尾剁段，汆烫。②香菇洗净，去蒂，切厚片；黄豆芽掐去根部，洗净沥干；胡萝卜洗净削皮切块；枳实洗净。③将鲜香菇、黄豆芽、胡萝卜、猪尾、枳实放入锅中，加水至盖过材料，以大火煮开，转小火续煮40分钟，加盐调味即可。

功效 行气疏肝，补气益胃，降低血脂。

秋季养生小贴士

秋季洗热水澡可治疗便秘。方法为：手掌顺时针按摩腹部，并大口腹式呼吸，用水淋浴腹部，可治疗慢性便秘；以43℃热水冲洗腹部约3分钟，再换25℃温水冲10秒，重复5次，对神经性便秘有疗效。

秋季养生药膳㊳ 佛手瓜炖猪蹄

材料 佛手瓜100克，老鸡200克，猪蹄200克，鸡爪6只，鸡汤500克，火腿10克，姜片5克，盐、味精、胡椒、糖各适量。

做法 ①将老鸡洗净切块；猪蹄洗净，斩件；鸡爪洗净；佛手瓜及火腿洗净，切片。②锅中水烧开，放入老鸡、猪蹄汆烫，捞出沥水后放入炖盅。③加入鸡爪、鸡汤、火腿、姜片、佛手瓜，用猛火炖3小时至熟，加调味料调味即可。

功效 理气疏肝，活血化瘀，温中健脾。

秋季养生小贴士

夏天气温高，人们出汗多，能量消耗也大，体重一般都有所减轻。但是到了秋天，气候宜人，人们食欲大增，很容易就会出现肥胖反弹，须注意减肥。

秋季养生药膳 ㊴

山楂二皮汤

材料 陈皮20克,山楂片20克,冬瓜皮30克,白糖20克。

做法 ①将山楂片洗净。②陈皮、冬瓜皮洗净,切块备用。③锅内加水适量,放入山楂片、陈皮、冬瓜皮,文火煮沸15～20分钟,去渣取汁,调入白糖即成。

功效 本品具有疏肝理气、开胃健脾、利尿通淋等功效。

秋季养生小贴士

秋季保养指甲,要保证充足的睡眠及均衡的营养。在饮食上可多摄入果仁类、贝类、豆类、谷类、海藻类、牛奶等,这些食物不但能营养发质,也有利于帮助指甲的健康生长。

秋季养生药膳 ㊵

香菇花生鲜蚝汤

材料 木香8克,生蚝250克,香菇25克,花生40克,猪瘦肉200克,花生油、姜、盐各适量。

做法 ①猪肉洗净,切块;香菇剪去蒂,泡发,洗净;花生洗净;生蚝洗净,去壳取肉。②生蚝洗净,飞水;锅中下花生油、姜片,将生蚝爆炒至微黄。③将适量清水放入瓦煲内,煮沸后放入所有材料,武火煮沸后,改用文火煲3小时,加盐调味即可。

功效 理气燥湿,疏肝解郁,宽中健脾。

秋季养生小贴士

秋季预防唇裂要做到:一是每次洗完脸后,在口唇上适当涂一些油脂;二是外出时,如遇大风天气,应戴上口罩以保持口唇的湿润;三是多吃新鲜的蔬果,多饮水,有助于补充体内的维生素和水分。

秋季养生药膳 ㊶

香附豆腐汤

材料 香附10克，豆腐200克，姜5克，葱5克，盐5克。

做法 ①把香附洗净，去杂质。②豆腐洗净，切成5厘米见方的块，姜洗净切片，葱洗净切段。③把炒锅置武火上烧热，加入油烧至六成热时，下入葱、姜爆香，注入清水600克，加香附，烧沸，下入豆腐、盐，煮5分钟即成。

功效 疏肝解郁，理气宽中，活血化瘀。

秋季养生小贴士

秋季老年人早晨醒来的时候不宜马上起床，因为老年人椎间韧带松弛，体位的突然改变可能会扭伤腰背部，而有高血压、心血管疾病的老年人更要注意，可以先在床上活动一下，再慢慢地起床。

秋季养生药膳 ㊷

枳实金针河粉

材料 枳实10克，厚朴10克，金针菇45克，黄豆芽5克，胡萝卜15克，河粉90克，盐适量。

做法 ①将枳实、厚朴洗净，与适量清水置入锅中，以小火加热至沸，滤取药汁。②胡萝卜洗净，切丝；黄豆芽洗净，去根须；河粉放入锅中，加水煮熟，捞出；金针菇洗净。③河粉、药汁放入锅煮沸，加入金针菇、黄豆芽、胡萝卜煮熟，放入盐拌匀即可。

功效 疏肝和胃，排毒消胀，消积通便。

秋季养生小贴士

秋季洗药浴，既治病又强身。家庭制作药浴，请先咨询中医医师，根据体质及患病情况，配伍出适合的处方，将药物进行煎煮后，滤出药汁，兑入浴缸，最后注入适量的温水即可。

秋季养生药膳㊸

红枣菊花羹

◎**材料** 菊花瓣少许，大米100克，红枣30克，红糖5克。

◎**做法** ①大米淘洗干净，用清水浸泡；菊花瓣洗净；红枣洗净，去核。②锅置火上，加适量清水，放入大米、红枣，煮至九成熟。③煮至米粒开花、羹浓稠时，加红糖调匀，撒上葱花瓣便可。

◎**功效** 本品具有清肝明目、养血健脾、养血和胃等功效。

秋季养生小贴士

　　秋天用冷水浴鼻可增强鼻的御寒能力。具体方法是：直接将鼻子浸入冷水中，屏住呼吸，过一会儿后，再抬头换气，然后再浸水，反复做3～5遍。或者将毛巾浸冷水后，直接敷在鼻子上。

秋季养生药膳㊹

山楂冰糖羹

◎**材料** 山楂30克，大米100克，冰糖5克。

◎**做法** ①大米洗净，放入清水中浸泡半小时；山楂洗净。②锅置火上，放入大米，加适量清水煮至七成熟。③放入山楂煮至米粒开花，放入冰糖煮溶后调匀即可食用。

◎**功效** 此羹具有消食开胃、疏肝理气、养阴生津的功效。

秋季养生小贴士

　　秋季忌生吃花生。因为花生在地里生长的过程中，表皮易被寄生虫卵和鼠类等污染，如生吃易感染寄生虫病和易患流行性出血热。另外，花生脂肪含量多，过多生吃还可能导致消化不良或腹泻。

秋季养生药膳㊺

橘子杏仁菠萝汤

材料 杏仁80克，菠萝100克，橘子20克，冰糖50克。

做法 ①将菠萝去皮洗净切块；杏仁洗净；橘子剥瓣。②锅上火倒入水，放入冰糖稍煮。③下入菠萝、杏仁、橘子烧沸即可。

功效 本品具有疏肝开胃、润肺生津、止咳祛痰的功效。

秋季养生小贴士

秋季吃甘薯需防过量。甘薯虽然营养丰富，但是它同时也含有"气化酶"，可在胃肠道里产生二氧化碳，如摄入过多，则易致腹胀、打嗝、放屁等症。另外其含糖量也多，过多食用会使胃酸增加，引发吐酸水的现象。

秋季养生药膳㊻

菊花山楂饮

材料 菊花10克，山楂15克，红茶包1袋。

做法 ①将菊花、山楂洗净，与红茶包一起加600克水，煮沸。②待沸腾后小火再煮10分钟。③滤渣喝汤。

功效 本品具有清肝明目、消食健胃的作用，能改善高血脂、肥胖等症。

秋季养生小贴士

秋季儿童吃甘薯要注意：忌多吃和生吃。多吃可能引致消化不良、腹胀不适；而生吃甘薯，儿童容易被生甘薯上的寄生虫和病菌感染，从而患寄生虫病，或出现恶心、呕吐、腹泻等肠道感染症状。

秋季养生药膳 47

莲心香附茶

◎ **材料** 莲心3克,香附5克。

◎ **做法** ①将莲心、香附洗净倒入锅中。②加350克水煮,水开后转小火慢煮。③小火煮至约剩250克,取茶喝饮,不必久煮久熬。

◎ **功效** 此茶具有疏肝解郁、强心降压、止痛调经、清心除烦的功效。

秋季养生小贴士

秋季很多家长会盲目地给孩子滥用补药,这样不仅达不到补的效果,还有可能妨碍孩子对正常营养素的吸收,甚至严重影响孩子的生长发育,所以,使用补药一定要先咨询临床医生。

秋季养生药膳 48

佛手酒

◎ **材料** 佛手10克,白酒1000克。

◎ **做法** ①将佛手洗净,用清水润透后切片,再切成正方形小块,待风吹略收水气后,放入坛内。②然后注入白酒,封口浸泡。③每隔5天,将坛搅拌或摇动一次,10天后即可开坛,滤去药渣即成。

◎ **功效** 本品具有疏肝理气、和脾温胃的作用,可用于脾胃虚寒、胃腹冷痛、慢性胃炎等症。

秋季养生小贴士

秋季补虚也分类型。中医提倡"虚则补",补法有补气、补血、补阴、补阳、双补。选择补法要根据其"虚"的类型,如气虚者宜补气。切忌乱补,若阳虚者反而补阴、阴虚者反而补阳,就会适得其反了。

核桃淮山蛤蚧汤

材料 核桃仁30克，淮山30克，蛤蚧1个，瘦猪肉200克，蜜枣3个，盐5克。

做法 ①核桃肉、淮山洗净，浸泡；猪瘦肉、蜜枣洗净，瘦肉切块。②蛤蚧除去竹片，刮去鳞片，洗净，浸泡。③将清水2000克放入瓦煲内，水沸后加入核桃仁、淮山、蛤蚧、瘦猪肉、蜜枣，武火煲沸后，改用文火煲3小时，加盐调味即可。

功效 滋阴补阳，益肺固肾，定喘纳气。

秋季养生小贴士

秋季吃螃蟹，以下人群不适宜：高血脂、高血压、冠心病患者；皮肤过敏、皮炎、湿疹、癣、疮毒等皮肤病患者；脾胃虚寒、腹泻患者；胆结石、胆囊炎、肝炎及十二指肠溃疡患者。

人参鹌鹑蛋

材料 黄精10克，人参6克，鹌鹑蛋12个，白糖、盐、味精、麻油、酱油、高汤各适量。

做法 ①人参洗净煨软，收取滤液；将黄精洗净煎两遍，取其浓缩液与人参液调匀。②鹌鹑蛋煮熟去壳，一半与上述调匀液、盐、味精腌渍15分钟；另一半用麻油炸成金黄色备用。③把高汤、白糖、酱油、味精等兑成汁，再将鹌鹑蛋同兑好的汁一起下锅翻炒即可。

功效 平衡阴阳，健脾益肺，强壮身体。

秋季养生小贴士

秋季食用柚子要注意：服药期间忌食，因为柚子可干扰药物的正常代谢，不仅可能损害肝功能，还可能引起不良反应；低血糖患者、慢性胃炎患者忌多吃，这是因为柚子性寒易伤胃，且含降糖成分。

秋季养生药膳 51

四宝炖乳鸽

材料 山药、白果各50克，枸杞子15克，乳鸽1只，香菇40克，清汤700克，葱段、姜片、料酒、盐各适量。

做法 ①乳鸽洗净，剁块。②山药去皮洗净切成小滚刀块，与乳鸽块一起飞水；香菇泡发洗净；白果、枸杞子、葱段洗净。③清汤置锅中，放入所有材料及调味料，入笼中蒸约2小时，去葱、姜即成。

功效 补气健脾，滋阴固肾，平衡阴阳。

秋季养生小贴士

秋季吃马蹄需注意：忌空腹食用，马蹄具有消积化食之功，空腹食用会使胃部不适；胃寒患者、低血压患者忌多食，因马蹄性甘寒且有降血压的作用；忌与安体舒通同食，否则易出现高钾血症。

秋季养生药膳 52

灵芝肉片汤

材料 党参10克，灵芝12克，猪瘦肉150克，盐6克，香油3克，葱花、姜片各5克。

做法 ①将猪瘦肉洗净、切片；党参、灵芝洗净用温水略泡备用。②净锅上火倒油，将葱、姜片爆香，下入肉片煸炒，倒入水烧开。③下入党参、灵芝，调入盐煲至成熟，淋入香油即可。

功效 此汤具有益气安神、健脾养胃的功效，可用于气虚无力等症。

秋季养生小贴士

秋季吃菱角需注意：痢疾患者及感冒患者忌多食。痢疾及感冒患者都忌吃补益类的药膳，而菱角滋补作用明显，多食可能加重病情。服用糖皮质激素者，应忌食菱角之类含糖分多的食物。

秋季养生药膳 53

人参蜂蜜粥

材料 人参3克，蜂蜜50克，生姜片5克，韭菜末5克，粳米100克。

做法 ①将人参洗净置清水中浸泡一夜。②将泡好的人参连同泡参水与洗净的粳米一起放入砂锅中，文火煨粥。③待粥将熟时放入蜂蜜、生姜片、韭菜末调匀，再煮片刻即成。

功效 本品具有调中补气、润肠通便、丰肌泽肤的功效。

秋季养生小贴士

秋季龋齿患者饮食禁忌多，如应忌多食石榴，因其易加重龋齿的疼痛；忌多食红枣、龙眼等甜味较重的果品，一来甜味可刺激牙髓疼痛，二来残留甜味食物可发酵变酸腐蚀牙齿，加重龋齿病情。

秋季养生药膳 54

瘦肉豌豆粥

材料 蜂蜜适量，豌豆30克，瘦肉100克，大米80克，姜末、葱花各少许。

做法 ①豌豆洗净；猪肉洗净，剁成末；大米用清水淘净，用水浸泡半小时。②大米入锅，加清水烧开，改中火，放姜末、豌豆煮至米粒开花。③再放入猪肉，改小火熬至粥浓稠，调入蜂蜜，撒上葱花即可。

功效 本粥具有益气补中、调和阴阳、通利二便的作用。

秋季养生小贴士

秋季吃莲子需注意：忌生吃，其性涩滞，生吃可致腹胀；大便秘结者、血压过低者、淋症患者均忌食，因莲子收涩作用较强，而大便秘结者及淋症患者均忌食收涩性食物，且其具有明显的降压作用。

秋季养生药膳 ⑤ ⑤

灵芝蜂蜜茶

材料 灵芝5克，蜂蜜少许。

做法 ①将灵芝清洗干净，加600克水，煮至沸腾。②待沸腾后转小火再煮10分钟。③待茶稍温，加入蜂蜜调匀即可饮用。

功效 本品具有调和阴阳、益气补虚、养心安神等功效。

秋季养生小贴士

秋季气候宜人，会使人倦乏，此时，一方面要加强营养物质的摄入，以弥补夏季过度消耗的能量；另一方面要勤于运动锻炼以增强体质，提高身体的适应能力。

秋季养生药膳 ⑤ ⑥

灵芝麦冬茶

材料 灵芝、玉竹、麦冬各适量，蜂蜜少许。

做法 ①将灵芝、玉竹、麦冬洗净，加600克水，煮沸。②待沸腾后小火再煮10分钟。③加入蜂蜜调匀即可饮用。

功效 本品具有平衡阴阳、滋阴润肺、补气健脾、美白护肤等功效。

秋季养生小贴士

秋季，爱美女士易得"裙装病"。因此女士们应注意：气温降低，裙袜都应换厚料，以抵御风寒；加强锻炼，以增强自身机体的抵抗力；加强营养，均衡饮食，天气寒冷时可适当吃一些狗肉等性温热食品。

秋季易发病调理药膳

秋季空气干燥，天气也逐渐变凉，容易引发一系列疾病，如肺炎、咽炎、便秘、前列腺炎、脱发、中风等，因此，秋季除了要抗皮肤干燥、多喝水外，还要预防疾病的发生。选择一款适合自己的药膳，既美味又有益，何乐而不为？

秋燥肺炎 >>

入秋时节，雨水天气开始减少，空气变得干燥，易引发肺炎病症。肺炎是指终末气道、肺泡和肺间质的炎症。其症状：寒战，高热，呼吸急促，严重者伴呼吸困难，持久干咳，可能有单边胸痛，深呼吸和咳嗽时胸痛剧烈，痰或多或少，可能含有血丝。所以治疗调理此病应从滋阴润肺、敛肺止咳着手。

【对症药材、食材】

●杏仁、百合、桔梗、沙参、玉竹、罗汉果、天门冬、白芥子、白果、芦根、瓜蒌、桑叶、前胡、款冬花、桑白皮、虫草等；冬瓜、丝瓜、梨、银耳、莲藕、无花果、绿豆、海带、木耳等。

【本草药典——罗汉果】

●**性味归经**：性凉，味甘。归肺、大肠经。
●**功效主治**：清肺润肠，治百日咳、痰火咳嗽、血燥便秘。
●**选购保存**：以形圆、个大、坚实、摇之不响、色黄褐者为佳。置干燥处，防霉、防蛀。
●**食用禁忌**：便溏者忌服。

【预防措施】

对抗秋燥肺炎，秋季时节日常要注意多吃新鲜蔬菜和水果，但不宜吃温热性的水果，如榴梿、荔枝、桃子、杏等，以免助热生痰。注意每天保持适当的运动量，比如跑步、爬山、打球，锻炼可以增强体质，增强肺功能，有助于预防肺炎的发生。

【饮食宜忌】

宜食荷叶、山药、沙参、玉竹、麦冬、梨、冰糖、丝瓜、苦瓜等。
忌食狗肉、羊肉、荔枝、龙眼、杏、生姜、辣椒、芥末、胡椒、茴香等。

食疗药膳①

沙参玉竹煲猪肺

材料 沙参15克，玉竹10克，蜜枣2粒，猪肺1个，猪腱肉180克，姜2片，盐适量。

做法 ①沙参、玉竹洗净，切段；猪腱肉洗净切成小块；蜜枣洗净。②猪腱肉飞水，将猪肺洗净后切成块。③把沙参、玉竹、蜜枣、猪肺、猪腱肉、姜片放入锅中，加入适量清水煲沸，改用中小火煲至汤浓，以适量盐调味，即可趁热饮用。

功效 此品可润燥止咳、补肺养阴。

秋季养生小贴士

肺炎患者应根据病情合理氧疗。保证静脉输液通畅、无外溢，必要时置中心静脉压了解血容量。按医嘱送痰培养2次，血培养5次。胸痛、咳嗽、咳痰可采取对症处理。

食疗药膳②

白果蒸鸡蛋

材料 白果10颗，鸡蛋2只，盐1小匙。

做法 ①白果洗净剥皮；鸡蛋磕破盛入碗内，加盐打匀，加温水调匀成蛋汁，撇去浮沫，加入白果。②锅中加水，待水滚后转中小火隔水蒸蛋，每隔3分钟左右掀一次锅盖，让蒸汽溢出，保持蛋面不起气泡，约蒸15分钟即可。

功效 补气养肺，润燥止咳，祛痰利便。

秋季养生小贴士

给予肺炎患者高营养饮食，多喝水，高热者可给清淡易消化半流质饮食，注意保暖，尽可能卧床休息，避免过度劳累，感冒流行时少去公共场所，尽早防治上呼吸道感染。

食疗药膳③

菊花桔梗雪梨汤

材料 甘菊5朵，桔梗10克，雪梨1个，冰糖5克。

做法 ①甘菊、桔梗洗净加1200克水煮开，转小火继续煮10分钟，去渣留汁，加入冰糖搅匀后，盛出待凉。②雪梨洗净削皮，梨肉切丁备用。③将切丁的梨肉加入已凉的甘菊水即可。

功效 此品可开宣肺气、清热解毒、润燥止咳。

秋季养生小贴士

肺炎患者应选择具有清热化痰、宣肺理气、祛邪解毒作用的食物。勿食辛辣温热、炒爆煎炸、肥腻温补、助热上火的食物。

食疗药膳④

桑白杏仁茶

材料 桑白皮10克，南杏仁10克，绿茶12克，冰糖20克。

做法 ①将杏仁洗净打碎。②桑白皮、绿茶洗净加水与南杏仁煎汁，去渣。③加入冰糖溶化，即可饮服。

功效 泻肺平喘、止咳化痰，可用于秋燥肺炎、咳嗽咳痰、喘息气促者的辅助治疗。

秋季养生小贴士

秋季小儿最容易患肺炎，一般是发热、咳嗽、气喘三个症状。小儿一旦患肺炎，退热后还要用药3天，以彻底治愈，防止转变为慢性肺炎。

口腔溃疡 >>

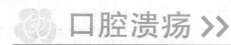

口腔溃疡，又称为"口疮"，是发生在口腔黏膜上的浅表性溃疡，大小可从米粒至黄豆大小，溃疡面周围充血、灼痛明显，好发于唇、颊、舌缘等。秋季较干燥，易上火，是口腔溃疡的多发季节，口腔溃疡的其他诱因有局部创伤、精神紧张、食物上火及维生素或微量元素缺乏等。

【对症药材、食材】

●土茯苓、石斛、金银花、菊花、生地、玉竹、马齿苋、黄芩、黄连、决明子、桑叶等；黄瓜、丝瓜、白萝卜、白菜、海带、菠菜、豆类、牛奶、鸡肝、香菇等。

【本草药典——土茯苓】

●**性味归经**：性平，味甘、淡。

●**功效主治**：除湿、解毒、通利关节。用于湿热淋浊、带下、痈肿、瘰疬、疥癣、梅毒及汞中毒所致的肢体拘挛、筋骨疼痛。

●**选购保存**：以淡棕色、粉性足、纤维少者为佳。置于阴凉通风处保存。

●**食用禁忌**：长期使用土茯苓则会造成或加重津亏液耗，出现口干、咽燥等不良反应。

【预防措施】

多食含锌食物，比如牡蛎、动物肝脏、蛋类等；多吃富含维生素B_1、维生素B_2、维生素C的食物，有利于溃疡愈合。忌用烟、酒、咖啡、刺激性饮料，以及酸、辣烤、炸的食物；多喝水，多吃纤维素丰富的食物，保持大便通畅，有助于减少口疮发作。

【饮食宜忌】

宜食凉性水果如西瓜、梨、柚等；含锌及B族维生素、维生素C食物如蛋类、蔬菜、奶类。

忌食热性食物，如羊肉、狗肉、辣椒、胡椒、榴梿；忌发物如虾、蟹、酒、烟等。

【小贴士】

需要注意的是，口腔内经久不愈的溃疡，由于经常受到咀嚼、说话的刺激，时间久了可能会发生癌变，经常患口腔溃疡的人需要注意这个问题。治疗口腔溃疡的方法还有：①用甲硝唑口含片，每日3次，一般4～5天痊愈。②将少许白糖涂于溃疡面，每日2～3次。

食疗药膳① 土茯苓绿豆老鸭汤

材料 土茯苓20克，陈皮3克，老鸭500克，绿豆200克，盐少许。

做法 ①先将老鸭洗净、斩件，备用。②土茯苓、绿豆和陈皮用清水浸透，洗干净备用。③瓦煲内加入适量清水，先用武火烧开，然后放入土茯苓、绿豆、陈皮和老鸭，待水再开，改用文火继续煲3小时左右，以少许盐调味即可。

功效 此品可清热解毒、利尿祛湿。

秋季养生小贴士

平常应注意口腔卫生，经常用淡盐水漱口，戒除烟酒，生活起居有规律，保证充足的睡眠，坚持体育锻炼，饮食清淡，多吃蔬菜水果和小麦胚芽，多喝水。

食疗药膳② 石斛炖鲜鲍

材料 鲜鲍鱼3只，石斛10克，生地10克，龙骨40克，盐5克，味精3克，生姜2片，高汤200克。

做法 ①鲍鱼去内脏，洗净，龙骨与鲍鱼入沸水中氽烫，捞出洗净，放入炖盅内。②注入200克高汤，放入洗净的石斛及生地、生姜片炖3小时。③用勺将汤表面的油渍捞出，加入盐、味精调味即可。

功效 此品可清热解毒、凉血生津。

秋季养生小贴士

易患口腔溃疡者平常应补充B族维生素、维生素C和锌。少食辛辣、厚味的刺激性食品，保持大便通畅；妇女经期前后要注意休息，保持心情愉快，避免过度劳累。

食疗药膳③

糯米莲子羹

材料 莲子30克，糯米100克，蜂蜜、红椒碎各少许。

做法 ①将糯米、莲子洗净后，用清水浸泡1小时。②把糯米、莲子放入锅内，加适量清水，置火上煮粥。③煮至莲子熟后，放入蜂蜜调匀，撒上红椒碎便可。

功效 此品可滋阴清热、健脾止泻，可用于治疗口腔溃疡及食欲不振、湿热泄泻等症者。

秋季养生小贴士

口腔溃疡患者应当常食用清淡的食物，选择具有清热祛火、清心利尿、生津养阴作用的食物。勿食辛辣温燥、性热助阳、炒爆上火的食物。

食疗药膳④

麦冬竹叶茶

材料 麦冬15克，淡竹叶10克，绿茶3克，沸水适量。

做法 ①将麦冬、淡竹叶洗净，和绿茶三者混合放进杯内。②往杯内加入600克左右的沸水。③盖上杯盖焖20分钟，滤去渣后即可饮用。

功效 滋阴润肺、生津止渴，用于口腔溃疡伴口干咽燥、尿黄便秘等症者。

秋季养生小贴士

口腔溃疡很容易复发，平常宜多食用动物的肝脏、心脏、肾脏、蛋类、黄豆、花生等食物，以适当补充B族维生素。

咽炎 >>

咽炎是由细菌引起的一种疾病,分为急性咽炎和慢性咽炎两种。急性咽炎主要症状是初起咽部干燥,灼热;继而疼痛,吞咽唾液时咽喉痛往往比进食时更为明显;可伴发热,头痛,食欲不振和四肢酸痛;侵及喉部时,可伴声嘶和咳嗽。慢性咽炎的主要症状为自觉咽喉不适,干、痒、胀、痛,分泌物多,易干恶,感觉喉部有异物感,咯之不出,吞之不下。

【对症药材、食材】

●薄荷、罗汉果、胖大海、金银花、蒲公英、玉竹、玄参、荷叶、沙参等;梨、丝瓜、绿豆、萝卜、香菇、猴头菇、黑木耳、银耳、草菇等。

【本草药典——玄参】

●性味归经:性微寒,味甜、微苦。

●功效主治:滋阴降火、除烦解毒。治热病伤阴、舌绛烦渴、发斑、骨蒸劳热、夜寐不宁、自汗盗汗、津伤便秘、吐血衄血、咽喉肿痛、痈肿、瘰疬、温毒发斑、目赤、白喉、疮毒。

●选购保存:以肥大、皮细、质坚、芦头修净、肉色乌黑者为佳;小、皮粗糙、带芦头者次之。置干燥处,防霉、防蛀。

●食用禁忌:脾胃有湿及脾虚便溏者忌服。产后如需用凉药时,如嫌知母太寒,可用玄参代替。

【预防措施】

及时治疗鼻、口腔、下呼吸道疾病,包括病牙;勿饮酒和吸烟,减少粉尘、有害气体对身体的刺激,生活起居有常,劳逸结合,保持每天通便,清晨用淡盐水漱口或少量饮用淡盐水;适当控制用声,用声不当、用声过度对咽喉炎治疗不利。

【饮食宜忌】

宜食绿叶蔬菜、菌类食物、蛋类、瘦肉类、鱼类、凉性水果等。
忌食辣椒、狗肉、羊肉等辛辣热性食物,忌虾、蟹等发物,忌烟酒。

【小贴士】

注意劳逸结合,防止受冷,急性期应卧床休息。若经常接触粉尘或化学气体者,应戴口罩。注意口腔卫生,平时多饮淡盐开水,吃易消化的食物,保持大便通畅。避免烟、酒以及辛辣、过冷、过烫、带有腥味的刺激性食物。用罗汉果冲饮能有效治疗咽喉炎。

食疗药膳①

罗汉果瘦肉汤

材料　罗汉果1个，枇杷叶15克，猪瘦肉500克，盐5克。

做法　①罗汉果洗净，打成碎块。②枇杷叶洗净，浸泡30分钟；猪瘦肉洗净，切块。③将清水2000克放入瓦煲内，煮沸后加入罗汉果、枇杷叶、猪瘦肉，武火煲开后，改用文火煲3小时，加盐调味。

功效　清热利咽、止渴润燥，对治疗扁桃体炎、咽喉炎都有很好的疗效。

秋季养生小贴士

咽炎患者除了保持口腔清洁外，还可口含薄荷片或碘喉片，每天数次，每次1~2片，可有效缓解咽炎引起的咽喉不适。

食疗药膳②

梨皮沙参大米粥

材料　北沙参20克，梨皮20克，大米100克，白糖适量。

做法　①大米洗净泡发；梨皮洗净；北沙参洗净。②锅置火上，注水后，放入大米，用旺火煮至米粒开花。③放入梨皮、北沙参，改用文火煮至粥能闻见香味时，放入白糖调味即可。

功效　此品具有解毒利咽、补肺健脾、润燥止渴的功效。

秋季养生小贴士

咽炎患者在病症急性发作时，剧烈的咳嗽会刺激咽神经而出现反射性的恶心呕吐，此时喝点水可暂时缓解症状。

食疗药膳③

厚朴蔬果汁

材料 厚朴15克，陈皮10克，西洋芹30克，苜蓿芽10克，菠萝35克，苹果35克，水梨35克。

做法 ①厚朴、陈皮洗净与清水置入锅中。②以小火煮沸约2分钟，滤取药汁降温备用。③ 西洋芹、苜蓿芽、菠萝、苹果、水梨洗净，切成小丁状，放入果汁机内搅打均匀，倒入杯中，加入药汁混合即可饮用。

功效 降气化痰，健脾祛湿。

秋季养生小贴士

咽炎急性发作期，若表现为恶寒发热、无汗头痛、肢体酸痛、苔薄脉浮，中医解为表证未解，不宜服用补品，以免诱邪深入，延长病程。

食疗药膳④

乌梅竹叶绿茶

材料 淡竹叶10克，玄参8克，乌梅5颗，绿茶1包。

做法 ①将玄参、淡竹叶和绿茶、乌梅洗净一起放进杯内。②往杯内加入600克左右的沸水。③盖上杯盖，20分钟后滤去渣，即可饮用。

功效 滋阴润燥、生津止渴、利尿通淋，用于咽喉干燥、灼痛、口渴喜饮、小便短赤等症的辅助治疗。

秋季养生小贴士

慢性咽炎患者切忌长时间待在空调房里，卧室要保持通风透气。如果是装饰不久的新居，最好尽量推迟入住时间，同时保持通风换气以减少新居中有害气体的含量。

 便秘 >>

便秘是临床常见的症状，主要是指排便次数减少，每次排便的量减少，粪便干结，排便费力等。以上症状同时存在两种时，可诊断为症状性便秘。通常以排便频率减少为主，一般每2～3天或更长时间排便一次（或每周排便少于3次）即为便秘。由于秋季较干燥，若饮食、生活不注意，易发生便秘。

【对症药材、食材】

●火麻仁、决明子、郁李仁、厚朴、番泻叶、当归、生地、女贞子、桑葚等；坚果类、豆制品、燕麦、黑芝麻、杏仁、全麦面包、动物肝脏等。

【本草药典——郁李仁】

●性味归经：性平，味辛、苦、甘。

●功效主治：润燥、滑肠、下气、利水。治大肠气滞、燥涩不通、小便不利、大腹水肿、四肢浮肿、脚气。

●选购保存：以颗粒饱满、淡黄白色、整齐不碎、不出油、无核壳者为佳。置阴凉干燥处，防蛀。

●食用禁忌：阴虚液亏及孕妇慎服。

【预防措施】

首先要注意摄入饮食的量，只有足够的量，才足以刺激肠蠕动，使粪便正常通行和排出体外。其次要注意饮食的质，主食不要太精过细，要注意吃些粗粮和杂粮，还有就是要多喝水，养成良好的排便习惯，每日定时排便，多运动。

【饮食宜忌】

宜食坚果类，豆制品，纤维素多的食物如青菜、芹菜，以及水果如香蕉、梨、西瓜等。

忌食肥肉、羊肉、狗肉、辣椒、生姜、大葱、蒜头、茴香、烟、酒等。

【小贴士】

饮食习惯不良的便秘患者，应调整饮食，增加含纤维素较多的蔬菜和水果，适当摄取粗糙而多渣的杂粮，如标准粉、薯类、玉米、大麦等；油脂类的食物、凉开水、蜂蜜均有助于便秘的治疗。多饮水。便秘较严重者可采用开塞露润滑泻剂，或泡饮番泻叶等药物，但不宜久用，久用则易产生耐药性。

食疗药膳① 　　　　　大肠枸杞核桃汤

材料 核桃仁35克，枸杞子10克，猪大肠175克，盐6克，葱末、姜末各2克。

做法 ①猪大肠洗净切块汆水。②核桃仁、枸杞子用温水洗干净备用。③净锅上火倒入油，将葱、姜爆香，下入猪大肠煸炒，倒入水，调入盐烧沸，下入核桃仁、枸杞子，小火煲至熟即可。

功效 补脾固肾、润肠通便，可用于脾肾气虚所致的习惯性便秘。

秋季养生小贴士

便秘患者要多吃蔬菜水果，以补充足够的纤维素，如麻油拌菠菜。做腹部顺时针按摩，每天2次，每次5~10分钟。暂停补钙，锻炼身体，如散步、慢跑、勤翻身等。

食疗药膳② 　　　　　　　　　五仁粥

材料 花生仁、核桃仁、黑芝麻各20克，杏仁、决明子各8克，绿豆30克，小米70克，白糖4克。

做法 ①小米、绿豆均泡发洗净；花生仁、核桃仁、杏仁、决明子、黑芝麻均洗净。②锅置火上，加入适量清水，放入小米、绿豆、花生仁、核桃仁、杏仁、决明子、黑芝麻，开大火煮开。③再转中火煮至粥呈浓稠状，调入白糖拌匀即可。

功效 清热泻火，润肠通便，清肝明目。

秋季养生小贴士

便秘患者应选择具有润肠通便作用的食物，常吃含纤维素丰富的各种蔬菜水果，多吃含B族维生素的食物，勿食辛辣温燥的食物，勿食性涩收敛的食物，勿食爆炒煎炸、伤阴助火的食物。

食疗药膳③

黑芝麻核桃蜜

材料 核桃仁50克，蜂蜜200克，黑芝麻100克。

做法 ①将黑芝麻、核桃仁洗净先用文火炒黄。②待其凉后一同研碎。③碎块放于器皿内，加入蜂蜜调匀即可服用。

功效 具有润肠通便、下气散结的功效。可治疗肠蠕动功能较弱所致的便秘、头发早白等症。

秋季养生小贴士

便秘患者应尽量保证每天的饮水量在1500克以上，这样可使肠道保持足够的水分，有利于粪便排出。

食疗药膳④

大黄绿茶

材料 大黄5克，淡竹叶10克，绿茶3克，沸水适量。

做法 ①将大黄、淡竹叶和绿茶三者洗净混合放进杯内。②往杯内加入600克左右的沸水。③盖上杯盖焖20分钟，滤去渣后即可饮用。

功效 清热泻火、峻下热结，可用来治疗体内热甚，便秘燥结，腹胀腹痛不能按者。

秋季养生小贴士

便秘患者可做快步行走和慢跑等运动，或者在空余时间做深长的腹式呼吸，均可促进肠道蠕动，有助于解除便秘。

 乳腺炎 >>

急性单纯乳腺炎初期主要是乳房胀痛,局部皮温高、压痛,出现边界不清的硬结,有触痛。急性化脓性乳腺炎主要症状为局部皮肤红、肿、热、痛,出现较明显的硬结,触痛更剧,同时病人可出现寒战、高热、头痛、无力等全身症状。乳腺炎多发于哺乳期妇女。

【对症药材、食材】

●蒲公英、鱼腥草、当归、黄芪、白花蛇舌草、金银花、柴胡、黄芩、陈皮、白术、党参、熟地等;猪蹄、鲫鱼、黄花菜、丝瓜、黄瓜、油菜、生菜、红豆、花生、芝麻、绿豆等。

【本草药典——黄芩】

●性味归经:性寒,味苦。
●功效主治:泻实火、除湿热、止血、安胎。治燥热烦渴、肺热咳嗽、湿热泻痢、黄疸、热淋、吐衄、崩漏、目赤肿痛、胎动不安、痈肿疔疮。
●选购保存:以条粗长、质坚实、色黄、除净外皮者为佳。置通风干燥处,防潮。
●食用禁忌:凡中寒泄泻、中寒腹痛、血虚腹痛、脾虚泄泻、肾虚溏泻、脾虚水肿、血枯经闭、气虚、肺受寒邪喘咳、血虚胎不安、阴虚淋漓等患者慎用。

【预防措施】

为了避免产后出现乳腺炎,在妊娠后期就应常用温水擦洗乳房、乳头,从而减少细菌附着,增强乳头皮肤的抗病能力。有乳头内陷的女性,如果症状较重,应在怀孕前及时进行手术治疗;如症状较轻,可以通过用手挤或用一次性注射器负压吸引的方式来纠正。如果乳汁过多,应及时用吸奶器吸净,避免因乳汁蓄积过多而引起急性乳腺炎,同时也应该养成定时哺乳的好习惯,尽量避免让宝宝含着乳头睡觉。

【饮食宜忌】

宜食猪蹄、鲫鱼、蒲公英、鱼腥草、金银花、柴胡、梨、丝瓜、红豆、花生、绿豆等。

忌食虾、螃蟹、浓茶、酒以及煎炸类、辛辣刺激类、茄子等易发、易过敏性食物。

【小贴士】

早期注意休息,患者暂停乳房哺乳,清洁乳头、乳晕,促使乳汁排出(用吸乳器或吸吮),哺乳期避免乳汁淤积。防止乳头损伤,有损伤时要及时治疗。不要让孩子养成含乳头睡觉的习惯,多吃粗粮,孕期多按摩乳房可预防乳腺炎等。

食疗药膳① ········ • 银花茅根猪蹄汤

材料 白茅根30克，金银花20克，猪蹄1只，黄瓜35克，盐6克。

做法 ①将猪蹄洗净、切块、汆水；黄瓜去皮、子，洗干净；白茅根、金银花洗净备用。②汤锅置火上加水，下入猪蹄，调入盐、白茅根、金银花烧开。③煲至快熟时加入黄瓜即可。

功效 凉血解毒、消炎止痛、利尿通淋，可用于急性乳腺炎、尿道炎等症的辅助治疗。

秋季养生小贴士

乳腺炎患者应遵循"低脂高纤"的饮食原则，多吃全麦食品、豆类和蔬菜，注意补充适当的微量元素，如硒，同时要控制动物蛋白的摄入。

食疗药膳② ········ • 苦瓜牛蛙汤

材料 苦瓜200克，牛蛙175克，紫花地丁、蒲公英、鱼腥草、盐、姜丝各适量。

做法 ①将苦瓜去子洗净切厚片，用盐水稍泡；紫花地丁、蒲公英、鱼腥草洗净，备用。②牛蛙洗净斩块，汆水备用。③净锅上火倒入清汤，调入盐、姜丝烧开，下入牛蛙、苦瓜、紫花地丁、蒲公英、鱼腥草煲至熟即可。

功效 此汤可凉血消肿、利尿散结。

秋季养生小贴士

乳腺炎患者应保持乳头清洁，常用温水清洗乳头，可借助吸乳器将乳汁排空，但如果发热，体温达39℃时不宜吸乳。

食疗药膳③

黄连白头翁粥

材料 川黄连10克，白头翁30克，粳米30克。

做法 ①川黄连、白头翁洗净，入砂锅，水煎，去渣取汁。②另起锅，加清水400克，粳米洗净入锅，煮至米开花。③加入药汁，煮成粥待食。每日3次，温热服食。

功效 本品有凉血消肿、利尿散结的功效，可辅助治疗急性乳腺炎、淋巴腺炎等症。

秋季养生小贴士

乳腺炎和乳腺癌在初期症状较相似，比较难鉴别，因此，初期出现乳房红肿热痛的患者应及时去医院诊治，以免延误病情。

食疗药膳④

薏米黄芩饮

材料 薏米30克，升麻10克，黄芩10克，地骨皮15克，枳壳8克，牛蒡子10克，生地15克，蜂蜜适量。

做法 ①薏米、升麻、黄芩、地骨皮、枳壳、牛蒡子、生地均冲洗干净备用。②净锅上火倒入清水，将药材下入煮20分钟即可。③过滤药渣，调入蜂蜜饮用，一日一剂。

功效 此品可清热解毒、消炎镇痛。

秋季养生小贴士

乳腺炎患者如果症状较轻，可以继续哺乳，但如果症状严重的话，就要终止哺乳了，可在主治医师的指导下确定是否可以继续哺乳。

前列腺炎 >>

前列腺炎主要症状为会阴或耻骨上区域有重压、疼痛感；尿道症状为排尿时有烧灼感，尿急、尿频、尿痛，可伴有排尿终末血尿或尿道脓性分泌物；可引起性欲减退和射精痛，射精过早症，并影响精液质量；在排尿后或大便时还可以出现尿道口流白，合并精囊炎时可出现血精。

【对症药材、食材】

●山茱萸、山药、熟地、芡实、菟丝子、莲子、车前子、鱼腥草、薏米、茯苓等；鲫鱼、鳝鱼、牛奶、贝类、板栗、苹果、西红柿、绿豆、椰子等。

【本草药典——菟丝子】

●**性味归经**：性平，味辛、甘。归肾、肝、脾经。

●**功效主治**：补肝肾、益精髓、明目。治腰膝酸痛、遗精、消渴、尿有余沥、目暗。

●**选购保存**：以颗粒饱满、无尘土及杂质者为佳。置通风干燥处。

●**食用禁忌**：阴虚火旺、便秘、小便短赤、血崩者不宜服用。

【预防措施】

检查包皮是否过长，过长者要及早做包皮环切手术，防止细菌藏匿并经尿道逆行进入前列腺。及时清除身体其他部位的慢性感染病灶，防止细菌从血液进入前列腺。养成及时排尿的习惯，因为憋尿可使尿液反流进入前列腺。不久坐和长时间骑车，以免前列腺血流不畅。养成良好的生活习惯，不吸烟、少饮酒。

【饮食宜忌】

宜食含锌类食物，如鱼类、贝类、莴笋、西红柿；含脂肪酸食物，如南瓜子、花生等。

忌食辣椒、生姜、狗肉、羊肉、榴梿及辛辣刺激性食物，忌烟、酒。

【小贴士】

患者在家可以采用坐浴疗法辅助治疗前列腺炎，将40℃左右的水（手放入不感到烫），倒入盆内，约半盆即可，每次坐10～30分钟，水温降低时再添加适量的热水，使水保持有效的温度，每周1～2次。热水中还可加适当的芳香类中药，如苍术、木香等。若导入前列腺病栓后再坐浴，可促进药物的吸收，提高疗效。

食疗药膳① 五子下水汤

材料 地肤子、覆盆子、车前子、菟丝子、栀子各10克，鸡内脏1份，姜丝、葱丝、盐各适量。

做法 ①将鸡内脏洗净，切片。②将地肤子、覆盆子、车前子、菟丝子、栀子洗净放入棉布袋内，扎好，放入锅中，加水1000克以大火煮沸，转小火煮20分钟。③捞弃棉布袋，转中火，放入鸡内脏、姜丝、葱丝，待汤再开，加盐调味即可。

功效 补肾利尿，消炎止痛。

秋季养生小贴士

前列腺炎患者宜饮食有节，不要过食肥甘厚味、辛辣的食物，饮食宜清淡，多食蔬菜水果，保持大便通畅。

食疗药膳② 土茯苓鳝鱼汤

材料 当归8克，土茯苓20克，赤芍10克，鳝鱼、蘑菇各100克，盐5克，米酒10克。

做法 ①鳝鱼洗净，切小段；当归、土茯苓、赤芍、蘑菇洗净。②将鳝鱼、蘑菇、当归、土茯苓、赤芍放入锅中，以大火煮沸后转小火续煮20分钟。③加入盐、米酒即可。

功效 此品可除湿解毒、利尿通淋、补气养血。

秋季养生小贴士

前列腺炎患者应保持起居有规律，同时性生活要有节制，避免房事过度，强忍精出。否则会使病情加重，难以康复。

食疗药膳③

灯芯草雪梨汤

材料 灯芯草15克，薏米30克，雪梨1个，冰糖适量。

做法 ①将雪梨洗净，去皮、核、切块；灯芯草、薏米洗净备用。②锅内加适量水，放入灯芯草、薏米，文火煎沸。③煎约20分钟后，加入雪梨块、冰糖，再煮沸即成。

功效 清热滋阴，利水通淋。用于前列腺炎伴阴虚口干舌燥、小便短赤等症的辅助治疗。

秋季养生小贴士

前列腺患炎者可每天在睡觉之前进行热水坐浴，并且定期进行前列腺按摩，可促进血液循环，有利于炎性分泌物排出。

食疗药膳④

椰汁薏米羹

材料 薏米80克，椰汁50克，玉米粒、胡萝卜、豌豆各15克，冰糖及葱花适量。

做法 ①薏米洗净后泡发；玉米粒、豌豆洗净；胡萝卜洗净，切丁。②锅置火上，注入水，加入薏米煮至米粒开花后，加入玉米粒、胡萝卜、豌豆同煮。③煮至米粒软烂时，加入冰糖煮至溶化，待凉时，加入椰汁，撒上葱花即可食用。

功效 此品可健脾渗湿、清热排脓。

秋季养生小贴士

秋季天气转凉，前列腺炎患者应注意保暖，受冷会导致尿道内压力增加，因收缩而妨碍排泄，从而产生淤积而充血，加重前列腺炎症状。

胃及十二指肠溃疡 >>

临床特点为慢性、周期性、节律性的上腹疼痛，胃溃疡的痛多发生在进食后0.5~1小时；十二指肠溃疡的痛则多出现于食后3~4小时。轻微者有反胃、呕吐、疼痛等症状。常见的并发症主要有出血、穿孔，严重者可因消化道大量出血（呕血或便血）导致休克，或因消化道穿孔引起弥漫性腹膜炎。

【对症药材、食材】

● 白及、田七、山楂、砂仁、甘草、白芍、白术、山药等；豆腐、鸡蛋、瘦肉、软饭、油菜、水果、牛奶、牛肉、蜂蜜等。

【本草药典——白及】

● 性味归经：性凉，味苦、甜。归肺、肝、胃经。

● 功效主治：补肺、止血、消肿、生肌、敛疮。治肺伤咯血、衄血、金疮出血、痈疽肿毒、溃疡疼痛、汤火灼伤、手足皲裂。

● 选购保存：以根茎肥厚、色白明亮、个大坚实、无须根者为佳。置于通风干燥处。

● 食用禁忌：外感咯血、肺痈初起及肺胃有实热者忌服。本品忌与附子、乌头配伍。

【预防措施】

经常胃部不适者要上医院检查，预防疾病恶化。要注意生活及饮食规律，防止疲劳，注意休息。要保持良好的精神状态，因为精神状态对胃黏膜的修复有很大的影响。饮食一定要注意定时定量，多吃易消化的食品。尽量避免抽烟、喝烈性酒、长期熬夜，减少对过浓咖啡等刺激性食物的依赖。

【饮食宜忌】

宜食绿色蔬菜、豆浆、豆腐、蛋类、瘦肉、牛肉、软饭、水果等。
忌食玉米、高粱、荞麦、芹菜、花生、火腿、腊肉、咖啡、浓茶、辣椒等。

【小贴士】

消化道溃疡的一个重要特点是发病与心理、精神因素密切相关。某些患者经治疗，病灶根除，经过内镜检查证实溃疡已愈合，但消化不良症状却得不到改善。其主要原因是患者精神负担较重，睡眠不佳，长此以往，消化不良的症状只会越来越严重，因此，治疗期间要积极配合，调整好心态，保持乐观的情绪。

食疗药膳①

佛手元胡猪肝汤

材料 佛手10克，元胡10克，制香附6克，猪肝100克，盐、姜丝、葱花各适量。

做法 ①将佛手、元胡、制香附洗净，备用。②三味药材放入锅内，加适量水煮沸，再用文火煮15分钟左右。③加入已洗净切好的猪肝片，放适量盐、姜丝、葱花，熟后即可食用。

功效 疏肝和胃、行气止痛。用于肝气郁结、胸闷腹胀、胃脘疼痛等症。

秋季养生小贴士

胃及十二指肠溃疡患者应尽量避免吃油炸食物及各种粗粮，以免加重肠胃负担；禁吃刺激性大的食物，以免刺激胃酸过多分泌。

食疗药膳②

白术猪肚粥

材料 白术20克，升麻10克，猪肚100克，大米80克，盐3克，鸡精2克，葱花5克。

做法 ①大米淘净，浸泡半小时后，捞起沥干水分；猪肚洗净，切成细条；白术、升麻洗净。②大米入锅，加入适量清水，以旺火烧沸，下入猪肚、白术、升麻，转中火熬煮。③待米粒开花，改小火熬煮至粥浓稠，加盐、鸡精调味，撒上葱花即可。

功效 此品可补脾益气、渗湿止痛。

秋季养生小贴士

胃及十二指肠溃疡患者应选择理气和胃、有止痛作用的食物，维持规律、正常的饮食习惯，吃七分饱，忌暴饮暴食。

食疗药膳③

生姜米醋炖木瓜

材料 生姜5克，白芍5克，木瓜100克，米醋少许。

做法 ①木瓜洗净，切块；生姜洗净，切片；白芍洗净，备用。②将木瓜、生姜、白芍一同放入砂锅。③加米醋和水，用文火炖至木瓜熟即可。

功效 补气益血、解郁调中、消积止痛。可辅助治疗上消化道溃疡、抑郁症、厌食等症。

秋季养生小贴士

胃及十二指肠溃疡患者应避免进食刺激胃酸分泌的食物，如浓肉汤、香料、浓茶、浓咖啡及过甜、过咸、过酸、过辣的食物，以及坚硬的、油炸的或多渣的食物等。

食疗药膳④

麦芽乌梅饮

材料 山楂10克，炒麦芽15克，乌梅2粒，寡糖30克。

做法 ①将山楂、乌梅、麦芽洗净，备用。②加水1000克，放入山楂、乌梅、麦芽，煮沸后小火续煮20分钟。③滤渣加入寡糖调味。

功效 行气除胀、滋阴养胃。可用于上消化道溃疡，症见胃肠胀气、反胃呕酸等症的辅助治疗。

秋季养生小贴士

胃及十二指肠溃疡患者应慎用：阿司匹林制剂、吲哚美辛、保泰松、扑热息痛、索米痛片以及感冒通、潘生丁、利血平、红霉素、乙酰螺旋霉素等。

神经衰弱 >>

神经衰弱属于心理疾病的一种，患者常感到疲乏，困倦，注意力不集中，做事没有持久性，脑力迟钝，记忆力减退，失眠，不易入睡，入睡后多梦，头昏脑涨。病情加重时可见畏强光和大声刺激，头痛、眼花、耳鸣、腰酸背痛、心慌、气短、食欲不振等症状。

【对症药材、食材】

●柏子仁、酸枣仁、百合、灵芝、远志、冬虫夏草、芡实、天麻等；莲子、玉米、小麦、鱿鱼、龙眼、乌龟、甲鱼、猪心、鸽肉、金针菇等。

【本草药典——冬虫夏草】

●**性味归经**：性温，味甘。归肾、肺经。

●**功效主治**：补虚损、益精气、止咳化痰、补肺肾。主治肺肾两虚、精气不足、阳痿遗精、咳嗽气短、自汗盗汗、腰膝酸软、劳嗽痰血、病后虚弱等症。

●**选购保存**：以完整、虫体丰满肥大、类白色、气微腥、味微苦者为好。置通风干燥处（最好冷藏），防蛀。

●**食用禁忌**：感冒风寒引起的咳嗽者不适合使用，肺热咯血者不宜用。

【预防措施】

学会自我调节，加强自身修养，以适当方式宣泄自己内心的不快和抑郁，以解除心理压抑和精神紧张；正确认识自己，尽量避免做一些力所不及的事情；培养豁达开朗的性格，忌太过忧伤、躁怒。保证充足的睡眠，忌熬夜，睡前避免过度兴奋或其他刺激，少喝酒，少抽烟，下午或晚上尤其要少食巧克力、咖啡和茶。

【饮食宜忌】

宜食粗粮类、豆类、绿叶蔬菜、瘦肉、鱼类、蛋类、水果等。

忌食肥腻、不易消化、引起胀气、辛辣、刺激性的食物，如烤肉、烤鸭、香肠、肥肉、胡椒、浓茶、白酒、肉桂、辣椒、槟榔、白萝卜、蚕豆等。

【小贴士】

神经衰弱患者饮食要营养全面，忌甜食。老年人患神经衰弱往往表现比较复杂，并可能伴有其他老年人常见的疾病。因此，如果老年人出现神经衰弱症状表现，一定要尽快咨询医生，请求医生的帮助。

食疗药膳① 虫草红枣炖甲鱼

材料 冬虫夏草5枚，红枣10颗，甲鱼1只，料酒、盐、葱末、姜丝、蒜瓣、鸡汤各适量。

做法 ①甲鱼洗净切块；冬虫夏草洗净；红枣洗净泡发。②将块状的甲鱼放入锅内煮沸，捞出备用。③甲鱼放入砂锅中，放虫草、红枣，加料酒、盐、葱末、姜丝、蒜瓣、鸡汤，炖2小时，拣出葱、姜即成。

功效 补虚损，益精气，解肝郁，安心神。

秋季养生小贴士

神经衰弱小偏方：将核桃仁、黑芝麻、桑叶各30克，捣如泥状，做成丸子，每丸约3克重。每服9克，1日2次，可治神经衰弱、健忘、失眠、多梦、食欲不振。

食疗药膳② 莲子芡实猪心粥

材料 莲子10克，芡实15克，桂圆肉10克，红枣15克，猪心50克，大米150克，姜丝、盐、麻油、葱花各适量。

做法 ①大米洗净，泡好；猪心洗净，切成薄片；桂圆肉洗净；红枣洗净；莲子浸泡半小时；芡实淘净。②锅中注水，下入大米煮沸，放入剩下材料，转中火熬煮。③慢火熬煮成粥，调入盐，淋麻油，撒上葱花即可。

功效 补肾益智，补益心脾，安心助眠。

秋季养生小贴士

神经衰弱小偏方：将阿胶10克，钩藤30克，酸枣仁25克水煎内服，每日一剂，日服3次，兑酒饮，具有养肝、宁心、安神等作用。服药15~20天，头昏眼花、虚烦失眠、健忘多梦症状可渐渐缓解。

食疗药膳③ · 红枣桂圆鸡肉粥

材料 红枣10克，荔枝、桂圆各5颗，鸡脯肉50克，大米120克，葱花5克，盐3克，麻油5克。

做法 ①荔枝、桂圆去壳，取肉；红枣洗净，去核，切开；大米淘净，浸泡半小时；鸡脯肉洗净，切丁。②大米放入锅中，加适量清水，大火烧沸，下入处理好的各种原材料，转中火熬煮至米粒软散。③改小火，熬煮成粥，调入盐调味，淋麻油，撒上葱花即可。

功效 补益心血，养心安神。

秋季养生小贴士

因心肾不交而致神经衰弱者，在饮食上可选用滋阴清热、通交心肾的食物，如红枣、百合、枸杞子、银耳、鲫鱼等。

食疗药膳④ · 百合汁

材料 鲜百合100克，椰奶30克，姜片15克，冰糖、冰块各适量。

做法 ①将百合洗净，用热水煮熟后，以冷水浸泡片刻，沥干备用。②将百合、姜片、椰奶与冰糖倒入搅拌机中，加350克冷开水搅打成汁。③将果菜汁倒入杯中，加入适量冰块即可。

功效 润肺止咳、宁心安眠，有缓解神经衰弱的功效，能改善睡眠状况。

秋季养生小贴士

精神衰弱患者可每天睡前打坐半小时，尽量屏除杂念，经常练习。在打坐中可达到忘我的境界，对治疗很有帮助。

 # 脱发 >>

脱发是指头发脱落的现象。正常脱落的头发都是处于退行期及休止期的毛发，进入退行期与新进入生长期的毛发不断处于动态平衡。病理性脱发是指头发异常或过度的脱落。脱发的主要症状是头发油腻，如同擦油一样；亦有焦枯发蓬，缺乏光泽，有淡黄色鳞屑固着难脱；或灰白色鳞屑飞扬，自觉瘙痒。

【对症药材、食材】

●何首乌、黑芝麻、核桃仁、肉苁蓉、熟地、女贞子、阿胶、山药、黄精等；乌鸡、海带、木耳、莴苣、葵花子、黑米、猪肝、猪腰、羊腰、甜酒等。

【本草药典——黄精】

●**性味归经**：味甘，性平。

●**功效主治**：补气养阴、健脾、润肺、益肾。用于脾胃虚弱、体倦乏力、口干食少、肺虚燥咳、精血不足、内热消渴。

●**选购保存**：以块大、肥润、色黄、断面透明的为佳，味苦的不能药用。置通风干燥处，防霉、防蛀。

●**食用禁忌**：虚寒泄泻、痰湿、痞满、气滞者忌服。

【预防措施】

应注意饮食清淡、营养全面，少食刺激性食物；保证充足睡眠，不熬夜，长时间疲劳过度，睡眠不足也会导致脱发。精神压抑越深，脱发、白发就越快，平常要保持愉快的心情、乐观积极的心态，可消除精神紧张感，防止头发早白早脱。

【饮食宜忌】

宜食豆类、坚果类、瘦肉类、牛奶、鱼肉、乌鸡、海产品、水果等。

忌食酒类、茶叶、咖啡、辣椒等辛辣刺激食物；忌煎炸类食物、冷饮等；慎食酸性过强的食物，如牛肉、金枪鱼、奶酪等。

【小贴士】

脱发、白发多因精血不足、营养匮乏导致，可多吃一点含有丰富的铁、钙和维生素A以及对头发有滋补作用的食物，如牛奶、家禽、蔬菜和蛋白质含量非常高的鱼、瘦肉等。不使用刺激性强的染发剂、烫发剂及劣质洗发用品。不使用易产生静电的尼龙梳子和尼龙头刷，在空气粉尘污染严重的环境戴防护帽并及时洗头。

食疗药膳① · 山药熟地乌鸡汤

材料 熟地20克，山茱萸10克，山药15克，丹皮10克，茯苓10克，泽泻10克，车前子8克，乌鸡腿100克，盐适量。

做法 ①将乌鸡腿剁块，放入沸水中汆烫，捞起，冲净；所有药材洗净备用。②将鸡腿和药材一道盛入煮锅，加适量水以大火煮开，转小火慢炖40分钟。③加入盐调味即可。

功效 补肾养血、固发止脱。用于肾虚、血虚所造成的脱发。

秋季养生小贴士

脱发患者应控制洗头的频率，一般冬天3～4天洗1次头，夏天2～3天洗1次头，太频繁会增加对毛囊的刺激，使脱发加重。

食疗药膳② · 苁蓉黄精骶骨汤

材料 肉苁蓉15克，黄精15克，白果粉1大匙，猪尾骶骨1副，胡萝卜1根，盐1小匙。

做法 ①猪尾骶骨洗净，放入沸水中汆烫，去掉血水；胡萝卜削皮，冲洗干净，切块备用；肉苁蓉、黄精洗净。②将肉苁蓉、黄精、猪尾骶骨、胡萝卜一起放入锅中，加水至盖过所有材料。③以武火煮沸，再转用文火续煮约30分钟，加入白果粉再煮5分钟，加盐调味即可。

功效 此品可补肾固发、益气强精。

秋季养生小贴士

血虚型脱发小偏方：取何首乌、当归、柏子仁等分研成细粉，加适量的炼蜜制成约9克重药丸。每次取1粒服用，1日3次，对于脱发症有较好的辅助疗效。

食疗药膳③　首乌肝片

材料 何首乌15克，黄精10克，猪肝200克，胡萝卜1根，鲍鱼菇6~7根，葱段、姜片、蒜薹段、盐各适量。

做法 ①将何首乌、黄精洗净；胡萝卜洗净切块；猪肝洗净切片；鲍鱼菇洗净。②将锅洗净，加入适量清水，将何首乌、黄精先下入锅内煮10分钟。③再将胡萝卜、猪肝、鲍鱼菇放入锅中煮熟后放入蒜薹、葱、姜，加盐调味即可。

功效 此品可滋阴补血、生发防脱。

秋季养生小贴士

脱发患者应注意帽子的透气性，头发长时间不透气，容易闷坏，尤其是发际处受帽子的压迫，毛孔肌肉易松弛，引起脱发。

食疗药膳④　首乌黑芝麻茶

材料 何首乌粉（已制熟的）15克，黑芝麻粉50克，白砂糖少许。

做法 ①将何首乌洗净，沥干，备用。②何首乌放入砂锅，加清水750克，用武火煮滚后，转文火再煮20分钟，直到药味熬出。③当熬出药味后，用滤网滤净残渣，加入黑芝麻粉，搅拌均匀后，加入适量白砂糖，即可饮用。

功效 此茶可滋补肝肾、乌发明目。

秋季养生小贴士

脱发患者在公共泳池游泳，要佩戴硅胶游泳帽，并且不宜时间过长，因为公共泳池中的大量漂白粉对于皮肤有刺激作用，长时间接触会使头皮、头发干涩，加重脱发现象。

单纯性肥胖 >>

单纯性肥胖是各类肥胖中最常见的一种，占肥胖人群的95%左右。这类病人全身脂肪分布比较均匀，没有内分泌紊乱现象，也无代谢障碍性疾病，其往往有家族肥胖病史。这种由遗传因素及营养过剩造成的肥胖，称之为单纯性肥胖。肥胖可引起很多疾病，如冠心病、高血压、高血脂、脑卒中等。

【对症药材、食材】

●丹参、车前子、薏米、荷叶、茯苓、泽泻、山楂、防己、黄芪等。魔芋、核桃仁、豆腐、鲫鱼、莲子、韭菜、大麦芽、芹菜、豆芽等。

【本草药典——防己】

●性味归经：性寒，味苦。归膀胱、肺经。

●功效主治：利水消肿，祛风止痛。用于水肿脚气、小便不利、湿疹疮毒、风湿痹痛、高血压。

●选购保存：以质坚实、断面平坦、灰白色、富粉性者为佳。置干燥处，防霉，防蛀。

●食用禁忌：本品大苦大寒易伤胃气，胃纳不佳及阴虚体弱者慎服。

【预防措施】

一天三餐要规律，食物要充分咀嚼后再咽下。慢慢地吃，时间越长，越易感觉饱。吃饭时把电视关掉，"边吃饭边做事"是饮食过量的原因之一。用餐时间要专心吃饭，饭后要立刻收拾餐具，别让食物一直摆在眼前，这点很重要。

【饮食宜忌】

宜食黄瓜、冬瓜、丝瓜、青菜、韭菜、芹菜、魔芋、鲫鱼等。
忌食肥肉、牛肉、狗肉，滋补类药物如红枣、党参、熟地等。

【小贴士】

适当减低膳食热量，当摄入热量低于消耗热量时，体重会逐渐下降；提倡食用低热量食物，忌食甘厚味如肥肉。优先考虑消减主食，主食和肥肉一样，吃得过多都会引起单纯性肥胖；逐步减少含糖多、营养价值不高的食品，如甜点心、油炸小吃、西式快餐、甜饮料等；补充各种维生素；不饮酒；多锻炼，做有氧锻炼，如步行、慢跑、游泳、爬楼梯等。

食疗药膳①

茯苓白豆腐

材料 茯苓30克，枸杞子适量，豆腐500克，香菇、精盐、料酒、淀粉、清汤各适量。

做法 ①豆腐挤出水，洗净切开；香菇洗净切成片；枸杞子和茯苓洗净泡发。②豆腐块放入热油中炸至金黄色，捞出。③将清汤、精盐、料酒以及泡发后的枸杞子、茯苓，一起倒入锅内烧开，加适量淀粉，搅拌成白汁，倒入炸好的豆腐块中搅拌切匀，与香菇片炒匀即成。

功效 此品可益脾和胃、祛湿减肥。

秋季养生小贴士

单纯性肥胖小偏方：取薏米30克、杏仁10克、粳米100克一同放入锅内，加水适量，以武火烧沸后，转文火续煮40分钟即成，每日1次，有健脾渗湿的作用。

食疗药膳②

防己黄芪粥

材料 防己10克，黄芪12克，白术6克，甘草3克，粳米50克。

做法 ①将防己、黄芪、白术、甘草洗净，一起放入锅中，加入适量的清水，至盖过所有的材料为止；粳米淘洗干净备用。②用大火煮沸后，再用文火煎煮30分钟左右。③加入粳米煮成粥即可。

功效 补血健脾、利水消肿、祛湿减肥。用于肥胖症、水肿尿少、体虚者的辅助治疗。

秋季养生小贴士

单纯性肥胖小偏方：取魔芋200克，与大米一同放入锅内，注入适量的清水以大火烧沸，转小火熬至粥熟，每日1次，可增加饱腹感、健脾胃。

食疗药膳③

绿豆薏米汤

材料 薏米40克，绿豆60克，低脂奶粉25克。

做法 ①先将绿豆与薏米洗净、泡水，大约2小时即可泡发。②砂锅洗净，将绿豆与薏米加入水中滚煮，待水煮开后转文火，将绿豆煮至熟透，汤汁呈黏稠状。③滤出绿豆、薏米中的水，加入低脂奶粉搅拌均匀后，再倒入锅中即可。

功效 此品可利尿解毒、健脾渗湿。

秋季养生小贴士

单纯性肥胖患者应积极进行有氧锻炼，步行、慢跑、跳舞、游泳、做有氧操、跳绳、骑自行车、爬楼梯等都是不错的方式。

食疗药膳④

降脂茶

材料 茯苓10克，槐花6克，新鲜山楂30克，冰糖适量。

做法 ①将新鲜山楂洗净去核捣烂，连同洗净的茯苓放入锅中；槐花洗净。②煮沸10分钟左右滤去渣。③再用去渣后的汁泡槐花，加入冰糖少许，搅拌，温服。

功效 消食化滞、健脾祛湿、降脂减肥。用于食少腹胀、脾胃代谢差的肥胖患者的辅助治疗。

秋季养生小贴士

痰湿型肥胖症患者宜吃具有化痰利湿作用的食物，忌吃油腻黏糯的食品；气虚型肥胖症患者宜吃具有补气健脾作用的食品，忌吃耗气壅滞的食物。

第五章
冬季药膳养生

　　冬天的三个月，是生机潜伏，万物蛰藏的时令。这段时间，水寒成冰，大地龟裂，白昼缩短，夜晚变长，人应该早睡晚起，避寒就暖，绝不提倡"闻鸡起舞"，待到日光照耀时起床才好，不要轻易地扰动阳气，妄事操劳，要使神志深藏于内，安静自若。冬季寒冷，人体阳气偏虚、阴寒偏盛，要守避寒冷，故养生宜助生阳气，求取温暖，不要使皮肤开泄而令阳气不断地损失，这是适应冬季的气候而保养人体闭藏机能的最佳方法。

冬季饮食养生宜与忌

冬季天气寒冷，寒邪易伤肾阳，中医养生学认为，冬季适宜温补。在冬天，根据体质和疾病的需要，有选择性地食用温性药材和食物，可以提高人体的免疫功能，如此不仅能够改善畏寒的现象，还能有效地调节体内的物质代谢，最大限度地把能量贮存于体内。

冬季养生饮食之宜

（1）冬季饮食养生宜坚持"三要"

一要御寒，人怕冷与其体内缺乏矿物质有关，因此，在注重热量的同时，冬季还应补充矿物质。二要保温，要多摄取含有蛋白质、脂肪或碳水化合物的食物，如肉类、蛋类、鱼类及豆制品等。三要防燥，冬季干燥，人们常有鼻干、舌燥、皮肤干裂等症状，应多补充维生素B_2和维生素C，维生素B_2多存在于动物的肝、蛋类、乳酪中，维生素C多存在于新鲜蔬菜和水果中。

（2）冬季饮食养生宜补阳气，宜适当吃点甘寒食品

冬季天寒地冷，饮食应该以补阳为主，多吃些能增强机体御寒能力的食物，如羊肉、狗肉、牛肉、乌龟、鹿肉、海带、牡蛎等，还应多吃些富含糖、蛋白质、脂肪、维生素和无机盐的食物，如海产品、鱼肉类、家禽类食物。

中医学认为，可选择一些甘寒食品来压住燥气，如兔肉、鸭肉、鸡肉、鸡蛋、芝麻、银耳、莲子、百合、白萝卜、白菜、芹菜、菠菜、冬笋、香蕉、梨、苹果等。

（3）冬季宜科学饮食，避免肥胖

冬季人体运动少，能量消耗也少，在和其他三季摄入同样食物的情况下，冬季的能量更容易转化为脂肪储存在人体内，因此要控制和平衡饮食。上午可多吃，要控制晚餐的进食量。

（4）冬季宜多吃红色食品、荞麦、橄榄

南瓜、洋葱、山楂、红辣椒、胡萝卜和西红柿等红色食品所含的β-胡萝卜素可防治感冒。冬季为脑出血和消化性溃疡出血高发期，荞麦含有丰富的维生素P，对血管壁有保护作用。高血压、冠心病等易受气候变化的影响，荞麦中含大量的黄酮类化合物，尤其

富含芦丁，能促进细胞增生和防止血细胞的凝集，还有降血脂、扩张冠状动脉、增强冠状动脉血流量等作用。橄榄有生津止渴之功，且冬季人们喝酒较多，橄榄能帮助解酒。

（5）冬季保健宜多喝红茶

冬季是万物生机潜伏闭藏的季节。秋去冬来，气温骤降，寒气逼人，人体生理功能减退，阳气减弱，对能量与营养要求较高。红茶是冬季最佳饮品之一，冬季适宜喝祁红、闽红、川红、粤红等红茶。中医学认为，红茶性味甘温，含有较多蛋白质，可以补益身体，养蓄阳气，生热暖腹，增强人体对寒冷的抗御能力。此外，常喝红茶可以去油腻、开胃口、助养生，使人体更好地顺应自然环境的变化。

（6）冬季宜食羊肉

羊肉物美价廉，是我国民间传统冬令进补的佳品。明代大药物学家李时珍的《本草纲目》中记载，羊肉能补中益气，开胃健力。羊肉营养丰富，性热味甘，具有暖中祛寒、温补气血、开胃健力、益胃气、补阴衰、壮阳肾、增精血的功效，还可通乳治带，有益于产妇。羊肉在冬季食用对身体更为有益。因为，羊肉所含的热量比牛肉还高，冬天吃羊肉可促进血液循环。羊肉中铁、磷等物质的含量比其他肉类高，适于各类贫血者食用。妇女、老年人气血不足、身体瘦弱、病后体虚等，冬季不妨多吃羊肉，可养气血、补元阳、益肾气、疗虚弱、安心神、健脾胃、御寒气、健体魄。

（7）冬季养生宜多食红枣

冬季多食用红枣，可以弥补人体维生素的不足。研究表明，红枣中维生素A、维生素C和维生素D的含量大大高于蔬菜和水果。尤其是含有生物类黄酮物质，能保护维生素C不受破坏。因此，人们把红枣誉为"天然的维生素丸"，是人体抗衰老的补品。

民间有"一天吃三枣，终身不显老"的说法。红枣既能滋补养血，又能健脾益气，抗疲劳、养神经，还有保肝脏、抗肿瘤、增强机体免疫力的功能，特别是对于贫血虚寒、肠胃病等病的防治十分有效，长期服用可使人延年益寿。

冬季养生饮食之忌

（1）冬季进补忌凡补必肉，感冒忌随便进补

冬季人体代谢较慢，身体容易聚集脂肪，所以进补应尽量选择清淡的饮食。若是重度感冒伴有发热头痛，最好不要进补，否则可能外邪不清，既耽误感冒的治疗，又没有

进补效果。

（2）冬季阴虚者忌食用偏温性食物；热淋患者忌食南瓜

阴虚者忌食羊肉、狗肉、桂圆、核桃等偏温性食物，否则容易助长火气，严重者还可引发口干舌燥、口疮面疮。热淋患者应食寒凉清热通淋之物，而南瓜属温热性食物，会导致热淋患者小便更为困难，甚至滴沥灼热疼痛、小便下血等，故忌食。

（3）冬季忌盲目食用狗肉；肉类忌与茶水同用

为防止感染旋毛虫病，应购买经过卫生部门检疫过的狗肉。另外，将狗肉洗切后要放在水中煮约半小时，而且在狗肉剁好后，还要将手用醋或肥皂水浸泡洗净，以防感染诸如狂犬病之类的病毒。茶叶中含有的大量鞣酸和肉中的高蛋白结合后会产生具有收敛性的鞣酸蛋白质，使肠胃蠕动减慢，延长粪便在肠道里的滞留时间，既容易形成便秘，还会增加有毒及致癌物质被人体吸收的可能性。故肉类忌与茶水同用。

（4）冬季忌用喝酒来御寒

喝酒让人有温暖的感觉，仅仅是因为酒麻痹了人对冷的感觉而已，而且这种热量是暂时的，等酒劲儿一过，人会感到更寒冷，并能使抗寒能力减弱，甚至出现头痛、感冒甚至冻伤等症状。因此，冬季饮酒抗寒只能短时起作用，而有害于身体健康。所以冬季忌喝酒抗寒。

（5）冬季进补忌乱服壮阳药

冬季是进补的最好时机。所以，一些体弱多病者和某些妇女，总想服用一些壮阳药治病或御寒，特别是新婚夫妇。壮阳药多具有类似性激素的作用，它的功效可概括为壮肾阳、益精髓、强筋骨、兴奋性功能，主要适用于阳痿、早泄、性欲减退、小便清长、形寒肢冷、白带清稀如水或宫寒不孕等阳虚患者。入冬进补鹿茸、冬虫夏草、红参、狗肉、羊肉、十全大补丸等，都能起到补阳御寒的作用。但任何药物对疾病的治疗作用都是有选择的，壮阳药也不例外。所以，冬季进补忌乱服壮阳药。

（6）冬季体虚进补四忌

第一，服用滋补药时，忌食萝卜、绿豆等一类食物。这些食物会破坏滋补药中的有效成分，使滋补药不能发挥原本的作用。第二，服用滋补药时，忌食滋腻的食物。特

别对于消化不良者来说，食用补腻之品容易造成积聚难散，有碍消化、吸收。药效也因此不能得到正常的发挥。第三，服用补益身体的食品时，忌食狗肉、羊肉、桂圆等一类偏温性食物。食用这些食物，容易助火生热，严重者会引发口疮、口干咽燥等症状。第四，服用滋补品时，忌食甲鱼、海参、蛤蜊、百合、木耳等一类偏寒滑肠食物。对于阳虚、气虚者，特别是有虚寒时，忌食用这类偏寒滑肠的食品。

冬季药膳养生首选原料

冬季药膳养生需要根据气候特点以及自身的体质来选择适合自己的材料制作药膳，还要适当饮水，多摄入五谷杂粮、水果和蔬菜。以下推荐一些适合冬季药膳养生的食材和药材。

熟地

● 别名
熟地黄

● 性味
性温，味甘

● 归经
归肝、肾经

熟地由玄参科植物地黄的干燥根茎经加酒反复蒸晒而成，具有滋补血、益精填髓的功效，可用于肝肾虚、腰膝酸软、盗汗遗精、内热消渴、血虚萎黄、心悸怔忡、月经不调、崩漏下血、眩晕、耳鸣、须发早白等症。此外，熟地有促进贫血者红细胞、血红蛋白的恢复，抑制血栓形成的作用，还有显著的降压作用，能使收缩压和舒张压均显著下降。熟地是虚证类非处方药药品六味地黄丸的主要成分之一，尤其适宜血虚阴亏、肝肾不足的患者服用。冬气通于肾，因此冬季宜补肾固精，可选用熟地。

◎ 应用指南

熟地 +生地 +枸杞	▶ 煎水服用	可治疗高血压
熟地 +当归 +赤芍 +羌活	▶ 制药丸，一次9克	可治疗白癜风
熟地 +枸杞 +山茱萸	▶ 煎水服用	可治疗老眼昏花
熟地 +杜仲 +鸽子	▶ 炖汤食用	可治疗肾虚胎动不安
熟地 +枸杞 +白酒	▶ 泡酒饮用	可治疗须发早白
熟地 +莲子 +甲鱼	▶ 炖汤食用	可用于心悸怔忡
熟地 +枸杞 +狗肉	▶ 炖汤食用	可治疗肝肾阴虚

食用建议 凡感冒未愈、消化不良、脾胃虚寒、大便泄泻者不宜食用；肝阳上亢者慎用；急性支气管炎，临床表现咳血而带痰火者也不宜用。此外，熟地黄不宜与白萝卜同食，否则易影响药效。

龟板

● **别名**
龟甲、神屋

● **性味**
性寒，味甘、咸

● **归经**
归肾、肝、心经

　　龟板为龟科动物如乌龟或其近缘动物的干燥腹甲，是益肾强骨的滋补佳品。具有滋补肾阴、平肝潜阳、退虚热等功效。主治肾阴不足、骨蒸劳热、久咳、咽干口燥、遗精、崩漏带下、腰膝痿弱无力、久痢久疟等症。龟板适合阴虚体质者食用，如自汗盗汗、五心烦热、肾虚遗精、腰酸无力、带下异常、高血压等患者均可食用，是滋补肾阴的良药，适合冬季食用。

◎ **应用指南**

龟板 +天麻 +生牡蛎	▶ 打成粉服用	可治疗肝阳上亢所致头痛眩晕
龟板 +五味子 +青蒿	▶ 煎水服用	可治疗阴虚自汗、盗汗
龟板 +熟地 +何首乌	▶ 煎水服用	可治疗肾虚耳鸣耳聋
龟板 +猪肚 +马蹄	▶ 炖汤食用	可治疗慢性肾炎蛋白尿

食用建议 食少腹泻、脾胃虚寒的人与孕妇不宜服用。

杜仲

● **别名**
木绵、思仲

● **性味**
性温，味甘、微辛

● **归经**
归肝、肾经

　　杜仲具有补肝肾、强筋骨、安胎的作用。主治肾虚腰痛、筋骨无力、妊娠漏血、胎动不安、高血压病等。杜仲还含有多种药用成分，具有降血压、增强肝脏功能及肾功能、通便、防止老年记忆衰退、增强血液循环、增强机体免疫力等药理作用。高血压、高血脂、心血管病、肝脏病、腰及关节痛、肾虚阳痿、早泄、哮喘、妊娠胎动不安等患者均可服用杜仲。杜仲是补肾强腰佳品，还可降低血压，适合在冬季食用。

◎ **应用指南**

杜仲 +牛膝 +五加皮	▶ 煎水服用	可治疗小儿麻痹症
杜仲 +独活 +鳝鱼	▶ 炖汤食用	可治疗风湿性关节炎
杜仲 +阿胶 +续断	▶ 煎水服用	可治疗胎动不安
杜仲 +巴戟天 +鹌鹑	▶ 炖汤食用	可治疗肾虚阳痿

食用建议 杜仲性味平和，补益肝肾，诸无所忌。但阴虚火旺者慎服。

巴戟天

● 别名
巴戟、鸡肠风、兔子肠

● 性味
性温，味辛、甘

● 归经
归肝、肾经

巴戟天为茜草科植物巴戟天的根，是补肾阳、壮筋骨之上等药材。具有补肾阳、壮筋骨、祛风湿的功效；可以用于治疗阳痿遗精、小腹冷痛、小便不禁、宫冷不孕、月经不调、风寒湿痹、腰膝酸痛等常见症状。此外，巴戟天还具有抗抑郁、增强记忆力与抗衰老、提高免疫力的作用。冬季养生，适当服用巴戟天，可补肝肾、散寒湿。

◎应用指南

巴戟天	+怀牛膝	+木瓜	▶ 煎水服用	可治疗小儿筋骨痿软行迟
巴戟天	+山茱萸	+鲫鱼	炖汤食用	可治疗肾病综合征
巴戟天	+羌活	+五加皮	▶ 煎水服用	可治疗雀盲症
巴戟天	+淫羊藿	+杜仲	▶ 煎水服用	可改善肾虚阳痿、腰膝酸软症状
巴戟天	+黄芪		▶ 煎水服用	可治疗特发性水肿

食用建议 阴虚火旺及有热者忌服。

菟丝子

● 别名
豆寄生、无根草、黄丝

● 性味
性微温，味辛、甘

● 归经
归肝、肾、脾经

菟丝子辛以润燥，甘以补虚，为平补阴阳之品，可补肾阳、益肾精、固精缩尿；还可滋补肝肾益精养血而明目对肾虚消渴病也有较好的疗效。此外，菟丝子有很好的安胎作用，对肾虚胎元不固、胎漏下血等症有很好的疗效。冬季适当服用菟丝子，可补肾气、养元阳，强健体魄、延年益寿。

◎应用指南

菟丝子	+熟地黄	+车前子	▶ 煎水服用	治疗肝肾阴亏，两目昏花
菟丝子	+桑螵蛸	+鸡内金	▶ 打成药粉，兑水服用	可治肾虚遗尿，夜尿频多
菟丝子	+石决明	+枸杞子	▶ 煎水服用	可治疗阴虚盗汗
菟丝子	+女贞子	+旱莲草 +夜交藤	▶ 煎水服用	可治疗老年痴呆症
菟丝子	+续断	+桑寄生 +阿胶	▶ 煎水服用	治肾虚胎元不固，胎动不安、滑胎

食用建议 本品为平补之药，但偏补阳，阴虚火旺，大便燥结、小便短赤者不宜服。

炮姜

● 性味
性热，味苦、辛、涩

● 归经
归脾、胃、肾、心、肺经

炮姜为干姜的炮制加工品，具有温中散寒、温经止血的作用，常用于治疗脾胃虚寒、腹痛吐泻、吐衄崩漏、阳虚失血等症。此外，还能显著地缩短出血和凝血时间，对应激性及幽门结扎型胃溃疡、醋酸诱发的胃溃疡均有抑制作用。冬季人体阳气偏虚，适当服用炮姜可散寒。

◎应用指南

炮姜+党参+黄芪	▶ 煎水服用	可治疗虚寒性崩漏
炮姜+鹿角胶+麻黄	▶ 煎水服用	可治疗阳虚寒凝、血滞痰阻的阴疽症
炮姜+高良姜	▶ 煎水服用	可治疗胃寒脘腹冷痛
炮姜+党参+熟地+艾叶	▶ 煎水服用	可治疗虚寒性出血证

食用建议 孕妇及阴虚有热者禁服炮姜。

淡豆豉

● 别名
香豉、豉、淡豉、大豆豉

● 性味
性凉，味辛

● 归经
归肺、胃经

淡豆豉为豆科植物大豆的成熟种子发酵加工品。其药食两用，味辛，性凉，归肺、胃经，具有解肌发表、宣郁除烦的功效，主治外感表证引起的寒热头痛、心烦、胸闷、虚烦不眠等症。淡豆豉有微弱的发汗作用，并有健胃、助消化作用。冬季适当食用淡豆豉，可散风寒，预防感冒，还可暖胃。

◎应用指南

淡豆豉+葱白+生姜	▶ 煎水服用	可治疗风寒感冒
淡豆豉+玉竹+薄荷	▶ 煎水服用	可治疗咳嗽、咽干痰结
淡豆豉+杏仁+枇杷叶	▶ 制成丸剂服用	可辅助治疗小儿急性肾炎
淡豆豉+地骨皮+焦山栀+柴胡	▶ 煎水服用	可治疗胃癌发热症

食用建议 服用本药时不宜再用发汗以及催吐之药；胃虚易恶心、呕吐者慎服。

鸡内金

● 别名
鸡肫皮、鸡黄皮、鸡肫、鸡胗

● 性味
性平，味甘

● 归经
归脾、胃、小肠、膀胱经

鸡内金具有消积滞、健脾胃的功效。主治食积胀满、呕吐反胃、泻痢、疳积、消渴、遗溺、喉痹乳蛾、牙疳口疮等症。临床上用于治疗消化不良，尤其适宜于因消化酶不足而引起的胃纳不佳、积滞胀闷、反胃、呕吐、大便稀烂等。还可治小儿遗尿，或成人之小便频数、夜尿，还可治体虚遗精。脾胃虚弱、消化不良者以及结石病患者适宜服用。

◎ 应用指南

鸡内金粉＋胡黄连＋使君子	▶ 煎水服用		可治疗小儿虫积所致的疳积
鸡内金粉＋金钱草＋车前子	▶ 煎水服用		可治疗尿路结石
鸡内金粉＋山楂＋神曲	▶ 煎水服用		可治疗食积腹胀
鸡内金粉＋苍术	▶ 苍术煎水冲服鸡内金		可治疗小儿厌食

食用建议 凡慢性病和胃气不足者用鸡内金时应炙用（焙用）。其粉剂的效果优于煎剂。

神曲

● 别名
六神曲、泉州神曲、百草曲

● 性味
性温，味甘、辛

● 归经
归脾、胃经

神曲具有健脾和胃、消食调中的功效。主治饮食停滞、胸痞腹胀、呕吐泻痢、产后瘀血腹痛、小儿腹大坚积等症。用于健胃、治消化不良，属于寒滞者更适宜。用于解表，治感冒而表现有伤食腹泻者，可见于胃肠型流行性感冒；配解表药，适合食欲不振、饮食积滞、胸腹胀满者服用。冬季进食肉类较多，脾胃不佳者易出现消化不良症状，可在汤膳中适当加入神曲。

◎ 应用指南

神曲＋陈皮＋山楂	▶ 煎水服用		可治疗食积腹胀
神曲＋香橼＋吴茱萸	▶ 煎水服用		可治疗浅表性胃炎
神曲＋使君子＋炒麦芽	▶ 煎水服用		可治疗小儿疳积
神曲＋白术＋砂仁	▶ 煎水服用		可治疗脾虚腹泻

食用建议 口干潮热、大便干燥等阴虚火旺者不宜食用。因其有回乳作用，哺乳期妇女慎用；其能堕胎，故孕妇应忌食。

川芎

●别名
山鞠穷、芎
藭、香果、胡
藭、马衔

●性味
性温，味辛

●归经
归肝、胆、心包经

　　川芎具有行气开郁、祛风燥湿、活血止痛的功效。主治风冷头痛眩晕、寒痹筋挛、难产、产后瘀阻腹痛、痈疽疮疡等症。用于月经不调、闭经痛经、症瘕、腹痛、胸胁刺痛、肿痛、头痛、风湿痹痛。此外，川芎还能扩张冠状动脉，降低血压，防治冠心病，还能抑制体内及体外的血小板聚集，预防血栓形成，故可用于治疗中枢神经系统及脑血管疾病。冬季寒冷，易出现血瘀现象，可适当服用川芎。

◎应用指南

川芎 +益母草 +当归	▶煎水服用	可治疗月经不调、痛经症状
川芎 +草鱼头 +白芷	▶炖汤食用	可治疗风寒头痛
川芎 +柴胡 +香附	▶煎水服用	可治疗乳腺增生
川芎 +田七 +丹参	▶煎水服用	可治疗心绞痛

食用建议 阴虚火旺、上盛下虚、气弱之人忌服川芎。川芎用量宜小，分量过大易引起呕吐、晕眩等不适症状。

五灵脂

●别名
灵脂、糖灵
脂、灵脂米、
灵脂块

●性味
性温，味苦、甘

●归经
归肝、脾经

　　五灵脂生用可行血止痛，主治心腹血气诸痛、妇女闭经、产后瘀血作痛；外治蛇、蝎、蜈蚣咬伤。五灵脂炒用可止血，临床上主要治疗瘀血所致的痛证，妇科治疗上尤为多用。凡是瘀血所致的月经不调、痛经、产后腹痛、动脉硬化等症的患者均可食用。冬季服用五灵脂，可缓解女性因宫寒引起的痛经症状，还可预防心脑血管疾病。

◎应用指南

五灵脂 +益母草 +延胡索	▶煎水服用	可缓解痛经症状
五灵脂 +蒲黄 +川芎	▶煎水服用	可治疗产后恶露不尽
五灵脂 +乳香 +没药 +鳖甲	▶制成药膏敷于肝脏处	可治疗肝炎肝区疼痛
五灵脂 +红花 +天麻	▶煎水服用	可防治脑血管硬化

食用建议 血虚腹痛、血虚经闭，产妇失血过多、眩晕、心虚有火作痛、病属血虚无瘀滞者，忌服。

威灵仙

● 别名
铁脚威灵
仙、铁角
威灵仙

● 性味
性温，味辛、咸

● 归经
归膀胱、肝经

　　威灵仙具有祛风湿、通经络、消痰涎、散癖积的功效。常用于治疗痛风、顽痹、腰膝冷痛、脚气、疟疾、破伤风、扁桃体炎、诸骨鲠咽等症。风湿性关节炎、肩周炎、坐骨神经痛、癫痫、破伤风、水肿等症均适合食用。冬季受寒邪侵袭，是风湿性疾病的高发季节，因此，可适当服用威灵仙，能祛风、散寒、通络。

◎ 应用指南

威灵仙 +羌活 +独活 ▶ 煎水服用	可治疗风湿痹痛
威灵仙 +白鲜皮 ▶ 煎水服用	可治疗梅毒（杨梅疮）
威灵仙 +白砂糖 +醋 ▶ 煎煮后服用	可治疗骨哽咽喉
威灵仙 +甘草 ▶ 煎水服用	可治疗病毒性肝炎

食用建议 气虚血弱、无风寒湿邪者忌服。威灵仙忌与茶同饮，两者同食会影响药效。

独活

● 别名
胡王使者、
川独活、肉
独活

● 性味
性温，味辛、苦

● 归经
归肝、肾、膀胱经

　　独活可治疗腰以下部位的风湿痹痛，具有祛风、胜湿、散寒、止痛的功效，主治风寒湿痹、腰膝酸痛、手脚挛痛、慢性气管炎、头痛、齿痛等症。此外，还具有镇静、催眠、镇痛、抗炎、降血压等药理作用。冬季寒邪当道，寒邪具有凝滞的特性，即其侵入人体后，会使经脉气血凝结阻滞、涩滞不通，不通则痛，因此冬季关节疼痛者可适当服用独活。

◎ 应用指南

独活 +威灵仙 +土茯苓 ▶ 煎水服用	可治疗痛风
独活 +羌活 +防风 ▶ 煎水服用	可治疗风寒挟湿表证
独活 +红糖 ▶ 煎水服用	可治疗慢性支气管炎
独活 +细辛 +川芎 ▶ 煎水服用	可治疗风邪上扰引起的头痛

食用建议 独活性较温，盛夏时要慎用。此外，高热而不恶寒、阴虚血燥者慎服。

甘草

● 别名
甜草根、红甘草、粉甘草

● 性味
性平，味甘

● 归经
归十二经

　　甘草具有补脾益气、清热解毒、祛痰止咳、缓急止痛、调和诸药的功效。主治脾胃虚弱、倦怠乏力、心悸气短、咳嗽痰多、四肢挛急疼痛、痈肿疮毒等症，还可缓解药物之毒性、烈性。此外，还具有抗炎、抗消化性溃疡、抑制艾滋病病毒等作用。胃炎、消化性溃疡、口舌生疮、心律失常等症的患者均可食用。

应用指南

甘草 +桂枝 +田七	▶ 煎水服用	可治疗心律失常	
甘草 +桔梗 +半夏	▶ 煎水服用	可治疗肺寒咳嗽	
甘草 +玉竹	▶ 泡水当茶饮，连服数月	可治疗慢性咽炎	
甘草 +白芍 +麦芽糖	▶ 煎水服用	可治疗消化性溃疡	

食用建议 湿阻中满、呕吐、水肿及有高血压症的患者忌服。此外，甘草不宜与黄鱼、鲤鱼、鲫鱼、河豚、海带同食。

鹌鹑

● 别名
鹑鸟、宛鹑、奔鹑

● 性味
性平，味甘

● 归经
归大肠、心、肝、脾、肺、肾经

　　鹌鹑可与补药之王人参相媲美，被誉为"动物人参"。是典型的高蛋白、低脂肪、低胆固醇食物，具有补五脏、益精血、温肾助阳之功效。男子经常食用鹌鹑，可增强性功能，并增气力，壮筋骨。鹌鹑肉中含有维生素P等成分，常食能防治高血压及动脉硬化。冬季是心脑血管疾病的高发季节，鹌鹑既可温补肾阳，还能保护心脑血管。

应用指南

鹌鹑 +杜仲 +巴戟天	▶ 炖汤食用	可治疗肾虚阳痿	
鹌鹑 +熟地 +山楂	▶ 炖汤食用	可改善病后体虚、产后血虚症状	
鹌鹑 +枸杞 +胡萝卜	▶ 炖汤食用	可治疗高血压	
鹌鹑 +莲子 +龙眼肉	▶ 炖汤食用	可治疗神经衰弱	

食用建议 重症肝炎晚期、肝功能极度低下、感冒患者忌食。此外，鹌鹑不宜与黑木耳、香菇、蘑菇、黄花菜同食，易引发痔疮。

海参

别名
刺参、海鼠、海黄瓜

性味
性温，味咸

归经
归肝、肾经

海参是海上"八珍"之一，具有补肾壮阳、养血益精、调经养胎、抗衰老等作用，可治疗虚劳羸弱、气血不足、营养不良、病后产后体虚、肾阳不足、阳痿遗精、小便频数以及癌症、肝炎、糖尿病、肺结核、神经衰弱等病症。此外，海参是典型的高蛋白、低脂肪、低胆固醇食物，对高血压、冠心病患者以及老年人均大有益处。冬季气候寒冷，血管易收缩，易发心脑血管疾病，因此冬季宜食用海参。

○应用指南

海参+羊肉	▶焖烧食用	可治疗阳痿遗精
海参+香菇+花菜	▶焖烧食用	可防癌抗癌
海参+竹笋+胡萝卜	▶烹炒食用	可治疗胃溃疡
海参+当归+瘦肉	▶炖汤食用	可益气补虚、补肾固精

食用建议 痰多便稀者、肥胖者不宜食用；海参不能与甘草、葡萄、柿子、石榴同食，否则会引起腹痛、恶心；不宜与醋同食，否则会影响口感。

羊肉

别名
羖肉、羝肉、羯肉

性味
性热，味甘

归经
归脾、胃、肾、心经

寒冬常吃羊肉可益气补虚、温经散寒、促进血液循环、增强御寒能力。羊肉还可增加消化酶，保护胃壁，帮助消化。中医认为，羊肉还有补肾壮阳的作用。羊肉适合冬季食用，另外，体虚胃寒者、冻疮患者、中老年体质虚弱、阳虚怕冷者、阳痿患者均可食用羊肉。

○应用指南

羊肉+肉桂+川芎	▶焖炒食用	可治疗冻疮
羊肉+当归+生姜	▶炖汤食用	可治疗产后腹痛
羊肉+白芍+甘草	▶炖汤食用	可治疗虚寒性胃痛
羊肉+韭菜	▶炒食	可治疗肾虚阳痿

食用建议 上火、感冒发热、高血压、肝病、急性肠炎和其他感染病者不宜食用，夏季也不宜食用。

● 别名
香肉、地羊

● 性味
性温，味咸、酸

● 归经
归胃、肾经

　　狗肉有温经散寒、补肾益精等功用。现代医学研究证明，狗肉中含有少量微量元素，对治疗心脑缺血性疾病，调节血压有一定益处。狗肉还可用于老年人的虚弱症，如尿溺不尽、四肢厥冷、精神不振等。狗肉适合冬季食用，适合腰膝冷痛、阳虚怕冷、小便清长、小便频数、水肿、阳痿等患者食用。

◎应用指南

狗肉	+生姜	+花椒	▶ 焖烧食用	可防治冻疮
狗肉	+羌活	+威灵仙	▶ 炖汤食用	可辅助治疗肩周炎
狗肉	+制附子	+干姜	▶ 炖煮食用	可治疗腰膝项背冷痛
狗肉	+杜仲	+巴戟天	▶ 炖煮食用	可治疗肾阳虚型阳痿

食用建议 咳嗽、感冒、发热、腹泻和咽喉肿痛、痔疮等阴虚火旺者忌食。此外，狗肉不宜与茶、大蒜、生姜、鲤鱼、鳝鱼同食。

● 别名
武山鸡、乌骨鸡

● 性味
性平，味甘

● 归经
归肝、肾经

　　乌鸡具有滋阴、补肾、养血、添精、益肝、退热、补虚的作用，能调节人体免疫功能，抗衰老。乌鸡体内的黑色物质含铁、铜元素较高，对于病后、产后贫血者具有补血、促进康复的食疗作用。一般人群皆宜食用乌鸡，尤其适合冬季体虚血亏、肝肾不足、脾胃不健、月经不调者食用。

◎应用指南

乌鸡	+当归	+益母草	▶ 炖汤食用	可治疗月经不调
乌鸡	+黄芪	+当归	▶ 炖汤食用	可治疗贫血
乌鸡	+五味子	+熟地	▶ 炖汤食用	可治疗阴虚潮热盗汗
乌鸡	+龙眼肉	+百合	▶ 炖汤食用	可改善更年期综合征

食用建议 感冒发热、咳嗽多痰、湿热内蕴、急性菌痢肠炎以及皮肤疾病等患者不宜食用乌鸡。此外，乌鸡不宜与狗肾同食，否则会引起腹痛腹泻。

韭菜

● **别名**
草钟乳、起阳草、
长生草

● **性味**
性温，味甘、辛

● **归经**
归肝、肾经

　　韭菜具有温肾助阳的作用，因此又被称为起阳草。其还有益脾健胃、行气理血、润肠通便的作用。老年人多吃韭菜，可养肝，增强脾胃之气，还能帮助排便。韭菜适合夜盲症、干眼病患者，体质虚寒、皮肤粗糙、便秘、痔疮患者均可食用韭菜。韭菜暖胃散寒、温肾助阳，是冬季不可多得的时蔬。

● 应用指南

韭菜 +芝麻 +核桃仁	▶ 清炒食用	可治疗老年人便秘
韭菜 +胡萝卜 +枸杞叶	▶ 清炒食用	可治疗夜盲症
韭菜 +雀肉 +芹菜	▶ 炒食	可补肾阳，改善性欲低下
韭菜 +鸡蛋	▶ 炒食	可健脾胃，改善厌食症状

食用建议 消化不良、肠胃功能较弱者，眼疾、胃病患者均不宜食用。此外，韭菜不宜与蜂蜜、菠菜、白酒、牛奶同食。

燕麦

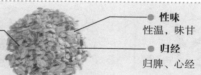

● **别名**
雀麦、野麦

● **性味**
性温，味甘

● **归经**
归脾、心经

　　燕麦具有健脾、益气、补虚、止汗、养胃、润肠的功效。对体虚自汗、多汗、盗汗均有疗效。燕麦不仅能够预防动脉硬化、脂肪肝、糖尿病、冠心病，而且对便秘以及水肿等都有很好的辅助治疗作用，可增强人的体力、延年益寿。此外，它还可以改善血液循环、缓解生活、工作带来的压力，是孕妇、产妇、婴幼儿以及空勤、海勤人员的滋补佳品。

● 应用指南

燕麦 +芝麻粉 +核桃粉	▶ 开水泡成糊食用	可治疗老年人便秘
燕麦 +粳米 +猪肚	▶ 煮粥食用	可健脾养胃，改善脾胃虚弱症状
燕麦 +山楂	▶ 煮粥食用	可降低血压
燕麦 +黄芪 +浮小麦	▶ 炖汤食用	可治疗体虚自汗

食用建议 一般人群均可食用，无明显禁忌。此外，燕麦不宜与白糖同食，否则易产生胀气；燕麦片忌与红薯同食，否则会导致胃痉挛、胀气。

黑豆

● **别名**
橹豆、乌豆、枝仔豆、黑大豆

● **性味**
性平，味甘

● **归经**
归心、肝、肾经

黑豆营养全面，含有丰富的蛋白质、维生素、矿物质，具有补益肝肾、祛风除湿、调中下气、活血、解毒、利尿、明目等功效。黑豆适合体虚、脾虚水肿、脚气水肿、小儿盗汗、自汗、热病后出汗、小儿夜间遗尿、妊娠腰痛、腰膝酸软、老人肾虚耳聋、白带频多、产后中风、四肢麻痹等患者食用。黑豆是补肾乌发的佳品，适合冬季食用。

◎应用指南

黑豆 +黑芝麻 +首乌	▶ 打成豆浆饮用		可预防须发早白
黑豆 +赤小豆 +猪肾	▶ 炖汤食用		可治疗肾炎水肿
黑豆 +薏米 +芡实	▶ 煮粥食用		可治疗带下清稀过多
黑豆 +莲子 +覆盆子	▶ 煮汤食用		可治疗小儿遗尿

食用建议 消化不良、腹泻者应慎食。此外，黑豆不宜与蓖麻子同用，否则会对身体不利。

杏仁

● **别名**
杏核仁、杏子、木落子、苦杏仁

● **性味**
性温，味苦

● **归经**
归肺、脾、大肠经

杏仁具有祛痰止咳、平喘、润肠通便等功效。主治外感咳嗽、喘满、喉痹、肠燥便秘。此外，杏仁含有丰富的不饱和脂肪酸，有降低胆固醇的作用，所富含的维生素E、单不饱和脂肪酸和膳食纤维能有效降低心脏病的发病危险。一般人群皆可食用杏仁，尤其适合咳嗽咳痰、便秘、记忆力衰退、高血脂以及心脏病等患者食用。寒邪入侵，首先犯肺，冬季常食杏仁，可防治肺虚咳嗽等病。

◎应用指南

杏仁 +核桃仁 +蜂蜜	▶ 打成粉，煮成糊食用		可治疗习惯性便秘
杏仁 +猪肺 +玉竹	▶ 煮汤食用		可治疗肺虚咳嗽
杏仁 +大豆 +薏米	▶ 打成豆浆食用		可防治高血压
杏仁 +银杏 +冬虫夏草	▶ 打成粉末，泡水服用		可辅助治疗肺气肿

食用建议 阴虚咳嗽及大便溏泄者忌食。

荠菜

● **别名**
假水菜、护生草、清明草

● **性味**
性凉，味甘、淡

● **归经**
归肝、胃经

　　荠菜有健脾利水、止血解毒、降压明目、预防冻伤的功效，并可抑制眼晶状体的醛还原为酶，对糖尿病性白内障有食疗作用，还可增强大肠蠕动，促进排便。痢疾、水肿、淋病、乳糜尿、吐血、便血、血崩、月经过多、目赤肿痛及高脂血症、高血压、冠心病、肥胖症、糖尿病、肠癌及痔疮等热性病症患者均可食用荠菜。冬季因过多食用温热性食物而导致上火者，可适当食用荠菜。

◎应用指南

荠菜 +马齿苋 +大蒜 ▶ 清炒食用		可治疗湿热痢疾
荠菜 +甘蔗 +马蹄 ▶ 榨汁饮用		可治疗尿路感染、尿血症状
荠菜 +枸杞叶 +丝瓜 ▶ 清炒食用		可改善目赤肿痛现象
荠菜 +竹笋 +苦瓜 ▶ 清炒食用		可辅助治疗高血压、糖尿病

食用建议 便清泄泻、脾胃虚寒，素日体弱者均不宜食用。此外，荠菜忌与山楂同食，否则易引起腹泻。

香菜

● **别名**
香荽、胡菜、原荽、园荽、芫荽

● **性味**
性温，味辛

● **归经**
归脾、肺经

　　香菜有发汗透疹、消食下气、醒脾和中的作用。香菜提取液具有显著的发汗散寒透疹的功能，其特殊香味能刺激汗腺分泌，促使机体发汗、透疹。香菜辛香升散，能促进胃肠蠕动，具有开胃醒脾的功效。风寒外感者、脱肛及食欲不振者，小儿出麻疹者均可食用本品。香菜是散寒暖胃佳品，冬季可经常食用。

◎应用指南

香菜 +荆芥 +薄荷 ▶ 煎水服用		可治疗麻疹初起不透
香菜 +洋葱 ▶ 清炒食用		可治疗食欲不振
香菜 +葱白 +生姜 ▶ 煎水服用		可治疗风寒感冒、头痛无汗
香菜 +苹果 +甘草 ▶ 煎水服用		可治口臭

食用建议 胃溃疡、脚气、疮疡患者不宜食用。此外，香菜与猪肉同食，会损害身体；与黄瓜同食，会破坏维生素C。

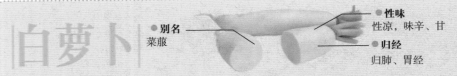

白萝卜

别名
菜菔

性味
性凉，味辛、甘

归经
归肺、胃经

白萝卜能促进新陈代谢、增强食欲、化痰清热、帮助消化、化积滞，对食积腹胀、咳痰失音、吐血、消渴、痢疾、头痛、排尿不利等症有食疗作用。常吃白萝卜可降低血脂、软化血管、稳定血压，还可预防冠心病、动脉硬化、胆石症等疾病。头屑多、头皮痒者，咳嗽者，鼻出血者均可食用。白萝卜有行气除胀的作用，适合冬季食用。

应用指南

白萝卜 +醋	▶炒食	可治疗糖尿病
白萝卜 +陈皮 +芹菜	▶清炒食用	可治疗食积腹胀
白萝卜 +莴笋	▶清炒食用	可治疗高血压
白萝卜 +香蕉 +火龙果	▶榨汁饮用	可治疗便秘

食用建议 阴盛偏寒体质者，脾胃虚寒者，胃及十二指肠溃疡者，慢性胃炎者，先兆流产、子宫脱垂者应慎食。

胡椒

别名
浮椒、玉椒

性味
性热，味辛

归经
归胃、大肠经

胡椒有温中、下气、消痰、解毒的功效，对脘腹冷痛、反胃、呕吐清水、泄泻、冷痢等有食疗作用。胡椒适合阳虚体质者食用，尤其适合心腹冷痛、泄泻冷痢、食欲不振者，或胃寒反胃、呕吐清水、朝食暮吐的患者。冬季可在菜肴中适当加点胡椒粉，有暖胃散寒的作用。

应用指南

胡椒 +猪肚 +高良姜	▶炖汤食用	可治疗虚寒性胃痛
胡椒 +荜茇	▶研末制成药丸，一次4克	可治疗癫痫
白胡椒 +血竭 +冰片 +硫黄	▶研末，用凡士林调成糊状外涂	可治疗湿疹
白胡椒 +吴茱萸 +白术	▶煎水服用	可治疗虚寒腹泻
白胡椒 +葱白	▶捣烂成糊状，敷于肚脐部	可治疗尿潴留

食用建议 消化道溃疡、咳嗽咯血、痔疮、咽喉炎症、眼疾患者应慎食。

冬季养生药膳

冬季天气寒冷，寒邪易伤肾阳，中医养生学认为，冬季适宜温补。在冬天，根据体质的不同，有选择性地食用温热性药膳，可以提高人体的免疫功能。

冬季养生药膳①

熟地双味肠粉

材料 红枣、枸杞子、熟地、虾仁、韭菜、猪肉丝、河粉、太白粉、米酒、甜辣酱、无盐酱油各适量。

做法 ①药材洗净，煎成药汁；虾仁洗净，去肠泥，由背部切开；韭菜洗净，切段；太白粉加20克水拌匀。②猪肉丝、虾仁加入调味料腌渍15分钟；取一片河粉包入猪肉丝和韭菜，再一片包入虾仁和韭菜。③将河粉卷成直筒状排盘，蒸熟；药汁上锅加入太白粉水勾芡，淋在粉肠上即可。

功效 本品可滋阴养血、补肾藏精。

冬季养生药膳②

菟杞红枣炖鹌鹑

材料 菟丝子、枸杞子各10克，红枣5颗，鹌鹑1只，绍酒、盐、味精、油各适量。

做法 ①鹌鹑洗净，斩件，入沸水锅中汆烫去血污。②菟丝子、枸杞子、红枣均洗净，用温水浸透，并将红枣去核。③将以上用料连同1.5碗沸水倒进炖盅，加入绍酒，盖上盅盖，隔水先用大火炖30分钟，后用小火炖1小时，用油、盐、味精调味即可。

功效 滋补肝肾，益气补血，藏精。

冬季养生小贴士

冬季吃狗肉应小心患旋毛虫病。狗肉味道鲜美，而且营养丰富，但是在狗肉中常寄生有旋毛虫。旋毛虫可使人出现消化系统及呼吸系统病症，甚至可导致毒血症、心肌炎等并发症致死。

冬季养生药膳③ · 龟板杜仲猪尾汤

材料 龟板25克，炒杜仲30克，猪尾600克，盐2小匙。

做法 ①猪尾剁成段洗净，氽烫捞起，再冲洗干净。②龟板、炒杜仲冲水洗净。③将猪尾、龟板、炒杜仲盛入炖锅，加6碗水以大火煮开，转小火炖40分钟，加盐调味即可。

功效 本品具有益肾藏精、壮腰强筋、安胎等功效。

冬季养生小贴士

冬季制作羊肉美食有讲究，如羊腿，其特点是肉厚骨粗，最适宜用来炖食；而羊脯，肉比较有韧劲，皮又薄，可以用来红烧；羊的头及足蹄，可制成炖品及汤类，肉质鲜美、营养美味。

冬季养生药膳④ · 何首乌盐水猪肝

材料 何首乌15克，鲜猪肝300克，花椒、大料、盐各适量。

做法 ①猪肝洗净，切成片。②将猪肝放入开水中烫3分钟，捞出洗净。③将何首乌、花椒、大料、盐与猪肝同煮至熟，离火后仍将猪肝在汤里泡2~3小时，即可食用。

功效 本品具有滋阴补虚、益肾藏精、养肝补血等功效。

冬季养生小贴士

冬季烹调蔬菜有讲究，宜先洗干净后再切，切好后用急火快炒，并且应该加锅盖以减少维生素C的损失；如做蔬菜汤，应该先将水煮沸后再放蔬菜；炒好的蔬菜宜现吃，因为每次回锅加热都会损失更多的维生素。

冬季养生药膳⑤

菟丝子大米粥

材料 菟丝子8克，大米100克，白糖4克，葱5克。

做法 ①大米淘洗净，置于冷水中浸泡半小时后捞出沥干水分，备用；菟丝子洗净；葱洗净，切花。②锅置火上，倒入清水，放入大米，以大火煮至米粒开花。③再加入菟丝子煮至浓稠状，撒上葱花，调入白糖拌匀即可。

功效 此粥有补肝肾、益精髓、养肌、强阴、坚筋骨、益气力之功效。

冬季养生小贴士

冬天保存蔬菜要掌握好适当的温度，过冷过热都会影响维生素的含量。对于一般蔬菜来说，6~8℃较为适宜，但各种蔬菜的喜温程度不同，如菠菜存放于0~3℃的温度下，维生素损失最少。

冬季养生药膳⑥

芝麻豌豆羹

材料 决明子10克，豌豆200克，黑芝麻30克，白糖适量。

做法 ①豌豆洗净，泡2小时，磨成浆。黑芝麻炒香，稍研碎备用。②决明子洗净，装入纱布袋中扎紧，备用。③豌豆浆、决明子药袋入锅中熬煮，加入黑芝麻，煮至浓稠，捞起药袋丢弃，加入白糖拌匀即可。

功效 此羹具有补肾、养肝、明目、补血、生津、乌发、通便之功效。

冬季养生小贴士

冬季烹调大白菜应注意：①洗净后再切，可减少营养成分的损失。②烹调时加点醋，有利于人体对营养成分的吸收。③焯大白菜时应该用开水，因为大白菜中可破坏维生素C的氧化酶在超过85℃时会被破坏。

冬季养生药膳⑦

石斛熟地茶

材料 石斛10克，熟地20克，开水500克。

做法 ①将石斛、熟地洗净，用消毒纱布包起来。②再把做好的药包放入加有500克开水的茶杯内。③盖好茶杯，约5分钟后即可饮用。

功效 本品具有滋阴养血、补肾藏精、生津止渴等功效。

冬季养生小贴士

冬季有部分老年人易患"低体温症"，这部分人要注意补充高热量食物；户外活动前要补充足量的液体和热饮料；避免喝酒及服用可影响体温的药物；适当增减衣服；减少汗液蒸发带走热量的可能性。

冬季养生药膳⑧

何首乌芝麻茶

材料 何首乌5克，芝麻粉20克，蜂蜜少许。

做法 ①何首乌加水750克，煮开后小火再煮20分钟。②滤渣后加入芝麻粉调匀。③再加入蜂蜜调匀即可饮用。

功效 本品具有补肝肾、益精血的功效，可预防白发、脱发。

冬季养生小贴士

冬季老年人容易出现口干症，所以进入冬季后，老年人要特别注意口腔卫生，饮食上要增加蛋白质饮食，餐后饮一定量的水，还可以服用B族维生素，有助于改善口干症状。

冬季养生药膳⑨

杜仲羊肉萝卜汤

材料 杜仲5克，羊肉200克，白萝卜50克，羊骨汤400克，盐、味精、料酒、胡椒粉、姜片、辣椒油各适量。

做法 ①羊肉洗净切块，氽去血水；白萝卜洗净，切成滚刀块。②将杜仲用纱布袋包好，同羊肉、羊骨汤、白萝卜、料酒、胡椒粉、姜片一起下锅，加水烧沸后小火炖1小时，加盐、味精、辣椒油即可。

功效 此汤具有补肝肾、强筋骨、安胎的功效。

冬季养生小贴士

冬季用冷水洗脸，一来可以增强耐寒能力，二来还可以滋润皮肤，增强皮肤营养，保养皮肤，防止皮肤病。早晨醒来用冷水洗脸，还可以兴奋神经，使人迅速恢复精神，开始新的一天的工作与生活。

冬季养生药膳⑩

巴戟黑豆鸡汤

材料 巴戟天15克，黑豆100克，胡椒粒15克，鸡腿150克，盐5克。

做法 ①将鸡腿剁块，放入沸水中氽烫，捞出洗净。②将黑豆淘净，和鸡腿、巴戟天、胡椒粒一起放入锅中，加水至盖过材料。③以大火煮开，再转小火续炖40分钟，加盐调味即可食用。

功效 补肾阳、强筋骨，可辅助治疗阳痿遗精、子宫虚冷、月经失调等病症。

冬季养生小贴士

冬季洗澡，最适宜的水温为37~42℃。水温过高会使皮肤的水分流失过多，从而使皮肤变得干燥，也容易引起微血管出血。热水对人大脑的抑制作用也可能使人晕倒，所以洗澡水温不宜过高。

冬季养生药膳⑪

海马汤

材料 海马2只，枸杞15克，红枣5颗，生姜2片。

做法 ①将枸杞、红枣均洗净。②海马泡发洗净。③所有材料加水煎煮30分钟即可。

功效 本品具有温阳益气、补肾滋阴等功效，可改善阳痿遗精、腰膝酸软等症状。

冬季养生小贴士

冬季适宜戴帽子取暖。研究表明，温度越低，从头部散失的热量就越多。暴露的头部，在寒冷的刺激下，可导致血管收缩、肌肉紧张，从而引发头痛、伤风感冒等病症。

冬季养生药膳⑫

补骨脂虫草羊肉汤

材料 补骨脂、冬虫夏草各20克，淮山30克，枸杞子15克，羊肉750克，生姜4片，蜜枣4个。

做法 ①羊肉洗净，切块，用开水氽烫去除膻味。②冬虫夏草、淮山、枸杞子、蜜枣均洗净。③所有材料放入锅内，加适量清水，用武火煮沸后，改文火煲3小时，调味供用。

功效 本品可温补肝肾、益精壮阳。

冬季养生小贴士

冬季临睡前，用热水洗脚更健康。研究表明，睡前用热水洗脚，能够活跃脚掌的末梢神经，同时也能调节自主神经和内分泌系统，能够消除疲劳，安静助眠，还可以增强记忆力。

冬季养生药膳⑬

韭菜牛肉粥

材料 韭菜35克，牛肉80克，红椒20克，大米100克，味精、盐、胡椒粉、姜末各适量。

做法 ①韭菜洗净，切段；大米淘净，泡好；牛肉洗净，切片；红椒洗净，切圈。②大米放入锅中，加适量清水，大火烧开，下入牛肉和姜末，转中火熬煮至粥将成。③放入韭菜、红椒，待粥熬至浓稠，加盐、味精、胡椒粉调味即可。

功效 本品可补肾温阳、益肝健胃、提高免疫力。

冬季养生小贴士

冬季室内要定时开窗通风。条件允许的话，最好每天早、中、晚三次，每次以20分钟为宜，定时开窗通风能够很好地保持室内空气新鲜，除去空气中的有害气体，或者加装室内空气净化器。

冬季养生药膳⑭

淮山鹿茸山楂粥

材料 淮山30克，山楂片、鹿茸各适量，大米100克，盐2克，味精、生菜叶丝少许。

做法 ①淮山去皮洗净，切块；大米洗净；山楂片洗净，切丝。②鹿茸入锅，倒入一碗水熬至半碗，去渣装碗待用。原锅注水，放入大米，用大火煮至米粒绽开，放入淮山、山楂同煮。③倒入熬好的鹿茸汁，改用小火煮至粥成，放入盐、味精调味，撒上生菜叶丝。

功效 补精髓，助肾阳，强筋健骨。

冬季养生小贴士

冬季室内温度和湿度应适中。室内外温差过大，不利于人体健康，因此，一般应控制在16~24℃。另外，可以选用加湿器或者在室内种植花草，以保持室内湿度在30%~60%为宜。

冬季养生药膳⑮

蛤蚧酒

材料　蛤蚧1对，白酒2000克。

做法　①将蛤蚧洗净，去头足。②将准备好的蛤蚧浸入酒中，密封后置于阴凉处，半月后即可饮用。

功效　本品具有补肾壮阳、敛肺定喘的作用，可用于肺肾虚的气喘症、肾虚阳痿等症。

冬季养生小贴士

冬季人们爱吃羊肉，但是吃完羊肉后忌立即喝茶。因为茶叶中含有的鞣酸可与羊肉中的蛋白质结合，生成鞣酸蛋白质，从而影响肠的蠕动功能，引起腹胀、排便不畅等。

冬季养生药膳⑯

枸杞香菜猪心汤

材料　枸杞50克，川芎15克，猪心200克，香菜叶少许，花生油、淀粉、姜丝、盐各适量。

做法　①枸杞、川芎洗净调味，撒上香菜叶。②猪心切开，洗净后切片，用花生油、淀粉、盐、姜丝调味，腌渍30分钟。③将清水放入锅内，煮沸后放入花生油、川芎、猪心，煮至猪心熟后再放入枸杞，加盐即可。

功效　本品具有散寒除痹、益气养心、活血止痛的功效。

冬季养生小贴士

冬季吃火锅不宜使用铜质锅。铜质锅在潮湿环境中，容易生成对人体黏膜有强腐蚀性的硫酸铜，可能引起消化道充血、红肿、溃疡，出现恶心、呕吐的症状，严重的还可出现脱水、休克等症状。

冬季养生药膳⑰

香菜猪肝汤

材料 酸枣仁、杏仁各10克，猪肝100克，香菜20克，盐6克，姜丝3克，香油4克。

做法 ①将猪肝洗净切条氽水；香菜择洗净切段备用；酸枣仁、杏仁洗净。②净锅上火倒入油，将姜丝炝香。③下入猪肝略炒，倒入水，加入酸枣仁、杏仁、盐，大火烧开，下入香菜，淋入香油即可。

功效 此汤具有宣肺散寒、养心安神、滋阴养肝的功效。

冬季养生小贴士

冬季吃火锅要保持通风。在涮火锅的过程中，会产生大量的蒸汽、二氧化碳、一氧化碳，特别是一氧化碳，当积聚到一定的量时，会使人出现头晕、眼花、耳鸣、乏力、恶心、呕吐等症状。

冬季养生药膳⑱

荠菜四鲜宝

材料 杏仁30克，白芍15克，荠菜50克，虾仁100克，盐、鸡精、黄酒、淀粉各适量。

做法 ①将杏仁、白芍、荠菜、虾仁均洗净，切丁。②将虾仁用盐、黄酒、鸡精、淀粉上浆后，入四成热油中滑炒备用。③锅中加入清水，将杏仁、白芍、荠菜、虾仁放入锅中煮熟后，再调味即可。

功效 本品具有宣肺止咳、敛阴止痛、疏肝健脾的功效。

冬季养生小贴士

冬季吃火锅，鲜烫食物不要马上送入口中，过烫的食物不仅容易烫伤口腔和食道的黏膜，破坏舌面味蕾，而且对牙龈、牙齿也有损害，所以，最好先将其取出蘸一下调料再吃。

冬季养生药膳⑲

椰子杏仁鸭汤

材料 杏仁20克，椰子1只，鸭肉45克，生姜3片，盐适量。

做法 ①将椰子汁倒出；杏仁洗净；鸭肉洗净斩块备用。②净锅上火倒入水，下入鸭块汆水洗净。③净锅上火倒入椰子汁，下入鸭块、杏仁、生姜烧沸煲至熟，调入盐即可。

功效 本品具有宣肺止咳、利尿通淋、补中益气等功效。

冬季养生小贴士

冬季吃火锅，不要贪喝火锅汤。火锅汤的原材料丰富，有各种肉类和蔬菜，而且熬制时间较长，味道虽然鲜美，但是其中含有较高的"卟啉"，经人体代谢后可形成尿酸，影响胃肠功能，而且尿酸沉积体内，更会诱发其他疾病。

冬季养生药膳⑳

大米高良姜粥

材料 高良姜15克，大米110克，盐3克，葱少许。

做法 ①大米泡发洗净；高良姜润透，洗净，切片；葱洗净，切花。②锅置火上，注水后，放入大米、高良姜，用旺火煮至米粒开花。③改用小火熬至粥成，放入盐调味，撒上葱花即成。

功效 本品具有祛风散寒、温胃止痛、行气化瘀的功效。

冬季养生小贴士

冬季进补要注意两点，一方面要忌虚不受补，阴虚火旺或气阳两虚者，进补之后，往往不能缓解病痛，还会引起一系列的不良反应；另一方面要忌无虚滥补，这样不但浪费补品，而且也会扰乱机体的生理功能。

冬季养生药膳 ㉑

荠菜粥

材料 香菜10克，鲜荠菜90克，粳米100克。

做法 ①将鲜荠菜、香菜洗净，切成碎末。②将粳米淘洗干净，放入锅内，加适量水。③把切好的荠菜放入锅内，置武火上煮沸，用文火熬煮至熟即可。

功效 本品具有补虚健脾、温中散寒、理气暖胃等功效。

冬季养生小贴士

冬季进补的食物忌单一，长期、大量进补某一种食物，会影响机体的营养平衡，应多方面地摄取各种食物。

冬季养生药膳 ㉒

萝卜姜糖粥

材料 生姜20克，红糖7克，白萝卜、大米各100克。

做法 ①生姜洗净，切丝；白萝卜洗净，切块；大米洗净泡发。②锅置火上，注水后，放入大米、白萝卜，用旺火煮至米粒绽开。③再放入生姜，改用小火煮至粥成，调入红糖煮至入味即可。

功效 此粥具有下气消谷、温暖脾胃、散寒解表等功效。

冬季养生小贴士

冬季使用滋补药进补时，不要同时食用萝卜和绿豆，因为它们会破坏滋补药中的有效成分，抑制滋补药发挥作用，从而严重影响滋补药的疗效，达不到体虚进补的目的。

冬季养生药膳㉓

豆豉葱姜粥

材料 淡豆豉15克，葱、红辣椒、姜各适量，糙米100克，盐3克，香油少许。

做法 ①糙米洗净，泡发半小时；红辣椒洗净切圈；葱洗净切花；姜洗净去皮，切丝。②锅置火上，注入清水，放入糙米煮至米粒绽开，再放入淡豆豉、红椒圈、姜丝。③用小火煮至粥成，调入盐，滴入香油，撒上葱花即可。

功效 此粥具有散寒暖胃、润肠通便、发汗解表的功效。

冬季养生小贴士

冬季，很多家长让孩子吃补脑的滋补品，认为这样能给孩子补脑益智，但是，有些滋补品有促进激素分泌的作用，孩子如果大量食用，可发生性早熟，严重影响孩子的正常发育。所以，应在医生的指导下使用补品。

冬季养生药膳㉔

荠菜豆腐羹

材料 豆腐1盒，猪肉50克，荠菜150克，清鸡汤1袋，花椒5克，胡椒3克，盐5克，鸡精、香油、淀粉各10克。

做法 ①豆腐洗净切小粒；猪肉洗净切丝；荠菜洗净切碎。②把豆腐、猪肉、荠菜过沸水后捞出备用。③将清鸡汤及调味料下入锅中煮开，再把豆腐、猪肉、荠菜放入锅内煮10分钟后用淀粉勾芡，淋上香油即可。

功效 本品具有散寒解表、温中健脾、发汗的功效。

冬季养生小贴士

冬季，高血压及动脉硬化患者不宜以人参进补。因人参中含有能抗脂肪分解的物质，这种物质通过抑制体内脂肪的分解，从而使组织器官的脂肪量增加，对高血压及动脉硬化患者极其不利。

冬季养生药膳㉕

甘草蛤蜊汤

材料 当归、茯苓、甘草各3克，姜3片，蛤蜊500克，盐适量。

做法 ①蛤蜊以少许盐水泡至完全吐出泥沙。②锅内放入4杯水，将当归、茯苓、甘草洗净后放入锅内，煮至开后改小火煮约25分钟。③放入蛤蜊，煮至蛤蜊张开，加入姜片及盐调味即可。

功效 此汤有和中缓急、润肺、解毒的作用。

冬季养生小贴士

冬季进补，宜食补加药补，二者相辅相成。食补重在调养，但也有辅助治疗作用，一般没有毒性，而药补重在治疗，"是药三分毒"，用时应谨慎，宜对症用药。

冬季养生药膳㉖

胡萝卜甜椒汁

材料 胡萝卜1个，红色甜椒半个，柳橙半个，生姜10克。

做法 ①将胡萝卜洗净，去蒂，切成细长条形；红色甜椒洗净，去蒂和子。②将柳橙去皮，切成梳子形；生姜洗净。③将备好的材料一起放入榨汁机中榨成汁即可。

功效 本品具有健脾暖胃、润肺止咳等功效。

冬季养生小贴士

冬季人们爱吃狗肉，但是以下人群不宜食用：一是有急性炎症的患者，吃狗肉会加重病情；二是热病初愈者，吃狗肉会伤气阴，引发病症；三是脑血管患者，吃狗肉会使血压升高，甚至会导致脑血管破裂出血。

冬季养生药膳㉗

甘草茶

材料 甘草10克，紫苏叶5克，蜂蜜少许。

做法 ①将甘草、紫苏叶洗净备用。②锅中加水1000毫升，放入甘草和紫苏叶，煮开后以小火再煮20分钟。③滤渣后再加入蜂蜜调匀即可饮用。

功效 本品具有解表散寒、温暖脾胃、止咳化痰等功效。

冬季养生小贴士

冬季穿鞋子时，忌过紧。部分人会以为裹得紧紧的会更加暖和，其实，这样一方面挤压了袜子、鞋子的弹性纤维，会使其保温性能下降，另一方面不利于脚部的血液循环，易致冻疮等病。

冬季养生药膳㉘

莱菔子萝卜汤

材料 莱菔子15克，猪尾骨半根，萝卜1个，玉米1根，盐适量。

做法 ①猪尾骨洗净后以开水汆烫；莱菔子、萝卜、玉米均洗净。②锅中加清水煮开，放入莱菔子煮沸，加入猪尾骨同煮15分钟。③将萝卜、玉米切块，加入猪尾骨锅中续煮至熟，加盐调味即可。

功效 本品具有增进食欲、消食化痰的功效。适用于消化不良、胃胀、痰多、失眠者。

冬季养生小贴士

冬季比较干燥，很多人喜欢偶尔用舌头舔嘴唇，其实这样做不仅不能滋润嘴唇，而且唇上的唾液蒸发后，余留淀粉酶，会使嘴唇更加干燥，甚至可使嘴唇破裂出血。

冬季养生药膳㉙

鸡内金山药炒甜椒

材料 鲜山药150克，鸡内金、天花粉各10克，红甜椒、鲜香菇各60克，玉米粒、毛豆仁各35克，色拉油半匙，盐适量。

做法 ①鸡内金、天花粉放入棉布袋中，下锅煎煮，滤取药汁。②山药去皮洗净，切片；红甜椒洗净，去蒂和子，切片；香菇洗净，切片；炒锅倒入色拉油加热，放入所有材料翻炒2分钟。③倒入药汁，大火焖煮约2分钟，加盐调味即可。

功效 本品可开胃健脾、消食化积。

冬季养生小贴士

冬季洗澡时间应控制在20~30分钟，因为洗热水澡的时候，血液会大量集中于体表，大脑、内脏和其他组织器官的血液供应量就会相对减少，如果时间过长，可使人疲劳，甚至虚脱。

冬季养生药膳㉚

山楂消食汤

材料 山楂10克，麦门冬8克，花菜200克，土豆150克，烟熏肉75克，盐、黑胡椒粉各适量。

做法 ①山楂、麦门冬洗净，放入棉布袋中，煎煮，滤取药汁。②花菜洗净，掰成小朵；土豆去皮洗净，切小块；烟熏肉洗净切小丁。③花菜和土豆放入锅中，倒入药汁以大火煮沸，转小火续煮15分钟至土豆变软；加入烟熏肉及调味料，再次煮沸后关火即可。

功效 本品可滋阴养胃、消食化积、抗痘。

冬季养生小贴士

冬季天气寒冷，人们爱睡懒觉，其实这样会影响大脑和身体健康，还可能会引发疾病。一般成年人每天的睡眠时间为8小时，而中学生为9小时，小学生为10小时，不宜超出这个标准。

冬季养生药膳 ㉛

大米神曲粥

材料 神曲适量，大米100克，白糖5克。

做法 ①大米洗净，泡发后，捞出沥水；神曲洗净。②锅置火上，倒入清水，放入大米，以大火煮至米粒开花。③加入神曲同煮片刻，再以小火煮至浓稠状，调入白糖拌匀即可。

功效 此粥有健脾消食、理气化湿、解表的功效。

冬季养生小贴士

冬季天气寒冷，用棉被蒙头睡觉更加暖和，可是却不利于身体健康。棉被基本上不透气，大量二氧化碳聚积在棉被内，人体吸入后，会出现昏昏沉沉、疲乏无力的现象。

冬季养生药膳 ㉜

神曲粥

材料 神曲、炒谷芽各15克，粳米10克，姜末、盐各适量。

做法 ①将神曲、炒谷芽洗净，加水煎煮半小时，去渣取汁。②放入洗净的粳米，煮成粥样。③再加入姜末、盐即可。

功效 本品具有消积开胃、增进食欲的功效。适用于因多食米饭类食物后呕吐或腹胀者。

冬季养生小贴士

冬季盖棉被，不宜太厚。一方面厚棉被会压迫胸部，影响呼吸，使人体缺氧；另一方面，过于暖和会使人体能量消耗以及汗液排泄增加，不利于体力恢复。所以，棉被能够保温即可，不宜过厚。

冬季养生药膳㉝

银耳山楂大米粥

材料 山楂片少许，银耳15克，大米100克，冰糖5克，菠菜叶丝适量。

做法 ①大米洗净，用清水浸泡；银耳泡发后洗净，撕小块。②锅置火上，放入大米，加适量清水煮至七成熟。③放入银耳、山楂煮至米粒开花，加冰糖熬稠后撒上菠菜叶丝即可。

功效 本品具有滋阴濡胃、行气健脾、消食化积等功效。

冬季养生小贴士

冬季睡觉，别穿太多衣服。睡眠时，人进入休息状态，如穿太多衣服，会压迫肌肉，影响血液循环，使体表热量减少，让人觉得更加寒冷，同时也会妨碍汗液的蒸发，不利于睡眠及体力恢复。

冬季养生药膳㉞

莱菔子大米粥

材料 莱菔子15克，大米100克，盐2克，葱10克。

做法 ①大米洗净，置于冷水中泡发半小时捞出沥干水分，备用；莱菔子洗净。②锅置火上，倒入清水，放入大米，以大火煮至米粒开花。③加入莱菔子同煮至浓稠状，撒上葱花，调入盐拌匀即可。

功效 此粥具有行气健脾、消食除胀、降气化痰的作用。

冬季养生小贴士

冬季以下人群不适宜使用电热毯：一是生活不能自理者；二是幼儿及体内失水者；三是孕妇，会影响胎儿发育；四是育龄男子，会影响睾丸功能；五是皮炎患者，会使皮肤干燥；六是出血性疾病患者，可致出血加剧；七是呼吸道疾病患者。

冬季养生药膳 ③⑤

麦芽山楂饮

材料 炒麦芽10克，炒山楂片3克，红糖适量。

做法 ①取炒麦芽、炒山楂片放入锅中，加1碗水。②煎煮15分钟后加入红糖稍煮。③滤去渣，取汁饮用。

功效 本品具有消食化滞、健脾开胃的功效，可用于厌食、腹胀等症。

冬季养生小贴士

冬季进补宜适量饮用营养滋补酒。营养滋补酒能够改善人体的血液循环、保护心脏，同时，酒中含有各种丰富的营养物质和微量元素，在酒精的作用下，更容易被人体吸收，及时补充人体的消耗。

冬季养生药膳 ③⑥

桂圆山药红枣汤

材料 桂圆肉100克，新鲜山药150克，红枣6颗，冰糖适量。

做法 ①山药削皮洗净，切小块；红枣洗净。②锅中加3碗水煮开，加入山药煮沸，再下入红枣；待山药熟透、红枣松软，将桂圆肉剥开加入。③待桂圆之香甜味渗入汤中即可关火，再酌加冰糖调味。

功效 本品具有补益心脾、养血护心、减缓焦虑紧张情绪等功效。

冬季养生小贴士

冬季可以在床头摆放一些橘子，睡前吃几瓣，有化痰止咳之功效，同时，橘子散发的气味也可以预防鼻炎。还可以在床头放一些薄荷油，其气味可止头痛，缓解鼻炎症状。

冬季养生药膳 ㊲

丹参红枣乌鸡汤

材料 丹参15克，红枣10颗，红花2.5克，杏仁5克，乌鸡腿1只，盐10克。

做法 ①将丹参洗净，打碎；红花洗净润透，切片；乌鸡腿洗净，切块；红枣、杏仁洗净。②乌鸡块放入蒸盆内，加入所有材料，再加入300克清水。③把蒸盆置蒸笼内，用武火蒸50分钟即可。

功效 本品具有活血通脉、祛瘀止痛、安神宁心的功效。

冬季养生小贴士

冬季天寒路滑，老年人不小心会容易跌倒，而由于老年人常因缺钙导致骨质比较疏松，跌倒后极易发生骨折，以股骨颈囊内骨折最为常见，造成痛苦之余还可能导致残废，所以，冬季老年人要特别注意安全。

冬季养生药膳 ㊳

三七郁金炖乌鸡

材料 三七6克，郁金9克，乌鸡500克，绍酒、蒜片各10克，姜片、葱段、盐各5克。

做法 ①三七洗净，打碎；郁金洗净润透，切片；乌鸡肉洗净，切块。②乌鸡块放入蒸盆内，加入姜片、葱段、蒜片、绍酒、盐、三七和郁金，再加入300克清水。③把蒸盆置于蒸笼内，用武火蒸50分钟即可。

功效 本品具有补气血、祛瘀血、消腹水等功效。

冬季养生小贴士

许多父母认为，冬天只有让孩子多吃些高蛋白、高脂肪食物，才能抵御寒冷的天气。然而，现代科学研究证实，在寒冷气候下，机体的内分泌系统也被调动起来，使人体的产热能力增加。因此，冬天无须给孩子增加高脂肪食物来获取更多能量。

冬季养生药膳㊴

五胡鸭

材料 五灵脂10克，延胡索9克，鸭肉500克，盐、食醋各适量。

做法 ①鸭肉洗净，用少许盐腌渍入味。②五灵脂、延胡索洗净，放入碗内，加适量水，隔水蒸30分钟左右，去渣存汁。③将鸭肉放入大盆内，倒上药汁，隔水蒸至鸭熟软，食前滴少许醋调味即可。

功效 本品具有疏肝理气、活血散瘀、护心止痛的功效。

冬季养生小贴士

入冬后，由于阳光照射减少，老年人容易缺钙，引起骨质疏松。因此老年人应该常吃些富含钙的食物，如豆制品、虾皮、海米、海带、芝麻酱以及核桃仁等，以补充钙的摄入。

冬季养生药膳㊵

三七煮鸡蛋

材料 三七10克，鸡蛋1个，盐少许。

做法 ①三七去除杂质，洗净。②锅置火上，倒入适量清水，将三七加水煮片刻，捞起沥干备用。③另起锅，倒入适量水，待烧开后，打入鸡蛋，煮熟后再将备好的三七放入锅中煮熟，加入盐调味即可。

功效 本品具有活血化瘀、疏通血管的功效。可用于高血压、动脉粥样硬化、冠心病等病症患者。

冬季养生小贴士

维生素C在冬季更为重要，能增强身体抵抗力，对防治感冒、高血压、动脉粥样硬化及心脑血管疾病具有辅助作用，老年人尤其不可缺少。因此，冬季里老年人应尽量多食用一些含维生素C丰富的绿叶蔬菜与水果。

冬季养生药膳 ⑪

养心汤

◎ 材料　人参片8克，猪心195克，青菜叶10克，清汤适量，盐5克，姜末各2克。

◎ 做法　①将猪心洗净，汆水；人参片洗净；青菜叶洗净备用。②汤锅上火，倒入清汤，调入盐、姜末。③下入猪心、人参片至熟，撒入青菜叶即可。

◎ 功效　本品具有大补元气、养心安神的作用，可用于气血虚所致的心律失常等症。

冬季养生小贴士

　　冬季洗澡应由脚部开始接触热水。因为皮肤温度往往比洗澡水的水温低，突然而来的热水会令心脏负荷不了，所以最好让脚部先适应水温，再慢慢往身体上泼水，才开始洗澡。

冬季养生药膳 ⑫

灵芝丹参粥

◎ 材料　灵芝30克，丹参5克，三七3克，大米50克，白糖适量。

◎ 做法　①将大米淘洗干净；丹参、灵芝、三七均洗净。②水煮沸后，将三味药材放入水中先煎15分钟。③煎好后将药汤去渣，取清液，加入大米，用文火煮成稀粥，调入白糖即可。

◎ 功效　本品具有补益气血、活血化瘀、养心安神的功效。

冬季养生小贴士

　　冬天洗澡后，很多人喜欢蒸桑拿。蒸桑拿有很大的好处，可以促进血液循环，增加皮肤温度以保暖。但是，在蒸桑拿前记得涂一些婴儿油，否则会越蒸越干，得不偿失。

冬季养生药膳 ⑬

刺五加粥

材料 刺五加8克，大米80克，白糖3克，生菜叶少许。

做法 ①大米泡发洗净；刺五加洗净，装入纱布袋中。②锅置火上，倒入清水，放入大米，以大火煮至米粒开花。③再下入装有刺五加的纱布袋同煮至浓稠状，拣出纱布袋，调入白糖拌匀，撒上生菜叶即可。

功效 此粥有益气安神、活血化瘀之功效。

冬季养生小贴士

冬季洗完澡后应赶紧喝水。因为洗澡会令身体内的水分流失，而温度低的冬天情况更严重。所以最好洗澡过后慢慢喝1～2杯温水，补充水分，保持水平衡。

冬季养生药膳 ⑭

玫瑰枸杞羹

材料 玫瑰花瓣20克，枸杞10克，醪糟1瓶，玫瑰露酒50克，杏脯、葡萄干、白糖各10克，淀粉20克，醋少许。

做法 ①玫瑰花瓣洗净切丝。②水烧开，入白糖、醋、醪糟、枸杞、杏脯、葡萄干，倒玫瑰露酒，煮开后转文火。③用淀粉勾芡，搅匀，撒上玫瑰花丝即成。

功效 本品具有行气化瘀、瘦身美白、疏肝除烦的功效。

冬季养生小贴士

对于爱穿长筒靴的女性来说，由于长筒靴包裹腿部过紧，会引起下肢静脉血管血流不畅，很容易长冻疮。因此建议女性冬季尽量减少穿长筒靴的时间，且靴子不要包裹过紧，可以适当放大码数。

冬季养生药膳 ㊺

甜酒煮阿胶

◎ **材料** 阿胶12克，甜酒500克，片糖适量。

◎ **做法** ①阿胶洗净，泡发。②将锅洗净，加入适量清水，将甜酒倒入，加热至沸腾。③放入泡好的阿胶后搅匀，将武火改为文火，待开，再加入片糖，继续加热，至阿胶、片糖完全溶化即可。

◎ **功效** 本品有滋阴补血、活血化瘀、养心安神的功效。

冬季养生小贴士

冬季宜穿羽绒服保暖，但是患有过敏性鼻炎、喘息性气管炎或哮喘的患者不宜穿，因为羽绒服是由家禽的羽毛加工而成，其细小纤维可作为一种过敏性抗原，使原有的过敏性鼻炎等病情加重。

冬季养生药膳 ㊻

丹参糖水

◎ **材料** 丹参10克，白糖50克。

◎ **做法** ①将丹参洗净。②丹参加水200克，煎煮20分钟。③滤去渣，加适量白糖即可。

◎ **功效** 本品具有活血通经、祛瘀护心的功效，对长期失眠患者有安神作用，对冠心病患者尤其有效。

冬季养生小贴士

冬季使用电热毯防寒保暖，不宜时间过长，最好在临睡前关掉电源，否则皮肤会因为失水而变得干燥，从而引发过敏性皮炎、瘙痒、丘疹等症状。

冬季养生药膳 ㊼ ● 川芎当归黄鳝汤

材料 川芎10克，当归12克，桂枝5克，红枣5颗，黄鳝200克，盐适量。

做法 ①将川芎、当归、桂枝洗净；红枣洗净，浸软，去核。②将黄鳝剖开，去除内脏，洗净，入开水锅内稍煮，捞起过冷水，刮去黏液，切长段。③将全部材料放入砂煲内，加适量清水，武火煮沸后，改文火煲2小时，加盐调味即可。

功效 此汤可行气开郁、祛风通络。

冬季养生小贴士

冬季应该勤晒被褥，一来可以避免潮湿，使被子舒适暖和，不易滋生细菌；二来可杀菌消毒，避免细菌感染人体。

冬季养生药膳 ㊽ 红花糯米粥

材料 红花10克，糯米100克。

做法 ①将红花洗净；糯米洗净泡软。②红花放入净锅中，加水煎煮30分钟。③锅中再加入糯米煮成粥即可。

功效 本品具有养血温经、行气活血、调经止痛的功效。适用于月经不调而有血虚、血瘀证者。

冬季养生小贴士

寒冬避免落枕，应注意以下几点：一是选择高低合适的枕头；二是用大毛巾围着颈部睡觉，保持颈部的温暖，保证血液循环通畅；三是增加营养；四是勤做体育锻炼，以增强体质。

冬季养生药膳㊾

炮姜桃仁粥

材料 炮姜3克，桃仁5克，艾叶3克，大米80克，葱花适量。

做法 ①将艾叶、炮姜均洗净，加水煎成药汁；桃仁、大米洗净备用。②将桃仁、大米加水煮至八成熟。③药汁滤渣后倒入桃仁米粥中同煮至熟，撒上葱花即可。

功效 本品具有温经、化瘀、散寒、除湿的作用。可用于寒湿凝滞型痛经。

冬季养生小贴士

冬季锻炼时，可用鼻吸口呼的方式换气。鼻黏膜内的血管和分泌液对吸进来的冷空气有加温的作用，并且能够挡住大部分灰尘和细菌，能够很好地保护呼吸道。

冬季养生药膳㊿

鸡肝桂皮粥

材料 桂皮50克，鸡肝150克，大米80克，盐3克，味精1克，姜丝10克，葱花少许。

做法 ①桂皮洗净，熬煮取汁；大米淘净，泡好；鸡肝洗净，切成片。②将适量清水倒入锅中，下入大米旺火煮沸，放入鸡肝、姜丝，倒入桂皮汁，转中火熬煮至米粒开花。③改小火将粥熬煮至浓稠，加盐、味精调味，撒入葱花即可。

功效 散寒止痛、温经通脉、养血护肝。

冬季养生小贴士

冬季锻炼结束之后，要及时加穿衣服，以防感冒。尤其是在冬泳后，应该用柔软、干燥的浴巾迅速擦干身体，力度可稍大，把皮肤擦至红后，马上穿好衣服。

冬季养生药膳(51) 酒酿蛋花

材料 甜酒酿1碗，鸡蛋2个，白糖适量。

做法 ①酒酿加水，待煮沸转小火续煮10分钟，将酒精煮至挥发掉。②加白糖入酒酿中。③将鸡蛋打散，徐徐淋入酒酿中，至蛋花成形即可。

功效 本品具有活血化瘀、调经止痛、散寒通络等作用。

冬季养生小贴士

冬季滑冰容易扭伤手腕，应在扭伤后的24小时内，用冷毛巾或冷水袋敷手腕，可以减轻疼痛肿胀，24小时之后改用热毛巾或热水袋敷，并且局部擦正骨水，贴上膏药等，严重者需及时到医院诊治。

冬季养生药膳(52) 桂圆花生汤

材料 桂圆10枚，生花生20克，糖适量。

做法 ①将桂圆去壳，取肉洗净备用。②生花生洗净，再浸泡20分钟。③锅中加水，将桂圆肉与花生一起下入，煮30分钟后，加糖调味即可。

功效 本品具有补血养心、温经散寒、安神助眠等功效。

冬季养生小贴士

冬季滑冰容易冻伤，要注意以下几点：一是做好热身运动，裸露部位用手搓热；二是衣帽足够保暖，鞋袜不宜过紧；三是控制好滑冰时间；四是一旦冻伤，应及时处理，求助医生治疗。

冬季易发病调理药膳

冬季天气寒冷，如不注意保暖和进行适当的调养，容易引发一系列的冬季疾病。因此，在寒冷的冬季，首先要做好防寒保暖工作，在饮食方面更要加以重视，饮食应以祛除寒邪、温中补气为主。

冻疮 >>

冻疮是指人体受寒邪侵袭所引起的皮肤损伤，多发生在手脚的末端、鼻尖、面颊和耳部等处。患处皮肤苍白、发红、水肿、发痒热痛、有肿胀感。严重的可出现紫血疱引起患处坏死，溃烂流脓。治疗以温经散寒、行气活血为主。

【对症药材、食材】

●当归、三七、生姜、川芎、附子、肉桂、山楂、艾叶等；羊肉、狗肉、牛肉、姜茶、花椒、胡椒、米酒、鸡蛋等。

【本草药典——艾叶】

●性味归经：性温，味苦、辛。归肝、脾、肾经。

●功效主治：理气血、逐寒湿、温经、止血、安胎。治心腹冷痛、泄泻转筋、久痢、吐衄、下血、月经不调、崩漏、带下、胎动不安、痈疡、疥癣。

●选购保存：以叶面灰白色、绒毛多、香气浓郁者为佳。置于通风干燥处保存，防潮、防蛀。

●食用禁忌：阴虚血热者慎用。

【预防措施】

在寒冷环境下工作时宜注意肢体保暖、干燥；对手、足、耳、鼻等暴露部位应予保护，鞋袜不宜过紧，过紧会致下肢血液循环不畅，导致冻疮的发生；冬季怕冷者可多吃些热性驱寒食品，如羊肉、狗肉、鹿肉、胡椒、生姜、肉桂等。每年发病者，可采取冬病夏治的疗法，在夏天就开始进行几次外擦药物的辅助治疗，有条件的做红外线理疗则效果更佳，入冬前宜提早内外治疗。

【饮食宜忌】

宜食肉桂、山楂、艾叶、羊肉、狗肉、牛肉、姜茶、鹿肉等热性食物。

忌食冷饮、生冷食物、寒性水果及蔬菜等。

食疗药膳① 生姜肉桂炖虾仁

材料 肉桂5克,薏米30克,虾丸150克,猪瘦肉50克,生姜15克,盐、味精各适量。

做法 ①虾丸对半切开;猪瘦肉洗净后切成小块;生姜去皮洗净,拍烂。②肉桂洗净;薏米淘净。③将以上用料放入炖煲中,待水开后,先用中火炖1小时,然后再用小火炖1小时,放入少许熟油、食盐和味精即可。

功效 温里散寒、活血化瘀。适用于恶寒怕冷、四肢冰凉、冬季易生冻疮者。

冬季养生小贴士

冻疮患者在饮食上应选择具有温中散寒、活血散结、消肿止痛功效的食物,勿食生冷、性寒的食物。

食疗药膳② 花椒羊肉汤

材料 当归20克,生姜15克,羊肉500克,花椒3克,味精、盐、胡椒各适量。

做法 ①羊肉洗净,切块。②花椒、生姜、当归洗净,和羊肉块一起放入砂锅中。③加水煮沸,再用文火炖1小时,用味精、盐、胡椒调味即成。

功效 暖中补虚、益肾壮阳。用于阳气虚、怕冷、脾胃虚寒的冻疮患者。

冬季养生小贴士

可用生姜或辣椒涂擦易患冻疮的部位,每日2次,可减轻或避免冻疮的发生。但皮肤起水疱或溃烂者不宜使用。

食疗药膳③

艾叶煮鸡蛋

材料 艾叶20克，新鲜鸡蛋2个。

做法 ①将生鸡蛋用清水冲洗干净，备用。②将艾叶洗净，加水熬煮至变色。③再将洗净的鸡蛋放入艾水中一起煮5分钟，待鸡蛋壳变色，将其捞出，即可食用。

功效 理气血、逐寒湿、安胎。可治心腹冷痛、冻疮、痛经、月经不调、胎动不安等症。

冬季养生小贴士

冻疮患者可用100瓦灯泡代替红外线仪进行照射治疗，以促进血液循环，约一周后，症状即可消失，表皮逐渐脱落，不留疤痕。

食疗药膳④

当归山楂汤

材料 当归、山楂各15克，红枣10克，水1500毫升。

做法 ①将红枣泡发，洗净；山楂、当归洗净。②红枣、当归、山楂一起放入砂锅中。③加水煮沸，改文火煮1小时即可。

功效 行气活血、温里散寒。可用于冻疮、月经不调、腹部冷痛、痛经等症。

冬季养生小贴士

对于已经溃破的创面，可先对周围正常皮肤进行消毒，再用无菌温盐水清洗创面，然后涂以抗菌药物并加以包扎。

鼻炎 》》

鼻炎指的是鼻腔黏膜和黏膜下组织的炎症。表现为充血或者水肿，患者经常会由于鼻塞而产生嗅觉减退，头痛、头昏、说话呈闭塞性鼻音等症状，还伴有流清水涕、鼻痒、喉部不适、咳嗽等症状。鼻塞有间歇性和交替性等特点，如在白天、天热、劳动或运动时鼻塞减轻，而夜间、静坐或寒冷时鼻塞加重。

【对症药材、食材】————————

●辛夷、白芷、葱白、黄芪、苍耳、鹅不食草、红枣等；萝卜、姜、莲藕、大葱、茶叶、鸡蛋、茴香、刀豆、苋菜等。

【本草药典——细辛】————————

●性味归经：性温，味辛。

●功效主治：祛风通窍。治头痛、鼻渊、鼻塞不通、齿痛。细辛含有甲基丁香酚、黄樟醚、优香芹酮、榄香素、细辛醚等成分，可以阻止变态反应的发生，从而防治鼻炎。

●选购保存：置于阴凉通风处保存。

●食用禁忌：阴虚火旺者忌服。

【预防措施】————————

预防鼻炎，要进行体育锻炼，增强体质及免疫力；饮食要清淡，不吃辛辣食物，少吃鱼虾等腥味食物；多用手按摩鼻两侧，促进血液循环；常用盐水洗鼻，可有效清洁鼻腔，调节鼻腔的湿度和促进血液循环；要防止感冒，以防引发鼻炎。

【饮食宜忌】————————

宜食冬瓜、胖大海、百合、无花果、莲藕、大葱、蛋类、葱白、大蒜等。

忌食梨、西瓜、白萝卜、冷饮以及油腻、辛辣、助热生火的食物，如肥肉、香肠、辣椒、胡椒、芥末、葱、蒜、韭菜等。

【小贴士】————————

要保持室内清洁、卫生，减少室内尘土，并且保持室内通风，经常晾晒衣物，远离宠物；避免食用一切能引起过敏性鼻炎发作的食物，慎食鱼、虾、蟹类食物，戒除烟酒；增强体质对过敏性鼻炎患者很重要，平时要注意锻炼身体。

食疗药膳① 辛夷花鹧鸪汤

材料 辛夷花25克，蜜枣3颗，鹧鸪1只，盐适量。

做法 ①将辛夷花、蜜枣洗净。②将鹧鸪宰杀，去毛和内脏，洗净，斩件，氽水。③将辛夷花、蜜枣、鹧鸪放入炖盅内，加适量清水，武火煮沸后改文火煲2小时，加盐调味即可。

功效 此汤有散风寒、通鼻窍的作用，可辅助治疗鼻炎属寒证者。

冬季养生小贴士

鼻炎患者饮食上应多吃新鲜的食物，或含蛋白质多的食物，应选用具有清热通窍、扶正祛邪的食物，勿食辛辣、性热助火的食物。

食疗药膳② 丝瓜络煲猪瘦肉

材料 丝瓜络100克，猪瘦肉60克，盐4克。

做法 ①将丝瓜络洗净；猪瘦肉洗净切块。②丝瓜络、猪瘦肉同放锅内煮汤，至熟加少许盐调味。③饮汤吃肉，为1日量，分2次食用。5天为1个疗程，连用1～3个疗程。

功效 清热消炎、解毒通窍。用于肺热鼻燥引起的鼻炎、干咳等症。

冬季养生小贴士

鼻炎患者可常用冷水洗脸、洗鼻或洗冷水浴，以增强对寒冷的适应能力，同时在流感期间，在公共场所应戴口罩。

食疗药膳③

葱白红枣鸡肉粥

材料 红枣10颗，葱白10克，鸡肉、粳米各100克，香菜、生姜各10克。

做法 ①将粳米、生姜、红枣洗净；鸡肉洗净切粒备用。②将以上四种材料放入锅中煮半小时左右。③粥成，再加入葱白、香菜，调味即可。

功效 补中益气、宣通鼻窍。用于鼻炎伴中气不足及食欲不振者。

冬季养生小贴士

治鼻炎小偏方：可将苍耳子12克、辛夷9克、白芷9克、薄荷4.5克、茶叶2克、葱白2根烘干并研成粉末，将粉末入杯中用沸水冲泡当茶饮用，每日1次，可宣肺通窍、消炎止痛、消肿排脓、抗癌、镇静，使通气顺畅。

食疗药膳④

薄荷茶

材料 薄荷15克，茶叶10克，冰糖适量。

做法 ①将薄荷洗净，和茶叶一起放入杯内，加热水冲泡。②加入适量冰糖，待冰糖溶化后搅拌均匀即可饮用。

功效 清凉润燥、清利通窍。用于鼻燥咽喉不适、鼻塞干痒等症者。

冬季养生小贴士

鼻炎患者用盐水洗鼻，可先加热盐水，一来可以减少刺激性，二来盐水加热后盐分子运动活跃，更有利于杀菌消炎。

急性肾炎 >>

肾炎是一种免疫性疾病，是肾免疫介导的炎性反应，症状为以少尿开始，或逐渐少尿，甚至无尿。可同时伴有血尿、水肿，以面部及下肢为重。部分患者伴有高血压，也有的患者在起病后的过程中出现高血压。

【对症药材、食材】

●车前子、玉竹、沙参、黄芪、桂枝、益母草、枸杞子、泽泻、茯苓、马齿苋等；冬瓜、西瓜、马蹄、萝卜、芹菜、莲藕、梨、绿豆、老鸭、薏米、鲫鱼等。

【本草药典——益母草】

●**性味归经**：性凉，味辛、苦。归心、肝、膀胱经。
●**功效主治**：活血祛瘀、调经、利水。治月经不调、难产、胞衣不下、产后血晕、瘀血腹痛及瘀血所致的崩中漏下、尿血、便血、痈肿疮疡。
●**选购保存**：以质嫩、叶多、色灰绿为佳。置干燥处保存。
●**食用禁忌**：阴虚血少者忌服；孕妇不宜用。

【预防措施】

预防急性肾炎首先要调整饮食结构，避免酸性物质摄入过量，可帮助排除体内多余的酸性物质；多吃富含植物有机活性碱的食品，少吃肉类，多吃蔬菜；要劳逸结合，避免过劳过累，尽量避免长途旅游，同时应适量运动，增强自身的抗病能力。切忌盲目进补；切忌使用庆大霉素等具有肾毒性的药物，以免引起肾功能的恶化。

【饮食宜忌】

宜食鲫鱼、鲤鱼、莲藕、冬瓜、马蹄、红豆、凉性水果、绿叶菜、豆浆、牛奶等。

忌辣椒、胡椒、狗肉、羊肉、榴梿、荔枝、桂圆、桃子、虾蟹、酒、烟等。

【小贴士】

急性肾炎患者要限制饮水量，对消除水肿、减轻心脏压力有利；要限制食盐的摄入量，水肿和血容量与盐关系极大，每1克盐可带入110克左右水，肾炎患者如食入过量食盐，使排尿功能受损，常会使水肿加重，血容量增大，造成心力衰竭，故必须限制食盐量及给予低盐饮食。另外要限制含嘌呤高的食物，如菠菜、芹菜、小萝卜、豆类及其制品等；忌用强刺激性调味品，如胡椒、芥末、咖喱、辣椒、味精等。

食疗药膳①

车前子田螺汤

◎材料　车前子50克，红枣10颗，田螺（连壳）1000克，盐适量。

◎做法　①先用清水浸养田螺1～2天，经常换水以漂去污泥，洗净，钳去尾部。②车前子洗净，用纱布包好；红枣洗净。③将车前子、红枣、田螺放入开水锅内，武火煮沸，改文火煲2小时即可。

◎功效　利水通淋、清热祛湿。用于膀胱湿热、小便短赤、涩痛不畅甚至点滴不出等症。

冬季养生小贴士

急性肾炎患者应卧床休息2～3周，3个月内避免剧烈体力活动，可在病情好转后逐渐增加活动量。

食疗药膳②

薏米瓜皮鲫鱼汤

◎材料　冬瓜皮60克，薏米30克，鲫鱼250克，生姜3片，盐少许。

◎做法　①将鲫鱼剖洗干净，去内脏，去鳃；冬瓜皮、薏米分别洗净。②将冬瓜皮、薏米、鲫鱼、生姜片放进汤锅内，加适量清水，盖上锅盖。③用中火烧开，转小火再煲1小时，加盐调味即可。

◎功效　利尿通淋、清热解毒。用于急性肾炎、小便涩痛、尿血等症。

冬季养生小贴士

急性肾炎患者宜限制盐的摄入，长期高盐饮食可使体内形成水钠潴留，加重急性肾炎的病情，造成重度水肿，甚至危及生命。

食疗药膳③ 红豆薏米汤

材料 红豆、薏米各100克，清水500毫升，白砂糖适量。

做法 ①红豆、薏米分别清洗干净，浸泡半天。②锅内加水500毫升，用文火煮烂，加入白砂糖调味即可食用。

功效 此品具有利水消肿、清热解毒的功效。

冬季养生小贴士

急性肾炎患者会有水代谢紊乱的表现，故需要限制液体量的摄入，具体视水肿程度和排尿量而定，一般以500克为限，以后视尿量而增加水量。

食疗药膳④ 通草车前子茶

材料 通草、车前子、白茅根各10克，砂糖10克。

做法 ①将通草、车前子、白茅根洗净，盛入锅中，加1500毫升水煮茶。②大火煮开后，转小火续煮15分钟。③煮好后捞出药渣加入砂糖即成。

功效 清热利尿、凉血止血，可用于小便涩痛、短赤、尿血等症。

冬季养生小贴士

急性肾炎患者经过有效治疗后，绝大多数患者于1~4周内症状好转，但少量镜下血尿及微量尿蛋白有时可迁延0.5~1年。因此，患者需定期复查尿常规。

耳鸣耳聋 >>

耳鸣是指人们在没有任何外界刺激条件下所产生的异常声音感觉，常常是耳聋的先兆，因听觉功能紊乱而引起。耳聋是听觉上的一种障碍，不能听到外界的声音。主要症状有患者自觉耳内鸣响，如闻蝉声或潮声。耳聋是指不同程度的听觉减退，甚至消失。耳鸣可伴有耳聋，耳聋亦可由耳鸣发展而来。此病多发于中老年人，与肾有密切关系。

【对症药材、食材】

●熟地、山药、冬虫夏草、桑葚、女贞子、白术、何首乌、枸杞子、黄精等；乌鸡、紫菜、黄花菜、黑木耳、苋菜、香菜、黑芝麻、黑豆等。

【本草药典——女贞子】

●**性味归经**：性平，味苦、甘。归肝、肾经。

●**功效主治**：补肝肾、强腰膝。治阴虚内热、头晕目花、耳鸣、腰膝酸软、须发早白、滋补肝肾、明目乌发。用于眩晕耳鸣、腰膝酸软、目暗不明。

●**选购保存**：以粒大、饱满、色蓝黑、质坚实者为佳。置干燥处，防潮湿、防蛀、防霉。

●**食用禁忌**：脾胃虚寒泄泻及阳虚者忌服。

【预防措施】

预防耳鸣耳聋，首先要做到生活规律，睡眠充足；节制脂肪类食品的摄入，忌烟酒；避免过度劳累和情绪波动，加强体育锻炼，防止感冒；慎用耳聋性药物，避免嘈杂环境，防止巨大噪音刺激，减少噪音对听神经的损伤，定期进行听力检测等。

【饮食宜忌】

宜食豆类、坚果类、瘦肉类、牛奶、鱼类、乌鸡、鸭子、水果等。

忌食富含脂肪的食物，如动物内脏、奶油、肥肉、鱼子等；忌烟酒、茶叶、咖啡、辣椒等辛辣刺激食物，忌煎炸类食物以及冷饮等。

【小贴士】

首先应调整心态，不要过度紧张，及时接受医生的诊治；培养其他业余爱好以分散对耳鸣的注意力；避免过多地接触噪声，避免使用耳毒性药物，戒烟戒酒；生活作息规律，睡眠时间不宜过长，中青年7~8小时，老年人6小时即可。

食疗药膳① .... ● 肾气乌鸡汤

材料 熟地、淮山各15克，山茱萸、丹皮、茯苓、泽泻各10克，牛膝8克，乌鸡腿1只，盐1小匙。

做法 ①将乌鸡腿洗净，剁块，放入沸水中汆烫，去掉血水。②将乌鸡腿及所有的药材放入煮锅中，加适量水至盖过所有的材料。③以武火煮沸，然后转文火续煮40分钟左右，调入盐即可。可只取汤汁饮用。

功效 此品可滋阴补肾、温中健脾。

冬季养生小贴士

因肾亏虚而致耳聋、耳鸣者，在饮食上应当选择具有补肾填精作用的食物，勿食生冷损肾的食物，勿食辛辣刺激性食物。

食疗药膳② .... ● 河车鹿角胶粥

材料 鹿角胶15克，鲜紫河车1/4具，粳米100克，生姜3片，葱白、食盐各适量。

做法 ①粳米洗净煮成粥，待沸后放入鹿角胶、紫河车块、生姜、葱白同煮为稀粥。②煮好后加入食盐调味。③每日1剂，分2次温服。

功效 此品可补肾阳、益精髓。适用于肾气不足所致的耳鸣失聪、精力不济、遗精滑泄等。

冬季养生小贴士

因肝炎上火、肝阳亢盛而致耳聋、耳鸣者，在饮食上应当选择具有清肝胆之火作用的凉性食物，勿食辛辣助火、温热上火之物。

食疗药膳③

杜仲牛肉

材料 杜仲20克，枸杞15克，牛肉500克，绍酒2汤匙，姜片、葱段各少许，鸡汤2大碗，盐适量。

做法 ①牛肉洗净，焯烫，去血水。②杜仲和枸杞用水冲洗一下，然后和牛肉、姜片、葱段、鸡汤一起放入锅中，加适量水，用武火煮沸后，转文火将牛肉煮至熟烂。③起锅前拣去杜仲、姜片和葱段，加盐调味即可。

功效 本品可补肝肾、强筋骨、聪耳明目。

冬季养生小贴士

因中气不足而致耳鸣耳聋者，在饮食上应当选择具有补中益气作用的食物，勿食破气耗气、辛辣香燥的食物。

食疗药膳④

何首乌黄精茶

材料 何首乌10克，黄精8克，蜂蜜适量。

做法 ①将何首乌、黄精洗净。②锅置火上，加入1000毫升水，将何首乌、黄精放入，煮2小时。③调入蜂蜜，温服。

功效 此品可滋阴养肝、补肾聪耳、养血降脂。适用肾虚、早醒、耳鸣耳聋、腰膝酸软、高血脂、冠心病、老人体虚便秘失眠者。

冬季养生小贴士

治疗耳鸣、耳聋的药物有近百种，常用的有链霉素、卡那霉素、新霉素、庆大霉素、红霉素、阿司匹林、奎宁、氯奎等。

夜盲症 >>

夜盲症俗称"雀蒙眼"，就是在夜间或光线昏暗的环境下视物不清、行动困难的症状，并常伴有视力减退。夜盲症为一种遗传性进行性慢性眼病，多发生于近亲结婚之子女，以10~20岁发病较多，常双眼发病，男性多于女性。若因视网膜杆状细胞营养不良或本身的病变引起的夜盲症称为"获得性夜盲症"。

【对症药材、食材】

●菊花、桑叶、枸杞子、谷精草、夏枯草、苍术、马齿苋、决明子、何首乌等；动物内脏、苹果、胡萝卜、红薯、韭菜、荠菜、菠菜、海带、地耳等。

【本草药典——夏枯草】

●**性味归经**：性寒，味苦、辛。

●**功效主治**：具有清泄肝火、散结消肿、清热解毒、祛痰止咳、凉血止血的功效，适用于淋巴结核、甲状腺肿、乳痈、头目眩晕、口眼歪斜、筋骨疼痛、肺结核、血崩、带下、急性传染性黄疸型肝炎及细菌性痢疾等症。

●**选购保存**：以紫褐色、穗大者为佳。置通风干燥处。

●**食用禁忌**：脾胃虚弱者慎服。

【预防措施】

预防夜盲症可多吃一些维生素A含量丰富的食品，如鸡蛋、动物肝脏等。科学安排饮食，应提倡食品多样化，除主食外，副食方面包括鱼、肉、蛋、豆类、乳品和动物内脏以及新鲜蔬菜之类。还要多补充胡萝卜素，因为胡萝卜素可以转化成维生素A，且没有副作用。

【饮食宜忌】

宜食鱼类、蛋类、动物内脏、牛奶、豆制品、蔬菜、水果等。

忌食辛辣、刺激性的食物，如辣椒、胡椒、桂皮、丁香等；忌食含有酒精、咖啡因、茶碱的饮品，如白酒、啤酒、咖啡、浓茶等。

【小贴士】

夜盲症患者应避免夜间出行，并增加房间的光线度。对于病情严重的患者，夜间应安静卧床。夜盲症若发生于晚年，发展则较缓慢；发生愈早，发展愈快，若医治效果不良，将有可能导致完全失明。

食疗药膳① ·········· ● 　　菠菜羊肝汤

材料 谷精草、夏枯草各15克，菠菜500克，羊肝1块。

做法 ①将菠菜洗净，焯熟；羊肝洗净余水；谷精草、夏枯草均洗净。②将菠菜、羊肝、谷精草、夏枯草一起放入锅内，加水煎煮至熟即成。

功效 养肝明目、补充维生素A。适用于辅助治疗夜盲症、老眼昏花、白内障等症。

冬季养生小贴士

夜盲症患者在饮食上应当选择具有滋补肝肾、养肝明目功效的食物，多吃富含维生素A的食物，勿食辛辣刺激性的食物，勿食性热助火的食物。

食疗药膳② ·········· ● 　党参枸杞猪肝粥

材料 党参20克，枸杞30克，猪肝50克，粳米60克，盐适量。

做法 ①猪肝洗净切片；粳米洗净；党参洗净切段；枸杞洗净备用。②将猪肝、粳米、党参、枸杞放入锅中加水，以武火煮制成粥。③加适量盐调味即可食用。

功效 补气健脾、养肝明目。适用于辅助治疗肝脾不和所致的夜盲症。

冬季养生小贴士

夜盲症患者会由于光线昏暗而看不清物体，所以应尽量避免在夜间出行，同时，可增加房间的光线度。

食疗药膳③

桑麻糖水

材料 黑芝麻80克，桑叶20克，蜂蜜适量。

做法 ①桑叶洗净，烘干，研成细末。②黑芝麻捣碎，与桑叶末一起加水煎40分钟。③稍凉后加入蜂蜜调味即可饮用。

功效 养肝补肾、滋阴降火。适用于辅助治疗夜盲症、便秘、结膜炎等症。

冬季养生小贴士

夜盲症患者应多吃含维生素A的食物，但也应适度，如长期大量摄入维生素A可能会出现维生素A过多症，表现为食欲不振、头疼、视物模糊、皮肤泛黄、头发脱落、骨头发脆，甚至诱发药源性肝炎。

食疗药膳④

菊花决明饮

材料 菊花10克，决明子15克，白砂糖适量。

做法 ①将决明子洗净，打碎；菊花洗净。②将菊花和决明子一同放入锅中，煎水。③过滤，取汁，加入适量白砂糖即可。

功效 清热解毒、清肝明目、利水通便。可辅助治疗夜盲症、青光眼、白内障、便秘等症。

冬季养生小贴士

风热型夜盲症小偏方：将20克绣球防风的全草放入锅内，加入适量的水熬煮内服，每剂1日，分2次服，专治夜盲症，对于皮疹、疳积、痈肿也有很好的疗效。

小儿遗尿 >>

小儿遗尿系指3周岁以上的小儿，睡中小便自遗，醒后方觉的一种病症，俗称"尿床"。多数患儿易兴奋、性格活泼、活动量大、夜间睡眠过深、不易醒，遗尿在睡眠过程中一夜发生1~2次或更多。多因肾气不足、膀胱寒冷、下元虚寒，或病后体质虚弱、脾肺气虚，或不良习惯所致。

【对症药材、食材】

●芡实、鸡内金、淮山、莲子、桂圆、五味子、白果、金樱子、覆盆子、山茱萸等；糯米、韭菜、银耳、猪腰、红豆、猪肝和肉类等。

【本草药典——金樱子】

●**性味归经**：性平，味酸、涩。归脾、肾、大肠、膀胱经。

●**功效主治**：固精涩肠、缩尿止泻。主治滑精、遗尿、脾虚泻痢、肺虚喘咳、自汗盗汗、崩漏带下。

●**选购保存**：以个大、色红黄、去净毛刺者为佳。置于干燥通风处保存，防潮、防蛀。

●**食用禁忌**：有实火、邪热者忌服。多服、久服会有便秘和轻度腹痛等反应。

【预防措施】

养成良好的作息和卫生习惯，掌握尿床时间和规律，夜间用闹钟唤醒患儿起床排尿1~2次。为了让孩子能在夜间熟睡后容易醒来，应注意白天不要让其过度疲劳，最好可以在中午让其睡1小时。避免过度兴奋或剧烈运动，以防夜间睡眠过深。晚饭后避免饮水，睡觉前排空膀胱内的尿液，可减少尿床的次数。

【饮食宜忌】

宜食山药、莲子、芡实、金樱子、桑螵蛸、猪腰、韭菜、桂圆等。

忌食可使大脑皮质功能失调、导致遗尿的辛辣及刺激性食物，如辣椒、咖喱、生姜、肉桂等；忌食味甘淡、利尿作用明显的食物，如玉米、赤小豆、鲤鱼、西瓜等。

【小贴士】

对于遗尿患儿要耐心教育引导，切不可打骂责怪，要鼓励患儿消除怕羞、紧张情绪，建立起战胜疾病的信心。每日晚饭后注意控制患儿的饮水量。在夜间发生遗尿之前，家长及时唤患儿排尿，坚持训练1~2周。

食疗药膳①

四味猪肚汤

材料 益智仁10克，芡实30克，淮山、莲子(去心) 各20克，猪肚1具，盐适量。

做法 ①将猪肚洗净，切块；益智仁、芡实、淮山、莲子冲洗干净。②锅中加水，放入猪肚、益智仁、芡实、淮山、莲子，文火炖熟。③下盐调味即可。

功效 补益脾肾、缩尿止遗。可用于因脾肾虚弱引起的遗尿、泄泻、盗汗、自汗等症。

冬季养生小贴士

遗尿患儿在饮食的选择上有讲究，如是虚证，应选择具有温肾固涩、健脾补肺作用的食物；如是实证，应选择清热利湿的食物。

食疗药膳②

白果莲子乌鸡汤

材料 白果30克，莲子50克，乌鸡腿1只，盐5克。

做法 ①鸡腿洗净、剁块，余烫后捞出冲净；白果、莲子洗净。②将鸡腿放入锅中，加水至没过材料，以大火煮开，转小火煮20分钟。③加入莲子，续煮15分钟，再加入白果煮开，最后加盐调味即成。

功效 滋阴补肾、缩尿固精、健脾养胃。可用于小儿遗尿、成人遗精滑泄等症。

冬季养生小贴士

肝肾亏虚型小儿遗尿小偏方：取覆盆子15克加水煎汁，滤渣取汁液与瘦肉一起放入砂锅中，加水煮汤，吃肉喝汤，1日3次，有补益肝肾、缩小便的功效。

食疗药膳③

扁豆芡实粥

材料 金樱子20克，芡实、山药各30克，扁豆30克，糯米100克，白糖适量。

做法 ①扁豆、金樱子洗净；山药去皮洗净，切块；芡实、金樱子洗净泡发；糯米洗净，浸泡1小时后捞起沥干。②锅置火上，注水后，放入糯米、芡实、扁豆用大火煮至米粒开花。③再放入山药，改用小火熬至粥成闻见香味时，放入白糖调味即可。

功效 本品可益肾固精、缩尿止遗、涩肠止泻。

冬季养生小贴士

对于遗尿患儿，要制止他在睡觉前过度兴奋，同时叮嘱孩子要排空小便再上床睡觉，并要养成这个好习惯。

食疗药膳④

芡实山药莲子汤

材料 芡实、山药、莲子各50克，冰糖30克。

做法 ①芡实淘净；莲子洗净；放入锅中加6碗水以大火煮开，转小火续煮20分钟。②山药削皮，洗净切块，加入锅中续煮10分钟。③起锅前加冰糖煮溶即可食用。

功效 补中益气、固肾止遗。用于遗尿、食欲不振、精神倦怠、大便稀薄等症。

冬季养生小贴士

可训练遗尿患儿在白天憋尿，即当他出现尿意时，让他主动控制暂不排尿，开始可先推迟几分钟，慢慢再延长时间，有助于遗尿的治疗。

低血压 >>

低血压是指体循环动脉压力低于正常的状态，一般认为成年人动脉血压低于90/60mmHg（12.0/8.0 kpa）即为低血压。低血压轻症表现为头晕、头痛、食欲不振、疲劳、脸色苍白、消化不良、晕车船等；严重症状包括直立性眩晕、四肢冷、心前区憋闷疼痛、心悸、发音含糊、呼吸困难，甚至昏厥，需长期卧床。

【对症药材、食材】

●大枣、枸杞子、桂圆、淮山、桑葚、党参、黄芪、白术、当归等；鸡蛋、鲫鱼、乳酪、牛奶、牛肝、猪肝、莲藕、鸡肉、猪肚、糯米等。

【本草药典——桑葚】

●**性味归经**：性寒，味甘。归心、肝、肾经。

●**功效主治**：补血滋阴、生津润燥。用于眩晕耳鸣、心悸失眠、须发早白、津伤口渴、内热消渴、血虚便秘。补肝、益肾、息风、滋液。治肝肾阴亏、消渴、便秘、目暗、耳鸣、瘰疬、关节不利。

●**选购保存**：以外形长圆、个大、肉厚、紫红色、糖分多者为佳。置通风干燥处，防霉、防蛀。

●**食用禁忌**：儿童不宜多吃桑葚。脾虚便溏者、糖尿病患者应忌食。

【预防措施】

饮食要营养全面，荤素搭配。桂圆、莲子、大枣、桑葚等具有健神补脑之功效，宜经常食用，增强体质；因失血或月经过多引起的低血压，应注意多进食能提供造血原料的食物，如富含蛋白质、铜、铁元素的肝类、鱼类、奶类、蛋类、豆类以及含铁多的蔬菜水果等，有助于纠正贫血。

【饮食宜忌】

宜食动物内脏、肉类、豆制品、牛奶、果仁类、辣椒、韭菜等。
忌食玉米、冬瓜、西瓜、山楂、菊花、葫芦、红豆、绿豆等。

【小贴士】

平时养成运动的习惯，保持均衡的饮食，培养开朗的个性，保证足够的睡眠。低血压患者入浴时，要小心防范突然起立而晕倒，洗浴时间也不宜过长；睡觉前将头部垫高可减轻低血压症状；血管扩张剂、镇静降压药等慎用。

食疗药膳① 山药当归鸡汤

材料 山药35克，当归、枸杞子各8克，鸡腿70克，盐少许。

做法 ①山药去皮，洗净，切滚刀块。当归、枸杞子均洗净。②鸡腿洗净，剁成适当大小，再用沸水汆烫。③将山药、当归、枸杞子放入水锅中，待水滚后，放入鸡腿续煮至熟烂，即可放入盐调味。

功效 补气活血、升提血压。用于气血虚弱引起的低血压、贫血、头晕乏力等症。

冬季养生小贴士

低血压患者在饮食上应选择具有气血双补作用的食物，勿食辛辣刺激、煎炸、生冷食物，忌暴饮暴食。

食疗药膳② 鲫鱼糯米粥

材料 白术15克，鲫鱼250克，糯米100克，盐少许，葱花、姜丝各适量。

做法 ①将鲫鱼宰杀，去内脏，洗净。②将糯米淘洗干净；白术洗净。③将以上材料同下入锅内，加水和姜丝煮至熟透，加入盐调味，撒上葱花即可。

功效 健脾益气、升提血压。用于脾胃气虚引起的低血压或伴少气懒言、食欲不振等症。

冬季养生小贴士

起床时眼花头晕严重，甚至昏倒者，下床前应先略微活动四肢，搓搓面，揉揉腹，先坐片刻，再慢慢下地。

食疗药膳③

桂圆黑枣汤

材料 桂圆50克，黑枣30克，冰糖适量。

做法 ①桂圆去壳，去核，洗净备用；黑枣洗净。②锅中加水烧开，下入黑枣煮5分钟后，加入桂圆一起煮25分钟，再下冰糖煮至溶化即可。

功效 益脾胃、补气血、安心神。可辅助治疗虚劳瘦弱、低血压、贫血、失眠等症。

冬季养生小贴士

低血压患者可多洗温水浴（40℃左右），有利于改善血液循环，但是切记每次时间不宜太长。

食疗药膳④

人参红枣茶

材料 人参8克，红枣6颗，红茶10克，冰糖适量。

做法 ①将人参洗净备用；红枣去核，洗净备用。②将人参、红枣、红茶一起放入锅中，煮成茶饮。③加入适量冰糖调味饮用。

功效 补充元气、增强体质。可用于辅助治疗虚劳、肺虚劳嗽、贫血、低血压等症。

冬季养生小贴士

低血压患者可适当饮用浓茶，可有助于提高中枢神经系统的兴奋性，从而改善血管的舒缩功能，对提升血压和改善临床症状有很大的帮助。

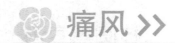

痛风 >>

痛风是由于尿酸在人体血液中浓度过高，在软组织如关节膜或肌腱里形成针状结晶，导致身体免疫系统过度反应而造成的炎症。一般发作部位为大拇指关节、踝关节、膝关节等。痛风患者有发作于手指关节，甚至耳郭含软组织部分的病例。急性痛风发作部位会出现红、肿、热及剧烈疼痛。

【对症药材、食材】

●牛膝、薏米、威灵仙、秦艽、羌活、地龙、桂枝、川芎等；大蒜、大米、海带、胡萝卜、苹果、牛奶、洋葱、土豆、樱桃等。

【本草药典——地龙】

●性味归经：性寒，味咸。归肝、脾、膀胱经。

●功效主治：清热、利尿、解毒。主治热病惊狂、小儿惊风、咳喘、头痛目赤、咽喉肿痛、小便不利、风湿关节疼痛、半身不遂等症。

●选购保存：以完整、背部棕褐色至紫灰色、腹部浅黄棕色、气腥、味微咸为佳。置通风干燥处，防霉、防蛀。

●食用禁忌：脾虚便溏者慎用。

【预防措施】

痛风病的发病常与饮食不节制、着凉、过度劳累有关，因此预防发病首先要戒酒戒烟，避免过度劳累、着凉。虾、蟹、动物内脏、菠菜、豆类及含嘌呤高的食物应少食。大量饮水，促进尿酸排泄。牛奶、蛋类及大部分蔬菜、水果可多食。加碱的粥类、面食，因含碱性物质可促进尿酸排泄，保护肾脏，倡导食用。

【饮食宜忌】

宜食绿叶蔬菜、水果、牛奶、土豆、洋葱等。

忌食发物，如螃蟹、虾、杏、桂圆等；忌食辛辣助火的食物，如胡椒、白酒、啤酒、羊肉等。

【小贴士】

痛风患者不要酗酒，荤腥不要过量。一旦诊断为痛风病，肉、海鲜都在限食之列。辛辣刺激性的食物也不宜多吃，还要下决心戒酒。多食含嘌呤低的碱性食物，如瓜果、蔬菜，少食肉、鱼等酸性食物，做到饮食清淡，低脂低糖，多饮水，以利体内尿酸排泄。

食疗药膳① · · · · · · · · · ·

五加皮炒牛肉

材料 五加皮、杜仲各10克，牛肉250克，胡萝卜片50克，糖、米酒、葱花、淀粉、酱油、姜末、香油各适量。

做法 ①五加皮、杜仲均洗净，熬煮成半碗药汁。②牛肉洗净切片，拌入姜末、米酒、酱油、水淀粉等搅拌均匀，再腌渍20分钟左右。③将葱花爆香，与腌好的牛肉一同拌炒，牛肉快熟时倒入药汁、胡萝卜片炒匀，淋上香油即成。

功效 本品可祛风湿、壮筋骨、活血化瘀。

冬季养生小贴士

痛风患者在第一次发病后一般会有1~2年的间歇期，也有10年间歇期，此期间也不能中断治疗，否则可致痛风石的形成。

食疗药膳② · · · · · · · · · ·

苹果雪梨煲牛腱

材料 甜杏、苦杏、红枣各25克，苹果、雪梨各1个，牛腱600克，姜3片，盐1小匙。

做法 ①苹果、雪梨洗净，去皮，切薄片；牛腱洗净，切块，氽烫后捞起备用。②甜杏、苦杏、红枣和姜洗净，红枣去核备用。③将上述材料加水，以大火煮沸后，再以小火煮1.5小时，最后加盐调味即可。

功效 此品可清热解毒、利尿通淋。

冬季养生小贴士

痛风患者平时应多喝白开水、矿泉水、汽水和果汁等，有助于促进尿酸排泄。但是忌喝浓茶，因为浓茶容易引起痛风发作。

牛奶炖花生

食疗药膳③

◎ **材料** 枸杞20克，银耳50克，花生100克，牛奶1000克，冰糖、红枣各适量。

◎ **做法** ①将银耳、花生、红枣、枸杞洗净。②银耳切成小片，用水泡发半小时；枸杞泡发备用。③砂锅上火，加适量水，加入银耳、红枣、花生，煮至花生八成熟时，倒入牛奶，加枸杞、冰糖同煮至花生熟烂时即可食用。

◎ **功效** 此品可滋阴养血、排泄尿酸。

冬季养生小贴士

痛风患者应尽量少吃辣椒、咖喱、胡椒、花椒、芥末、生姜等调料，因为它们均能兴奋自主物神经，诱使痛风发作。

淫羊藿药酒

食疗药膳④

◎ **材料** 淫羊藿60克，白酒500毫升。

◎ **做法** ①淫羊藿洗净，控干水分。②将淫羊藿浸泡在酒瓶内，封口。③3周后即可饮用。

◎ **功效** 此品具有补肾助阳、活血通络的功效。可辅助治疗痛风、腰酸骨痛、四肢痿软等症。

冬季养生小贴士

冬天人们喜欢涮火锅，但是痛风患者切忌食用。这是因为火锅原料主要是动物内脏、虾、贝类海鲜，都是高嘌呤的食物，高嘌呤食物代谢会导致尿酸增加，引发痛风。

坐骨神经痛 >>

坐骨神经痛是指坐骨神经病变，沿腰、臀部、大腿后、小腿后外侧和足外侧发生的疼痛症候群。主要症状为患者突然感到下背部酸痛和腰部僵直，或者发病前数周走路和运动时下肢有短暂疼痛，渐发展为剧烈疼痛，疼痛由腰部、髋部、臀部开始向下沿大腿后侧、腘窝、足背、小腿外侧扩散，有烧灼样或针刺样持续疼痛，夜间更甚。

【对症药材、食材】

●延胡索、牡丹皮、独活、桂枝、白芍、何首乌、杜仲、附子、肉桂、桂圆等；猪尾、荔枝、橘子、菠萝、花椒、羊肉、狗肉、辣椒、姜等。

【本草药典——附子】

●**性味归经**：性热，味辛、甘。

●**功效主治**：回阳救逆、补火助阳、散寒除湿。治阴盛格阳、大汗亡阳、心腹冷痛、脾泄冷痢、脚气水肿、风寒湿痹、拘挛、阳痿、宫冷、阴疽疮漏及一切沉寒痼冷之疾。

●**选购保存**：盐附子以个大、坚实、表面起盐霜者为佳；黑附子以片均匀，表面油润光泽者为佳。置干燥处保存。

●**食用禁忌**：阴虚及热证忌用。忌与瓜蒌、贝母、白及、半夏、白蔹等同用。

【预防措施】

其一，防止风寒湿邪侵袭。风寒湿邪是引起坐骨神经痛的重要因素，又是导致坐骨神经痛病情加重的主要原因。其二，防止细菌及病毒感染，以防加重本病。其三，注意饮食起居调养，注意保护腰部和患肢，内衣汗湿后及时换洗，防止潮湿的衣服在身上被焐干。饮食有节，起居有常，戒烟限酒，增强体质，避免或减少感染发病机会。

【饮食宜忌】

宜食羊肉、狗肉、桂圆、辣椒等温热性食物及蛋类、鱼类、蔬菜类等。

忌食寒凉生冷食物，如生黄瓜、西瓜、生蚝、冷饮、冰镇水果等。

【小贴士】

现在介绍一种运动疗法，适用于早期腰椎间盘突出症、先天性腰椎管狭窄症等病所致的坐骨神经痛。直腿抬高法：仰卧，下肢伸直，患肢主动上抬，当感觉腰、臀及下肢疼痛时，仍力求超过该限度继续上抬。坚持锻炼病情会有所改善。

食疗药膳① · 牛筋党参牛尾汤

材料 红枣5颗，黄芪20克，党参、当归各10克，枸杞15克，牛尾1条，牛肉250克，牛筋100克，盐适量。

做法 ①牛肉洗净，切块；牛筋用清水浸泡30分钟，再下水清煮15分钟；牛尾洗净斩成寸段；所有药材均洗净。②将所有的材料放入锅中，加适量水，没过所有的材料。③用武火煮沸后，转文火煮2小时，加盐调味即可。

功效 本品可补肾养血、强腰壮膝、益气固精。

冬季养生小贴士

坐骨神经痛患者应忌烟、酒及辛辣、生冷、油腻的食物，还应避免体力劳动或风寒刺激，在急性期时不能睡软床，否则会加重病情。

食疗药膳② · 附子蒸羊肉

材料 制附子10克，鲜羊肉1000克，葱段、姜丝、料酒、肉清汤、食盐、熟猪油、味精、胡椒粉各适量。

做法 ①将羊肉洗净，放入锅中，加适量清水将之煮至七成熟，捞出。②取一个大碗依次放入羊肉、制附子、料酒、熟猪油、葱段、肉清汤、姜丝、食盐、味精、胡椒粉。③再放入沸水锅中隔水蒸熟即可。

功效 本品可散寒除湿、温经通络、止痹痛。

冬季养生小贴士

坐骨神经痛患者在做任何体育运动前，都必须先做热身运动，因为任何突然的活动都有可能造成或者加重坐骨神经痛，造成对骨关节及肌肉的伤害。

猪腰黑米花生粥

🍲 食疗药膳③

材料 薏米、红豆各30克，猪腰、黑米、花生米、绿豆各50克，盐、葱花各适量。

做法 ①猪腰洗净，去腰臊，切花刀；花生米洗净；黑米、薏米、绿豆、红豆淘净，泡3小时。②将泡好的材料入锅，加水煮沸，下入花生米，中火熬煮半小时。③等黑米煮至开花，放入猪腰，待猪腰变熟，加入盐调味，撒上葱花即可。

功效 此品可补肾强腰、益气养血。

冬季养生小贴士

坐骨神经痛患者在疼痛发作时，可用冰敷患处30~60分钟，每天数次，连续2~3天，再以同样的间隔用热水袋敷患处，有助于坐骨神经痛的康复。

桑寄生竹茹汤

🍲 食疗药膳④

材料 桑寄生40克，竹茹10克，红枣8颗，鸡蛋2个，冰糖适量。

做法 ①桑寄生、竹茹洗净；红枣洗净去核备用。②将鸡蛋用水煮熟，去壳备用。③桑寄生、竹茹、红枣加水以文火煲约90分钟，加入鸡蛋，再加入冰糖煮沸即可。

功效 舒筋活络、强腰膝、止痹痛。用于辅助治疗坐骨神经痛、腰痛等症。

冬季养生小贴士

坐骨神经痛患者应穿平底鞋，不要穿中跟鞋和坡跟鞋，因其会使重心前移，从而导致脊柱弯曲加大，加重病情。

 遗精 >>

在非性交的情况下精液自泄，称之为遗精，又名"遗泄""失精"。在梦境中之遗精，称梦遗；无梦而自遗者，名滑精。中医分为肾气虚、肾阴虚等证型。遗精者常因情志失调、饮食失节、房劳过度等导致肾精不固或湿热内扰所致。伴有疲乏无力、头晕目眩、精神萎靡、腰腿酸痛等症状。

【对症药材、食材】

●山药、芡实、白果、金樱子、韭菜子、何首乌、冬虫夏草、蚕蛹等；豇豆、胡桃、栗子、淡菜、猪肾、猪肚、羊肾、海参等。

【本草药典——蚕蛹】

●性味归经：性平，味甘。归脾、胃、肝、肾经。
●功效主治：和脾胃、祛风湿、长阳气，治小儿疳热、消瘦、消渴。
●选购保存：一定要选用新鲜的蚕蛹，蚕蛹上唯一的一点白色，应为半透明的白色，或者是乳白色。去除外壳，装入保鲜袋中，在低温下保存。
●食用禁忌：患有脚气病和有过敏史的人应少食。不新鲜的蚕蛹或变颜色、有异味的不要食用。

【预防措施】

建立正常的性生活规律，避免性器官的过度兴奋，加强体育锻炼，增强体质，转移注意力，把精力运用到学习和工作中去。不要穿太紧的裤子，因为这些都会使生殖器官受到刺激，引起性兴奋而产生遗精。消除杂念，少看色情电影、电视、书画等，适当地参加其他文娱活动，同时加强体育锻炼，以陶冶情操、增强体质。

【饮食宜忌】

宜食狗肉、羊肉、鸡肉、虾、刺猬皮等。

忌食过于辛辣之物，如酒、辣椒、胡椒、葱、姜、蒜、肉桂等；忌食含有咖啡因和茶碱的饮品，如咖啡、浓茶、碳酸饮料等。

【小贴士】

积极参加健康的活动，平时可多吃一些有补肾固精作用的食品，如芡实、莲子、石榴、胡桃仁、白果等，睡前用温热水洗脚，并搓揉脚底，晚上不要过多饮水以免膀胱充胀、刺激而引起遗精。

食疗药膳①

韭菜子猪腰汤

材料 韭菜子、芡实各30克, 鲜田七10克, 猪腰300克, 盐、味精、葱、姜、米醋各适量。

做法 ①将猪腰洗净切片汆水; 韭菜子、芡实洗净, 鲜田七、葱、姜洗净备用。②净锅上火倒入油, 将葱、姜炝香, 加水适量, 调入盐、味精、米醋, 放入猪腰、韭菜子、芡实、鲜田七, 小火煲至熟即可。

功效 此品具有温补肾阳、固精止遗的功效。

冬季养生小贴士

遗精患者在饮食上, 不要过食肥甘刺激之物, 不过度饮酒, 同时, 要注意个人卫生, 保持性器官清洁卫生。

食疗药膳②

桑螵蛸红枣鸡汤

材料 桑螵蛸20克, 红枣8颗, 鸡腿1只, 鸡精、盐适量。

做法 ①鸡腿洗净剁块, 放入沸水中汆烫, 捞起冲净; 桑螵蛸、红枣洗净。②鸡肉、桑螵蛸、红枣一起盛入煲中, 加7碗水以大火煮开, 转小火续煮30分钟。③加入鸡精、盐调味即成。

功效 此品具有补肾固精、养血安神的功效。

冬季养生小贴士

遗精患者应注意调摄心神, 不要看黄色录像或黄色书刊, 婚后应保持正常的性生活, 有包茎、包皮过长者应及时进行手术治疗。